光伏发电系统规划与设计

GUANGFU FADIAN XITONG GUIHUA YU SHEJI

黄建华　张要锋　段文杰　主编
李毅斌　主审

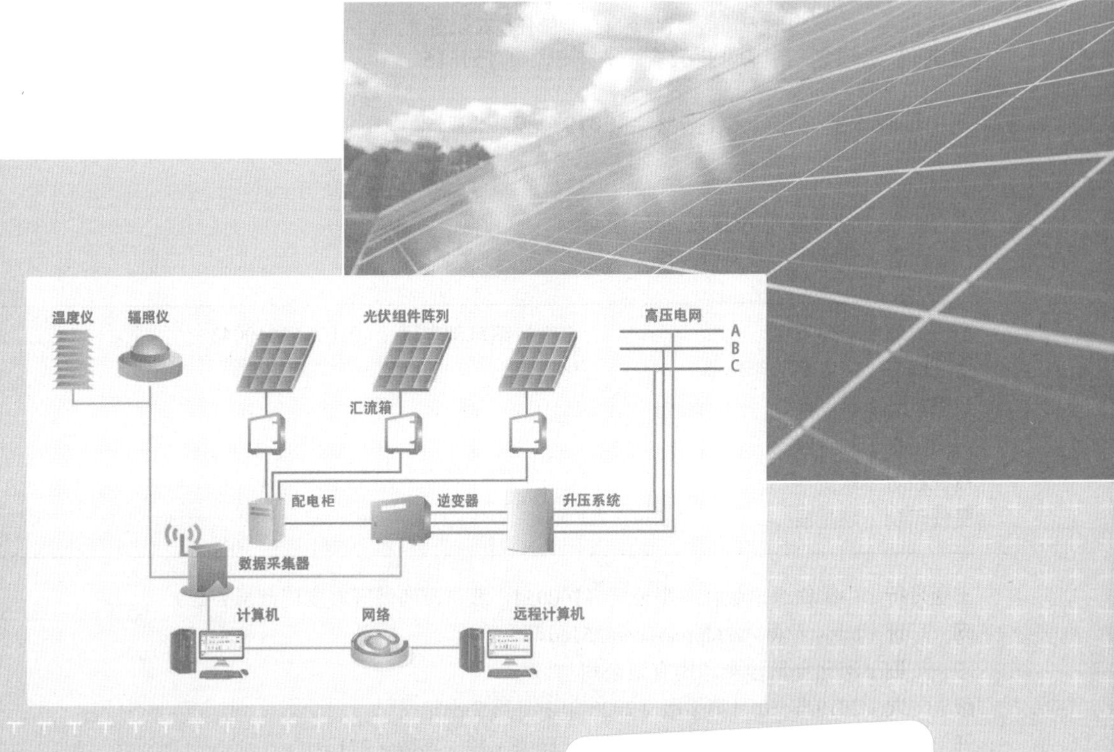

中国铁道出版社有限公司
CHINA RAILWAY PUBLISHING HOUSE CO., LTD.

内 容 简 介

本书从光伏发电系统规划与设计岗位技能点出发，着重介绍光伏发电系统的分类与组成、光伏发电系统器件及选配因素、光伏电站选址勘察；最后以离网路灯系统设计、家用离网光伏发电系统设计、光伏建筑屋面并网光伏发电系统设计、分布式光伏扶贫地面电站系统设计、大型集中式光伏电站为切入点，系统阐述离网系统、并网系统的典型案例设计。

本书在编写过程中，将实践任务穿插在系统性的理论中，并融合光伏发电行业典型工程案例，理论联系实际，全面提高学生的职业技能，让生涩的知识更易被学生掌握、吸收。

本书适合作为高等职业院校光伏类专业的核心课教材，也可作为新能源相关专业辅修教材，对从事光伏发电研究与工程应用的工程人员也具有一定的参考意义。

图书在版编目（CIP）数据

光伏发电系统规划与设计/黄建华，张要锋，段文杰主编. —北京：中国铁道出版社有限公司，2019. 10（2025. 1重印）

“十三五”高等职业教育能源类专业规划教材

ISBN 978-7-113-25895-5

Ⅰ. ①光… Ⅱ. ①黄… ②张… ③段… Ⅲ. ①太阳能光伏发电-系统设计-高等职业教育-教材②太阳能光伏发电-系统规划-高等职业教育-教材 Ⅳ. ①TM615

中国版本图书馆CIP数据核字(2019)第222897号

书　　名：光伏发电系统规划与设计
作　　者：黄建华　张要锋　段文杰

策　　划：李露露　　　　编辑部电话：（010）63560043
责任编辑：何红艳　李露露
封面设计：付　巍
封面制作：刘　颖
责任校对：张玉华
责任印制：赵星辰

出版发行：中国铁道出版社有限公司（100054，北京市西城区右安门西街 8 号）
网　　址：https://www.tdpress.com/51eds
印　　刷：河北宝昌佳彩印刷有限公司
版　　次：2019 年 10 月第 1 版　2025 年 1 月第 7 次印刷
开　　本：787 mm×1 092 mm　1/16　印张：12　字数：271 千
书　　号：ISBN 978-7-113-25895-5
定　　价：38.00 元

PREFACE

前　言

人类正面临石化能源短缺和生存环境恶化的双重压力，大力发展可再生能源，走可持续发展道路，已逐渐成为全球人类的共识。党的二十大报告指出，推动经济社会发展绿色化、低碳化是实现高质量发展的关键环节，同时指出积极稳妥推进“碳达峰”“碳中和”，实现碳达峰、碳中和是一场广泛而深刻的经济社会系统性变革。立足我国能源资源禀赋，坚持先立后破，有计划、分步骤实施碳达峰行动。完善能源消耗总量和强度调控，重点控制化石能源消费，逐步转向碳排放总量和强度“双控”制度。2021年《国务院关于印发2030年前碳达峰行动方案的通知》指出，到2025年，非化石能源消费比重达到20%左右，城镇建筑可再生能源替代率达到8%，新建公共机构建筑、新建厂房屋顶光伏覆盖率力争达到50%；到2030年，风电、太阳能发电总装机容量达到12亿千瓦以上。预计到2030年，可再生能源在总能源结构中将占到30%以上，而光伏发电在世界总电力供应中的占比也将达到10%以上，未来其占比还会更高。光伏发电将做为未来能源的重要发展方向之一。

随着光伏发电建设规模继续扩大，对相关专业技术人才需求也在不断增加，如何让学生快速掌握相关知识，本书作者根据多年的实践经历和教学经验，从光伏发电岗位出发，以光伏发电系统规划和设计岗位知识点、技能点需求为导向，从光伏发电系统分类和组成、光伏发电系统器件及选配因素、光伏电站选址勘察、离网光伏发电系统设计、并网光伏发电系统设计等方面进行编写。

本书共分为5章，由湖南理工职业技术学院黄建华、张要锋、段文杰主编，具体编写分工如下：黄建华拟定提纲并编写第2章2.1～2.10节，张要锋编写第5章并负责全书统稿，段文杰编写第1、第3、第4章，冯玉洁编写第2章2.11节。全书由浙江瑞亚能源科技有限公司李毅斌主审。

本书在编写过程中参阅了电气工程、光伏电站工程、光伏建筑一体化等方面专家学者的论文、专著、工程实践资料等，在此向相关编者致以谢意。

本书编写过程中得到了衢州职业技术学院廖东进，浙江瑞亚能源科技有限公司易潮、陆胜洁、桑宁如等的大力支持和帮助，在此表示衷心感谢。

由于编者水平有限，编写时间仓促，书中难免存在疏漏和不足之处，恳请读者批评指正。

编　者

2022年11月

CONTENTS

目录

第1章 光伏发电系统简介

(1) 熟悉各种类型光伏发电系统。

(2) 掌握并网与离网光伏发电系统基本组成部件。

拓展知识1
“双碳”背景下的光伏发展机遇

1.1 光伏发电系统分类

光伏发电系统根据是否并入国家电网分为离网光伏发电系统、并网光伏发电系统。

1.1.1 离网光伏发电系统

离网光伏发电系统是指没有与国家电网相连的系统，可分为直流光伏发电系统和交流光伏发电系统以及交、直流混合光伏发电系统等类型。而在直流光伏发电系统中又可分为无蓄电池的系统和有蓄电池的系统。

1. 无蓄电池的直流光伏发电系统

无蓄电池的直流光伏发电系统如图 1-1 所示。该系统的特点是用电负载是直流负载，对负载使用时间没有要求，负载主要在白天使用。光伏组件与直流负载直接连接，有阳光时就发电供负载工作，无阳光时就停止工作。系统不需要使用控制器，也没有蓄电池储能装置。该系统的优点是省去了光伏发电能量存储到蓄电池、蓄电池向负载放电造成的损失，提高了光伏发电的利用效率，这种系统最典型的应用是光伏水泵。

2. 有蓄电池的直流光伏发电系统

有蓄电池的直流光伏发电系统如图 1-2 所示。该系统由光伏组件、控制器、蓄电池以及直流负载等组成。有阳光时，光伏组件将光能转换为电能供负载使用，并同时向蓄电池存储电能。夜间或阴雨天时，则由蓄电池向负载供电。这种系统应用广泛，小到光伏草坪灯、庭院灯，大到远离电网的移动通信基站、微波中转站，以及偏远地区农村供电等。当系统容量和负载功率较大时，就需要配备光伏组件方阵和蓄电池组。

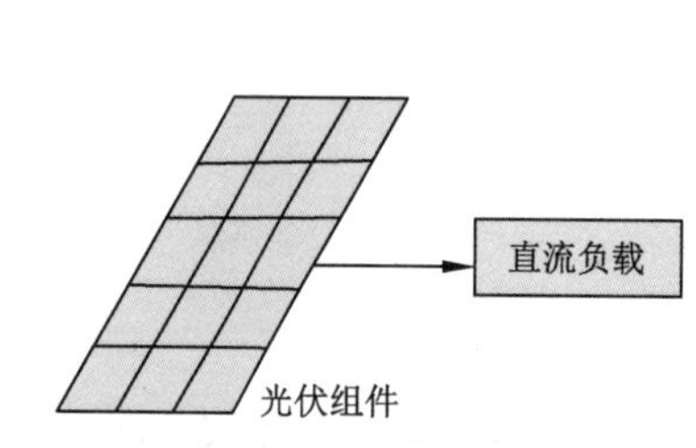

图1-1　无蓄电池的直流光伏发电系统

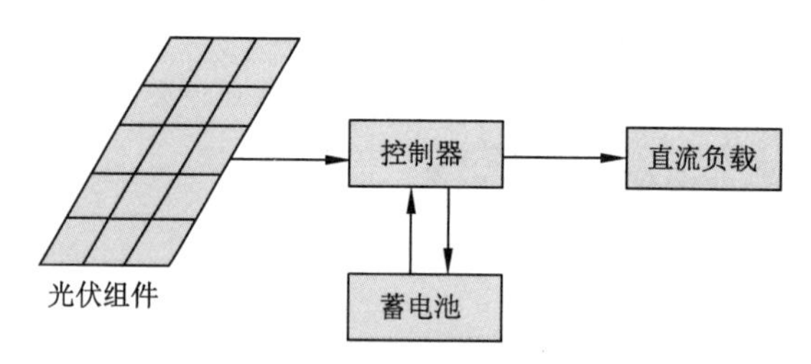

图1-2　有蓄电池的直流光伏发电系统

3. 交流及交、直流混合光伏发电系统

交流及交、直流混合光伏发电系统如图 1–3 所示。与直流光伏发电系统相比，交流光伏发电系统多了一个逆变器，逆变器把直流电转换成交流电，并为交流负载提供电能。交、直流混合系统则既能为直流负载供电，也能为交流负载供电。

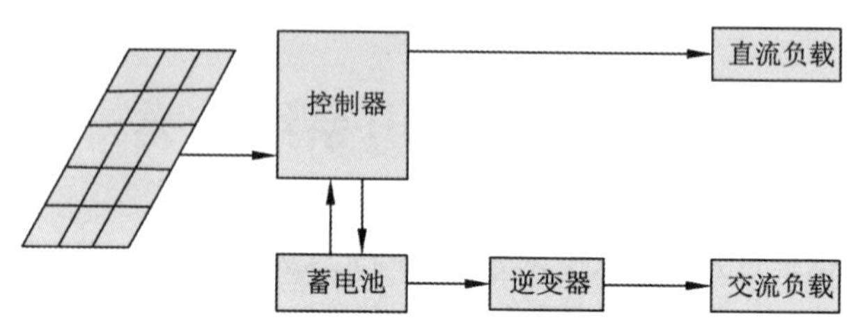

图1-3　交流及交、直流混合光伏发电系统

4. 市电互补型光伏发电系统

所谓市电互补型光伏发电系统，就是在独立光伏发电系统中以光伏发电为主，以普通 220 V/380 V 交流市电补充电能为辅，如图 1–4 所示。市电互补型光伏发电系统的光伏组件和蓄电池的容量都可以设计得小一些，基本上是当天有阳光则用光伏发电，遇到阴雨天时就用市电能量进行补充。我国大部分地区基本上全年都有 2/3 以上的晴好天气，这样系统全年就有 2/3 以上的时间用光伏发电，剩余时间用市电补充能量。这种形式既减小了光伏发电系统的一次性投资，又有显著的节能减排效果，是光伏发电在现阶段推广和普及过程中的一个过渡性的好办法。这种形式的原理与下面将要介绍的无逆流并网型光伏发电系统有相似之处，但还不能等同于并网应用。

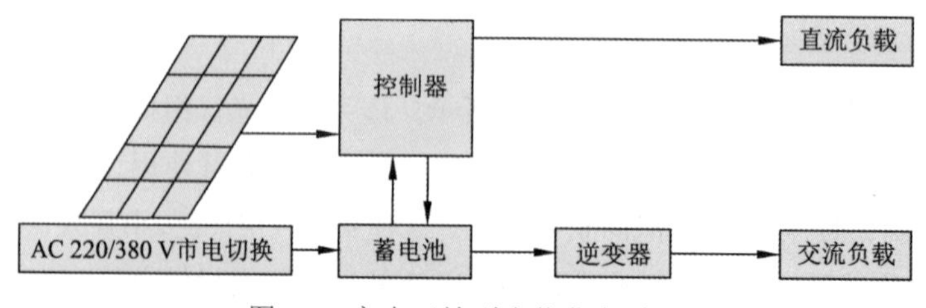

图1-4　市电互补型光伏发电系统

市电互补型光伏发电系统的应用举例：某市区路灯改造，如果将普通路灯全部换成光伏路灯，一次性投资很大，无法实现。而如果将普通路灯加以改造，保持原市电供电线路和灯杆不动，更换节能型光源灯具，采用市电互补光伏发电的形式，用小容量的光伏组件和蓄电

池（仅够当天使用，也不考虑连续阴雨天数），就构成了市电互补型光伏路灯，投资减少一半以上，节能效果显著。

1.1.2 并网光伏发电系统

所谓并网光伏发电系统就是光伏组件产生的直流电经过并网逆变器转换成符合市电电网要求的交流电之后直接接入公共电网。并网光伏发电系统有集中式大型并网光伏发电系统，也有分布式小型并网光伏发电系统。集中式大型并网光伏发电系统一般都是国家级电站，主要特点是将所发电能直接输送到电网，由电网统一调配向用户供电。但这种电站投资大、建设周期长、占地面积大。而分布式小型并网光伏发电系统，特别是光伏建筑一体化发电系统，具有投资小、建设快、占地面积小、政策支持力度大等优点。常见并网光伏发电系统一般有下列几种形式。

1. 有逆流并网光伏发电系统

有逆流并网光伏发电系统如图 1–5 所示。当光伏发电系统发出的电能充裕时，可将剩余电能馈入公共电网，向电网供电（卖电）；当光伏系统提供的电力不足时，由电网向负载供电（买电）。由于向电网供电时与电网供电的方向相反，所以称为有逆流光伏发电系统。

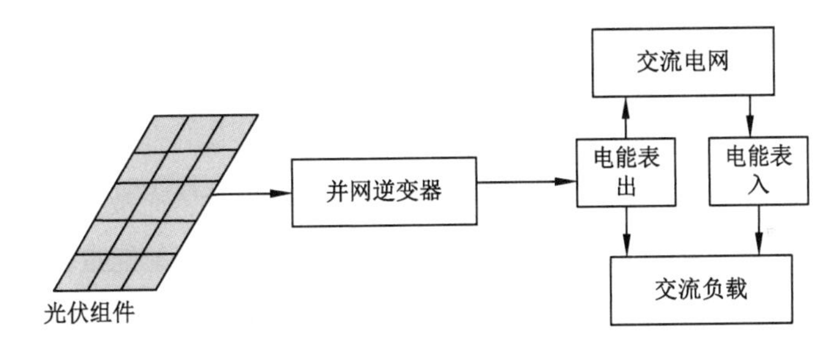

图1–5 有逆流并网光伏发电系统

2. 无逆流并网光伏发电系统

无逆流并网光伏发电系统如图 1–6 所示。光伏发电系统即使发电充裕也不向公共电网供电，但当光伏系统供电不足时，则由公共电网向负载供电。

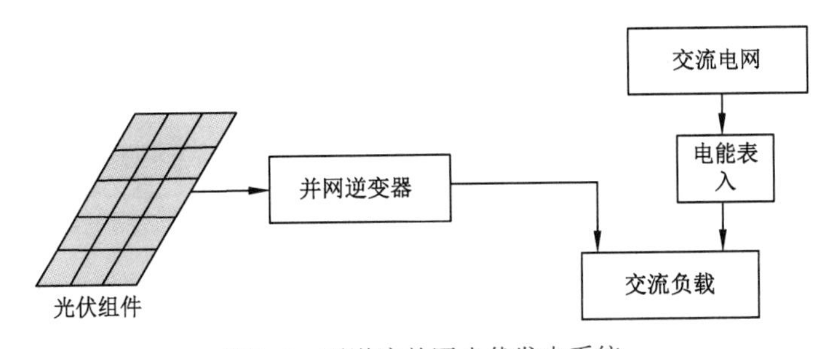

图1–6 无逆流并网光伏发电系统

3. 切换型并网光伏发电系统

切换型光伏并网发电系统如图 1–7 所示。所谓切换型并网光伏发电系统，实际上是具有自动运行双向切换的功能。一是当光伏发电系统因多云、阴雨天及自身故障等导致发电量不足时，切换器能自动切换到电网供电一侧，由电网向负载供电；二是当电网因某种原因，突然停电时，光伏发电系统可自动切换使之与电网分离，成为独立光伏发电系统工作状态。有些切换型光伏发电系统，还可以在特定需要时断开一般负载，接通为应急负载供电。一般切换型并网光伏发电系统都带有储能装置。

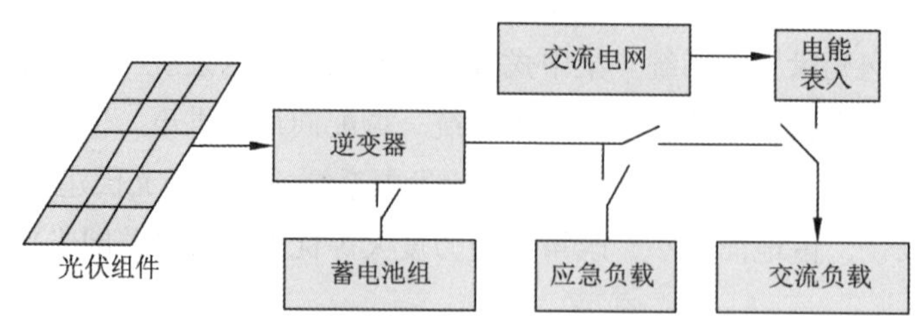

图1-7　切换型并网光伏发电系统

1.2　光伏发电系统基本组成

1.2.1　离网光伏发电系统组成

1. 离网光伏发电系统结构

离网光伏发电系统结构如图 1-8 所示，主要包括光伏组件、充放电控制器、蓄电池、逆变器和负载。光伏发电的核心部件是光伏组件，它将太阳光的辐射能量直接转换成电能，并通过充放电控制器把光伏组件产生的电能存储于蓄电池中；当负载用电时，蓄电池中的电能通过充放电控制器分配到各个负载上。光伏组件所产生的电流为直流电，可以直接以直流电的形式应用，也可以用逆变器将其转换成为交流电，供交流负载使用。光伏发电系统所发的电能可以即发即用，也可以用蓄电池等储能装置将电能存储起来。

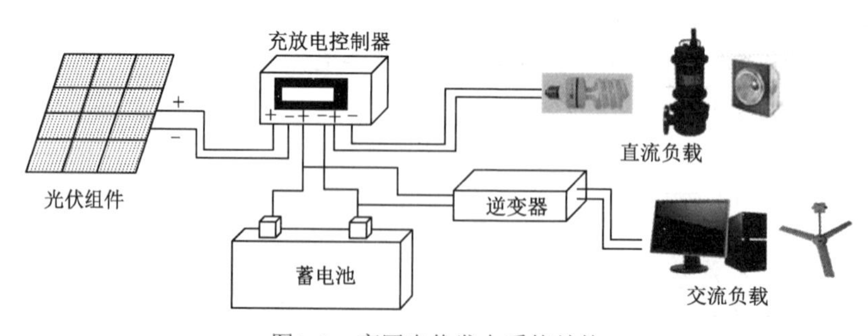

图1-8　离网光伏发电系统结构

2. 离网光伏发电系统各部件功能

（1）光伏组件

光伏组件是光伏发电系统的核心部分。其作用是将太阳光的辐射能量转换为电能，并送往蓄电池中存储起来，也可以直接用于推动负载工作。当发电容量较大时，就需要用多块光伏组件串、并联后构成光伏组件方阵。目前应用的光伏组件主要是硅组件，硅组件分为单晶硅光伏组件、多晶硅光伏组件和非晶硅光伏组件三种。

（2）蓄电池

蓄电池的作用主要是存储光伏组件发出的电能，并随时向负载供电。光伏发电系统对蓄电池的基本要求是：自放电率低、使用寿命长、充电效率高、深放电能力强、工作温度范围宽、少维护或免维护以及价格低廉。目前为光伏系统配套使用的主要是免维护铅酸蓄电池，在小型、微型系统中，也可用镍氢蓄电池、镍镉蓄电池、锂离子蓄电池或超级电容器。当需要大容量电能存储时，就需要将多个蓄电池串、并联起来构成蓄电池组。

（3）充放电控制器

充放电控制器的作用是控制整个系统的工作状态，其功能主要有：防止蓄电池过充电保护、防止蓄电池过放电保护、系统短路保护、系统极性反接保护、夜间防反充保护等。在温差较大的地方，控制器还具有温度补偿的功能。另外，控制器还有光控开关、时控开关等工作模式，以及充电状态、蓄电池电量等各种工作状态的显示功能。光伏控制器一般分为小功率、中功率、大功率和风光互补控制器等。

（4）逆变器

逆变器是把光伏组件或者蓄电池输出的直流电转换成交流电供应给电网或者交流负载。逆变器按运行方式可分为离网逆变器和并网逆变器。离网逆变器用于独立运行的光伏发电系统，为独立负载供电；并网逆变器用于并网运行的光伏发电系统。

（5）负载

负载为光伏发电系统中的用电器件，可分为交流负载与直流负载。一般而言，直流负载与充放电控制器相连，交流负载与逆变器相连。

1.2.2 并网光伏发电系统组成

1. 并网光伏发电系统结构

并网光伏发电系统主要包括光伏组件、交直流汇流箱、交直流配电柜、逆变器、升压系统、监控系统等。光伏组件将光能转化为直流电能，通过直流汇流箱将多个光伏组件所发的直流电进行汇流，用逆变器将其转换成为交流电，供交流负载使用。光伏发电的电能可以即发即用，也可以用储能装置将电能存储起来。并网光伏发电系统结构如图 1–9 所示。

2. 并网光伏发电系统各部件功能

（1）光伏组件

光伏组件为光伏发电系统提供能量，功能同离网光伏发电系统的光伏组件作用一样。一般而言，并网光伏发电系统的光伏组件数量较多。

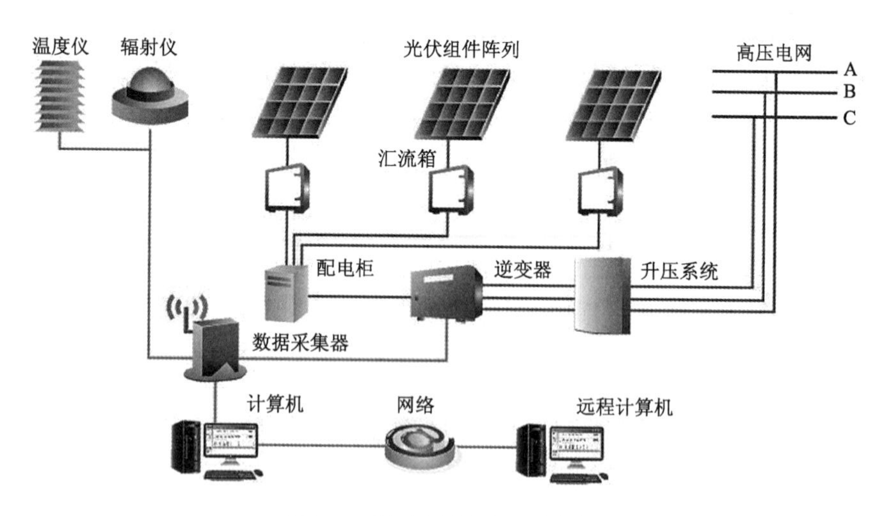

图1-9　并网光伏发电系统结构

（2）交直流汇流箱

由于多个光伏组件并联电流过大，不宜采用导线直接并联，需采用专用的汇流箱汇流。交直流汇流箱的主要作用是将多个光伏组件串进行汇流或将组串式逆变器的交流电进行汇流。汇流箱还具有防雷接地保护、直流配电与数据采集等功能，并通过 RS−485 等通信串口输出状态数据，与监控系统连接后实现组串运行状态监控。

（3）交直流配电柜

交直流配电柜的主要功能是将交直流汇流箱送过来的交直流电再进行汇流、配电与监测，同时还具备防雷、短路保护等功能。交直流配电柜内部安装了交直流输入断路器、漏电保护器、防反二极管、交直流电压表、防雷器等器件，在保证系统不受漏电、短路、过载与雷电冲击等损坏的同时，方便用户操作和维护。

（4）逆变器

逆变器的主要功能是逆变、将直流电转化为交流电，除此之外，逆变器还具有自动运行和停机、最大功率点跟踪、防孤岛效应、电压自动调整、直流检测、直流接地检测等功能。

（5）升压系统

电网接入设备根据并入电网电压的等级配置。当用户侧并入 380 V 市电，一般配置低压配电柜即可；而对于并入大于 380 V 以上，如 10 kV、35 kV 及更高电压的光伏发电站，需配置高压开关柜、箱式变压器等设备。

（6）监控系统

光伏电站监控系统能实现发电设备运行控制、电站故障保护和数据采集维护等功能，并与电网调度协调配合，提高电站自动化水平和安全可靠性，有利于减小光伏对电网影响。监控系统一般用 RS−485 网络或无线技术实现数据通信。通过监测交直流汇流箱、交直流配电柜、逆变器等状态数据，对各个光伏组件阵列的运行状况、发电量进行实时监控。数据监控主机也可建成网络服务器实现数据在网上共享及远程监控。

习　题

1. 最常见的光伏发电系统分为哪几种？孤岛上的光伏通信基站属于哪类光伏发电系统？

2. 请描述一下，在离网光伏发电系统中逆变器主要起什么作用？常见光伏路灯具有逆变器吗？

3. 结合自身家庭情况，拟在自家屋顶建设离网与并网光伏电站，请根据实际情况列出离网与并网光伏电站的各器件？

第2章

光伏发电系统器件及选配因素

（1）了解光伏组件的各种类型，熟悉晶硅光伏组件的制作工艺流程。

（2）掌握典型的60片、72片晶硅组件性能参数。

（3）熟悉充放电控制器的工作原理，掌握充放电控制器的功能。

（4）了解充放电控制器的分类，熟悉充放电控制器的特点，掌握充放电控制器的选配方法。

（5）了解各类常见蓄电池的分类，熟悉铅酸蓄电池的性能，掌握蓄电池组的容量设计。

（6）了解逆变器的分类，熟悉逆变器的工作原理，掌握离网与并网逆变器的选配方法。

拓展知识2 产业化高效光伏电池

（7）掌握交直流汇流箱、交直流配电柜的工作原理及选配方法。

（8）熟悉变压器的分类，掌握变压器的选配方法及注意事项。

（9）掌握雷电对光伏系统的危害，掌握光伏发电系统各类防雷电措施。

（10）熟悉光伏线缆分类，能够熟练核算光伏电站线缆截面积并选配线缆。

（11）熟悉光伏电站各类监控系统，掌握各类监控系统的选型与配置。

2.1 光伏组件

2.1.1 光伏组件的类型

光伏组件（Solar Module）是把多个单体的光伏电池片，根据需要串并联起来，并通过专用材料和专门生产工艺进行封装后的产品。目前，光伏组件按电池技术可以分为四代，如图2–1所示。常见晶硅电池与薄膜电池性能指标如表2–1所示。

第一代为晶硅光伏组件。相应产品为单晶硅、多晶硅组件。目前晶硅光伏组件光电转换率最高，其中产业化单晶硅光伏组件为21%~23%，多晶硅光伏组件也有19%~20%，其性能指标如表2–1所示。目前，晶硅光伏组件已成为市场的主流，据欧洲光伏工业协会（European Photovoltaic Industry Association，EPIA）统计，晶硅光伏组件占据光伏组件市场近九成份额，如图2–1所示。

第二代为薄膜光伏组件。相应产品为非晶硅组件、砷化镓（GaAs）组件、碲化镉（CdTe）组件、铜铟镓硒（CIGS）组件等。目前，非晶体硅电池、铜铟镓硒电池和碲化镉电池已商业化，占光伏组件市场近一成份额。

表2-1 光伏组件性能指标

技术类型	晶硅电池		薄膜电池			
	单晶硅	多晶硅	非晶硅	砷化镓	碲化镉	铜铟镓硒
光伏组件效率	21%～23%	19%以上	13%～15%	18%～22%	13%～15%	12%～16%
受光面积/（m^2/kWp）	7	8	15	4	11	10
制造能耗	高	较高	低	高	低	低
制造成本	高	较高	低	很高	中	中
资源丰富度	中	中	丰富	贫乏	较贫乏	较贫乏
运行可靠程度	高	中	中	高	较高	较高
污染程度	中	小	小	高	中	中

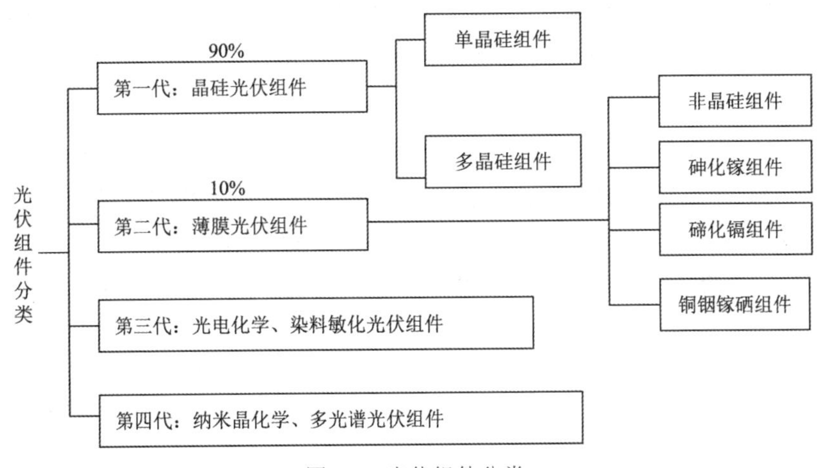

图2-1 光伏组件分类

第三代为光电化学、染料敏化光伏组件。主要产品包括聚合物多层修饰电极型电池、光电化学电池、聚合物、染料敏化。该技术的特点是不依赖于传统的PN结来分离光生载流子，但相比第二代技术，其普及程度更低，有待商业化。

第四代为纳米晶化学、多光谱光伏组件。多光谱光伏组件能吸收红外线光谱部分热量使光伏组件效率更高，但此新技术仍在实验室试验阶段。

当前，尽管薄膜光伏组件的光电转换率有待提高，但其原材料来源广泛、生产成本低、便于大规模生产，能有效弥补晶硅光伏组件的不足。尤其是非晶硅薄膜组件凭借其生产成本低廉、工艺成熟、应用范围广、无污染等优点，逐渐从各种类型的薄膜光伏组件中脱颖而出，广泛应用于大规模、大面积的光伏电站及光伏建筑一体化，但未来很长一段时间晶硅光伏组件仍将占据市场主流。

2.1.2 光伏组件制作工艺

光伏组件是由多个光伏电池片串联和并联而成，光伏电池片是光伏组件发电的最小单元，厚度为150~160 μm，常见的规格有182 mm×182 mm和166 mm×166 mm两种。图2-2所示为四栅多晶硅光伏电池片外形图。

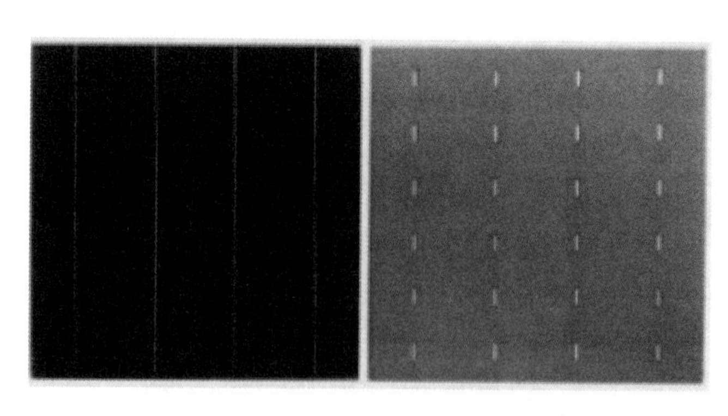

图2-2　四栅多晶硅光伏电池片外形图

1. 光伏组件的最小发电单元

光伏单体电池又称电池片，单片电池片开路电压为0.5 ~ 0.7 V，与面积无关；温度上升1℃，电压下降2 ~ 3 mV，1 cm^2 的光伏单体电池短路电流为16 ~ 30 mA，温度上升1℃，短路电流约上升78 μA。

光伏电池工作时共有四股电流：光生电流 I_L，在光生电压 U 作用下的PN结正向电流 I_d，R_{sh} 为PN结边缘的漏电阻，产生漏电流 I_{sh}，流经外电路的电流 I 都流经PN结内部，但方向相反。

如果将负载 R_L 短路，此时输出电流最大 I_{sc}，称为短路电流，将负载开路，此时输出电压最大 U_{oc}，称为开路电压，调节 R_L，得到图2-3所示的伏安特性。

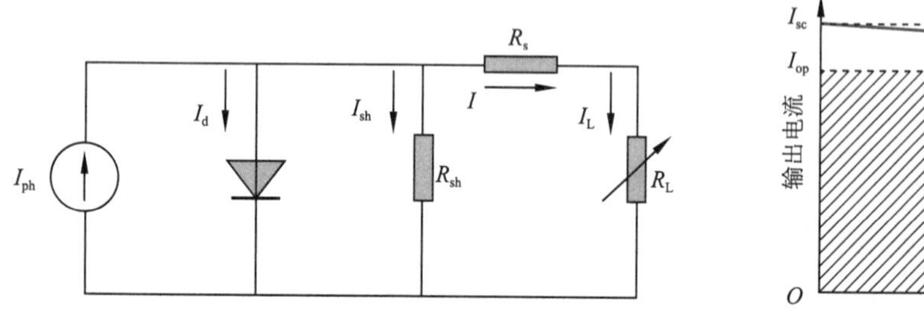

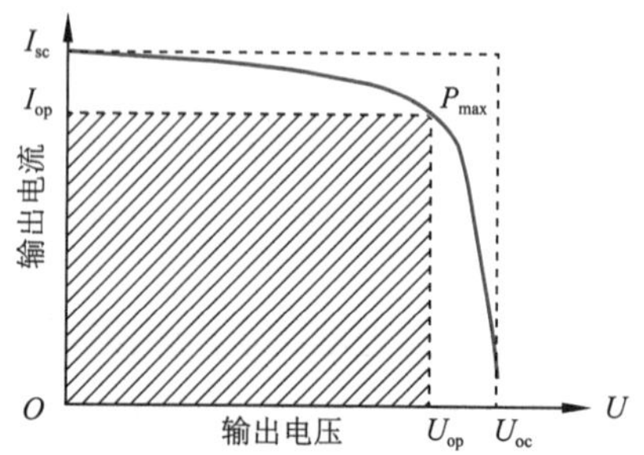

图2-3　光伏电池伏安特性

2. 光伏组件制作工艺

光伏组件制作工艺流程为：电池检测—正面焊接—检验—背面串接—检验—敷设（玻璃清洗、材料切割、玻璃预处理、敷设）—层压—去毛边（去边、清洗）— 装边框（涂胶、装角键、冲孔、装框、擦洗余胶）— 焊接接线盒—高压测试—组件测试—外观检验—包装入库等生产过程，最终将一片片输出电压低、轻薄易碎的电池片封装成输出电压高、不易损坏、防水防污的光伏组件，如图2-4所示为光伏电池片串并联。

图2-4　光伏电池片串联

2.1.3　光伏组件的性能参数和典型产品

1. 光伏组件性能参数

与晶硅光伏电池的主要性能参数类似，光伏组件的性能参数主要有：短路电流、开路电压、峰值电流、峰值电压、峰值功率、填充因子和转换效率等。这些性能参数的概念与晶硅光伏电池的主要性能参数相同，只是在具体数值上有所区别。

（1）短路电流 I_s

当将光伏组件的正负极短路，使 U=0 时，此时的电流就是光伏组件的短路电流，短路电流的单位是 A，短路电流随着光强的变化而变化。

（2）开路电压 U_o

当光伏组件的正负极不接负载时，光伏组件正负极间的电压就是开路电压，开路电压的单位是 V。光伏组件的开路电压随电池片串联数量的增减而变化。

（3）峰值电流 I_m

峰值电流也称最大工作电流或最佳工作电流。峰值电流是指光伏组件输出最大功率时的工作电流，峰值电流的单位是 A。

（4）峰值电压 U_m

峰值电压也称最大工作电压或最佳工作电压。峰值电压是指光伏组件输出最大功率时的工作电压，峰值电压的单位是 V。光伏组件的峰值电压随电池片串联数量的增减而变化。36 片电池片串联的组件峰值电压为 18~25 V。

（5）峰值功率 P_m

峰值功率也称最大输出功率或最佳输出功率。峰值功率是指光伏组件在正常工作或测试条件下的最大输出功率，也就是峰值电流与峰值电压的乘积：$P_m = I_m \times U_m$。峰值功率的单位是 W。光伏组件的峰值功率取决于太阳辐照度、太阳光谱分布和组件的工作温度，因此光伏组件的测量要在标准条件下进行，测量标准为欧洲委员会的 101 号标准，其条件是：辐照度 1 kW/m^2、大气质量 AM 1.5、测试温度 25℃。

（6）填充因子

填充因子也称曲线因子，是指光伏组件的最大功率与开路电压和短路电流乘积的比值。填充因子是评价光伏组件所用电池片输出特性好坏的一个重要参数，它的值越高，表明所用光伏组件输出特性越趋于矩形，电池组件的光电转换效率越高。光伏组件的填充因子系数一般在 0.5 ~ 0.8，也可以用百分数表示。

$$FF = \frac{P_{\mathrm{m}}}{I_{\mathrm{sc}} U_{\mathrm{oc}}}$$

（7）转换效率

转换效率是指光伏组件受光照时的最大输出功率与照射到组件上的能量的比值，即

$$\eta = \frac{p_{\mathrm{m}}}{p_{\mathrm{in}}} \times 100\% = \frac{I_{\mathrm{m}} U_{\mathrm{m}}}{A(\text{电池组件有效面积}) \times P_{\mathrm{in}}(\text{单位面积的入射光功率})} \times 100\%$$

式中，P_{in}=100 W/m^2=100 mW/cm^2。

2. 目前典型光伏组件参数型号

（1）典型 72 片单晶硅 Pro 光伏组件（半片技术）参数（见表 2-2）

表2-2　典型72片单晶硅Pro光伏组件参数

电池类型	P型单晶硅电池片	最大功率	144 (6 × 24)
组件尺寸	2 274 mm × 1 134 mm × 35 mm	最大功率(P_{max})	550 Wp
接线盒	防护等级IP67	最佳工作电压 (U_{mp})	40.90 V
输出导线	(+) 400 mm,(–)200 mm	最佳工作电流 (I_{mp})	13.45 A
前置玻璃	3.2 mm	开路电压 (U_{oc})	49.62 V
组件效率	21.33%	短路电流 (I_{sc})	14.03 A
最大系统电压	1 000/1 500 V DC	工作温度范围(℃)	–40 ℃~+85 ℃
最大额定熔丝电流	25 A	短路电流(I_{sc})的温度系数	0.048%/℃
质量	28 kg	开路电压(U_{oc})的温度系数	–0.28%/℃

（2）典型 60 片单晶硅 Pro 光伏组件（半片技术）参数（见表 2-3）

表2-3　典型60片单晶硅Pro光伏组件参数

电池类型	P型单晶硅电池片	最大功率	120 (6 × 20)
组件尺寸	1 903 mm × 1 134 mm × 30 mm	最大功率(P_{max})	460 Wp
接线盒	防护等级IP67	最佳工作电压 (U_{mp})	34.20 V
输出导线	(+) 400 mm,(–)200 mm	最佳工作电流 (I_{mp})	13.45 A
前置玻璃	3.2 mm	开路电压 (U_{oc})	41.48 V
组件效率	21.32%	短路电流 (I_{sc})	14.01 A
最大系统电压	1 000/1 500 V DC	工作温度范围(℃)	–40 ℃~+85 ℃
最大额定熔丝电流	25 A	短路电流(I_{sc})的温度系数	0.048%/℃
质量	24.2 kg	开路电压(U_{oc})的温度系数	–0.28%/℃

（3）典型 72 片单晶硅 N 型光伏组件（半片技术）参数（见表 2-4）

表2-4　典型72片单晶硅N型光伏组件参数

电池类型	N型单晶硅电池片	最大功率	144 (6 × 24)
组件尺寸	2278 mm × 1134 mm × 35 mm	最大功率(P_{max})	575 Wp
接线盒	防护等级IP68	最佳工作电压 (U_{mp})	42.22 V
输出导线	(+)400mm,(−)200mm	最佳工作电流 (I_{mp})	13.62 A
前置玻璃	3.2 mm	开路电压 (U_{oc})	50.88 V
组件效率	22.26%	短路电流 (I_{sc})	14.39 A
最大系统电压	1 000/1 500 V DC	工作温度范围(℃)	−40℃~+85℃
最大额定熔丝电流	25 A	短路电流(I_{sc})的温度系数	0.046%/℃
质量	28 kg	开路电压(U_{oc})的温度系数	−0.25%/℃

（4）典型 60 片单晶硅 N 型光伏组件（半片技术）参数（见表 2-4）

表2-4　典型60片单晶硅N型光伏组件参数

电池类型	N型单晶硅电池片	最大功率	120 (6 × 20)
组件尺寸	1 903 mm × 1 134 mm × 30 mm	最大功率(P_{max})	480 Wp
接线盒	防护等级IP68	最佳工作电压 (U_{mp})	35.38 V
输出导线	(+) 400 mm,(−)200 mm	最佳工作电流 (I_{mp})	10.85 A
前置玻璃	3.2 mm	开路电压 (U_{oc})	40.57 V
组件效率	22.24%	短路电流 (I_{sc})	11.55 A
最大系统电压	1 000/1 500 V DC	工作温度范围(℃)	−40 ℃~+85 ℃
最大额定熔丝电流	25 A	短路电流(I_{sc})的温度系数	0.046%/℃
质量	24.2 kg	开路电压(U_{oc})的温度系数	−0.25%/℃

3. 电池组件的热斑效应

当电池组件中的电池片损坏或某一部分被鸟粪、树叶、阴影覆盖的时候，被覆盖部分不仅不能发电，还会被当作负载消耗其他有光照的电池片的能量，引起局部发热，这就是热斑效应，如图 2–5 所示。这种效应能严重地破坏光伏组件，甚至可能会使焊点熔化、封装材料破坏，甚至会使整个光伏组件失效。产生热斑效应的原因除了以上情况外，还有个别质量不好的电池片混入电池组件，电极焊片虚焊、电池片隐裂或破损、电池片性能变坏等因素，这些均需要引起注意。

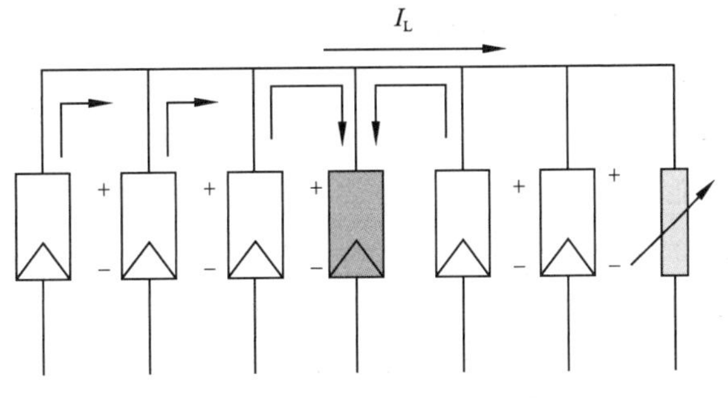

图2–5　电池组件的热斑效应

2.2　充放电控制器

充放电控制器是离网光伏发电系统的核心部件之一。在小型离网光伏发电系统中，充放电控制器主要用来充放电、保护蓄电池。在大中型系统中，充放电控制器担负着平衡光伏系统能量，保护蓄电池及整个系统正常工作和显示系统工作状态等重要作用，充放电控制器可以单独使用，也可以和逆变器等合为一体。在特殊的应用场合中，对于小型离网光伏发电系统，充放电控制器决定了一个系统的功能。充放电控制器外形如图 2–6 所示。

（a）小功率充放电控制器

（b）中功率充放电控制器

（c）大功率充放电控制器

图2-6　充放电控制器

2.2.1　充放电控制器工作原理及功能

1. 充放电控制器工作原理

充放电控制器主要是通过 MCU 主控制器来对整个充放电过程进行控制。它可以实时监测光伏组件电压和蓄电池电压，以及工作环境的温度，并能发出 MOSFET 功率开关管 PWM 驱动信号，对开关管的通断实施控制。它可以防止过充、过放，实现短路过载保护、反接保护、雷电保护以及温度补偿功能。

2. 充放电控制器功能

充放电控制器功能如下：

① 防止蓄电池过充电和过放电，延长蓄电池使用寿命。

② 防止光伏组件或电池方阵、蓄电池极性接反。

③ 防止负载、控制器、逆变器和其他设备内部短路。

④ 具有防雷击引起的击穿保护。

⑤ 具有温度补偿功能。

⑥ 显示光伏发电系统中各器件的工作状态，包括：蓄电池（组）电压、负载状态、电池方阵工作状态、辅助电源状态、环境温度状态、故障报警等。

⑦ 具有耐冲击电压和冲击电流保护。在充放电控制器光伏组件输入端施加 1.25 倍的标称电压持续 1 h，充放电控制器不应该损坏；在充放电控制器充电回路电流达到标称电流的 1.25 倍并持续 1 h，充放电控制器也不应该损坏。

2.2.2 充放电控制器分类及特点

用于光伏发电系统的充放电控制器按电池组件输入功率和负载功率不同可分为小功率、中功率、大功率；按电路方式不同分为并联型、串联型、脉宽调制型、多路控制型、两阶段双电压控制型和最大功率跟踪型；按放电过程控制方式的不同，可分为常规过放电控制型和剩余电量(SOC)放电全过程控制型。对于应用了微处理器的电路，实现了软件编程和智能控制，并附带有自动数据采集、数据显示和远程通信功能的控制器，称之为智能控制器。

1. 按照功率大小分类

光伏充放电控制器按照功率大小，可以分为小功率、中功率、大功率充放电控制器，其性能特点如下：

（1）小功率充放电控制器

一般把额定负载电流小于 15 A 的充放电控制器划分为小功率充放电控制器。其主要性能特点如下：

① 目前大部分小功率充放电控制器都采用低损耗、长使用寿命的 MOSFET 场效应管等电子开关元件作为控制器的主要开关器件。

② 运用脉冲宽度调制（PWM）控制技术对蓄电池进行快速充电和浮充充电，使光伏发电能量得以充分利用。

③ 具有单路、双路负载输出和多种工作模式。其主要工作模式有：普通开 / 关工作模式(即不受光控和时控的工作模式)、光控开 / 光控关工作模式、光控开 / 时控关工作模式。双路负载控制器控制关闭的时间长短可分别设置。

④ 具有多种保护功能，包括蓄电池和光伏组件接反、蓄电池开路、蓄电池过充电和过放电、负载过电压、夜间防反充电、控制器温度过高等多种保护。

⑤ 用 LED 指示灯对工作状态、充电状况、蓄电池电量等进行显示，并通过 LED 指示灯颜色的变化显示系统工作状况和蓄电池的剩余电量等的变化。

⑥ 具有温度补偿功能。其作用是在不同的工作环境温度下，能够对蓄电池设置更为合理的充电电压，防止过充电和欠充电状态而造成电池充放电容量过早下降甚至过早报废。

（2）中功率充放电控制器

一般把额定负载电流大于 15 A 的充放电控制器划分为中功率充放电控制器。其主要性能特点如下：

① 采用 LCD 液晶屏显示工作状态和充放电等各种重要信息，如电池电压、充电电流和放电电流、工作模式、系统参数、系统状态等。

② 具有自动 / 手动 / 夜间功能，可编制程序设定负载的控制方式为自动或手动方式。手动方式时，负载可手动开启或关闭。当选择夜间功能时，控制器在白天关闭负载；检测到夜晚时，延迟一段时间后自动开启负载，定时时间到，又自动关闭负载，延迟时间和定时时间可编程设定。

③ 具有蓄电池过充电、过放电，输出过载、过电压、温度过高等多种保护功能。

④ 具有浮充电压的温度补偿功能。

⑤ 具有快速充电功能，当电池电压低于一定值时，快速充电功能自动开始，充放电控制器将提高电池的充电电压，当电池电压达到理想值时，开始快速充电倒计时程序，定时时间到后，退出快速充电状态，以达到充分利用太阳能的目的。

⑥ 中功率光伏充放电控制器同样具有普通充放电工作模式（即不受光控和时控的工作模式）、光控开 / 光控关工作模式、光控开 / 时控关工作模式等。

（3）大功率充放电控制器

大功率充放电控制器采用微电脑芯片控制系统。其主要性能特点如下：

① 具有 LCD 液晶点阵模块显示，可根据不同的场合通过编程任意设定、调整充放电参数及温度补偿系数，具有中文操作菜单，方便用户调整。

② 可适应不同场合的特殊要求，可避免各路充电开关同时开启和关断时引起的振荡。

③ 可通过 LED 指示灯显示各路光伏充电状况和负载通断状况。

④ 具有 1 ~ 18 路光伏组件输入控制电路，控制电路与主电路完全隔离，具有极高的抗干扰能力。

⑤ 具有电量累计功能，可实时显示蓄电池电压、负载电流、充电电流、光伏电流、蓄电池温度、累计光伏发电量（单位：A · h 或 W · h）、累计负载用电量（单位：W · h）等参数。

⑥ 具有历史数据统计显示功能，如过充电次数、过放电次数、过载次数、短路次数等。

⑦ 用户可分别设置蓄电池过充电保护和过放电保护时负载的通断状态。

⑧ 各路充电电压检测具有“回差”控制功能，可防止开关器件进入振荡状态。

⑨ 具有蓄电池过充电、过放电、输出过载、短路、浪涌、光伏组件接反或短路、蓄电池接反、夜间防反充等一系列报警和保护功能。

⑩ 配接有 RS–232/485 等通信接口，便于远程通信、遥控；PC 监控软件可测实时数据、报警信息显示、修改控制参数，读取 30 天的每天蓄电池最高电压、蓄电池最低电压、每天光伏发电量累计和每天负载用电量累计等历史数据。

另外，参数设置具有密码保护功能且用户可修改密码；具有过电压、欠电压、过载、短路等保护报警功能。具有多路无源输出的报警或控制接点，包括蓄电池过充电、蓄电池过放电、其他发电设备启动控制、负载断开、控制器故障、水淹报警等；工作模式可分为普通充放电工作模式（阶梯逐级限流模式）和一点式充放电模式（PWM 工作模式）选择设定。其中一点式充放电模式分四个充电阶段，控制更精确，更好地保护蓄电池不被过充电，对光伏发电予以充分利用；具有不掉电实时时钟功能，能显示和设置时钟；具有雷电防护功能和温度补偿功能。

2. 按照电路方式分类

虽然充放电控制器的控制电路根据工作的光伏系统装机容量不同其复杂程度有所差异，但其基本原理一样。图 2–7 所示为光伏控制器基本电路图。该电路由光伏组件、控制器、蓄电池和负载组成。开关 1 和开关 2 分别为充电控制开关和放电控制开关。开关 1 闭合时，由光伏组件通过控制器给蓄电池充电，当蓄电池出现过充电时，开关1能及时切断充电回路，使光伏组件停止向蓄电池供电，开关1还能按预先设定的保护模式自动恢复对蓄电池的充电。当开关2闭合时，由蓄电池给负载供电，当蓄电池出现过放电时，开关2能及时切断放电回路，蓄电池停止向负载供电，当蓄电池再次充电并达到预先设定的恢复充电点时，开关2又能自动恢复供电，开关1和开关2可以由各种开关元件构成，如各种晶体管、晶闸管、固态继电器、功率开关器件等电子式开关和普通继电器等机械式开关。下面就不同的电路方式对各类常用控制器的电路原理和特点进行介绍。

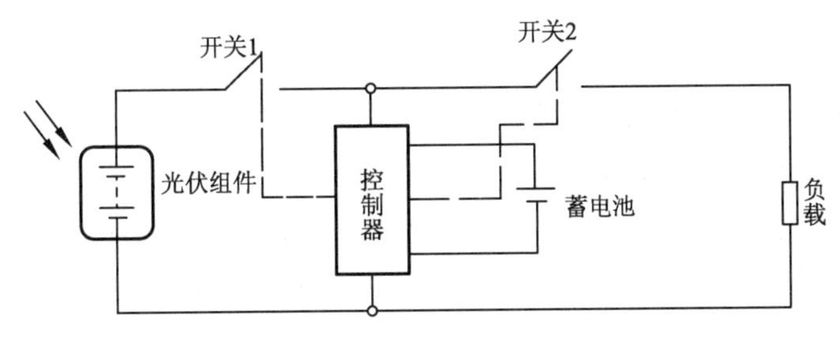

图2-7　光伏控制器基本电路图

（1）并联型控制器

并联型控制器也称旁路型控制器，它是利用并联在光伏组件两端的机械或电子开关器件控制充电过程。当蓄电池充满电时，把光伏组件输出分流到旁路电阻器或功率模块上去，然后以热的形式消耗掉；当蓄电池电压回落到一定值时，再断开旁路恢复充电。由于这种方式消耗热能，所以一般用于小型、小功率系统。

并联型控制器工作的电路原理图如图2-8所示。并联型控制器电路中充电回路的开关器件 S_1 并联在光伏组件的输出端，检测控制电路监控蓄电池的端电压，当充电电压超过蓄电池设定的充满断开电压值时，开关器件 S_1 导通，同时防反充二极管 VD_1 截止，使光伏组件输出电流直接通过 S_1 旁路泄放，不再对蓄电池进行充电，从而保证蓄电池不被过充电，起到防止蓄电池过充电的保护作用。

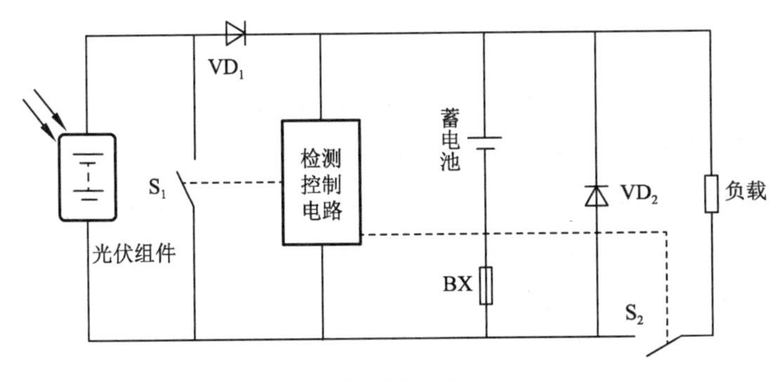

图2-8　并联型控制器工作的电路原理图

开关器件 S_2 为蓄电池放电控制开关，当蓄电池的供电电压低于蓄电池的过放保护电压值时，S_2 关断，对蓄电池进行过放电保护。当负载因过载或短路使电流大于额定工作电流时，控制开关 S_2 也会关断，起到输出过载或短路保护的作用。

检测控制电路随时对蓄电池的电压进行检测，当电压大于充满保护电压时，S_1 导通，电路实行过充电保护；当电压小于过放电电压时，S_2 关断，电路实行过放电保护。

电路中的 VD_2 为蓄电池接反保护二极管，当蓄电池极性接反时，VD_2 导通，蓄电池将通过 VD_2 短路放电，短路电流将熔丝熔断，电路起到防蓄电池接反保护作用。

开关器件、VD_1、VD_2 及熔断器 BX 等一般和检测控制电路共同组成控制器电路。该电路具有线路简单，价格便宜，充电回路损耗小，控制器效率高的特点，当防过充电保护电路动作时，开关器件要承受光伏组件输出的最大电流，所以要选用功率较大的开关器件。

（2）串联型控制器

串联型控制器是利用串联在充电回路中的机械或电子开关器件控制充电过程。当蓄电池充满电时，开关器件断开充电回路，停止为蓄电池充电；当蓄电池电压回落到一定值时，充电回路再次接通，继续为蓄电池充电。串联在回路中的开关器件还可以在夜间切断光伏组件供电，取代防反充二极管。串联型控制器同样具有结构简单、价格便宜等特点，但由于控制开关是串联在充电回路中的，电路的电压损失较大，使充电效率有所降低。

串联型控制器工作的电路原理图如图 2–9 所示。它的电路结构与并联型控制器的电路结构相似，区别仅仅是将开关器件 S_1 由并联在光伏组件输出端改为串联在蓄电池充电回路中。

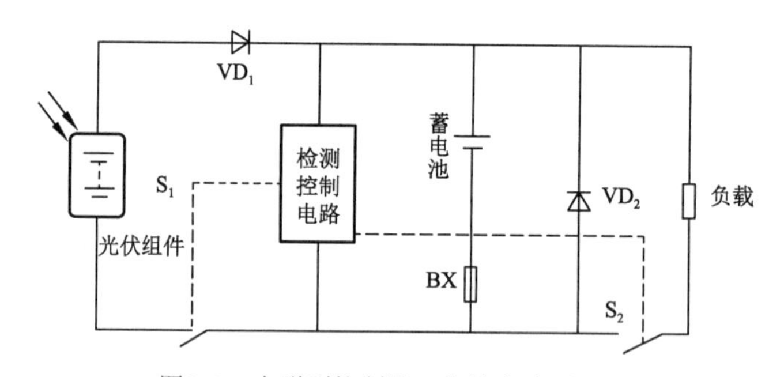

图2-9　串联型控制器工作的电路原理图

检测控制电路监控蓄电池的端电压，当充电电压超过蓄电池设定的充满断开电压值时，S_1 关断，使光伏组件不再对蓄电池进行充电，从而保证蓄电池不被过充电，起到防止蓄电池过充电的保护作用，其他元件的作用和并联型控制器相同。

串、并联控制器的检测控制电路实际上就是蓄电池过、欠电压的检测控制电路，主要是对蓄电池的电压随时进行采样检测，并根据检测结果向过充电、过放电开关器件发出接通或关断的控制信号。控制器检测控制电路原理图如图 2–10 所示。该电路包括过电压检测控制和欠电压检测控制两部分电路，由带回差控制的运算放大器组成。其中 IC_1 等为过电压检测控制电路，IC_1 的同相输入端输入基准电压，反相输入端接被测蓄电池，当蓄电池电压大于过充电电压值时，IC_1 输出端 G_1 输出为低电平，使开关器件 S_1 接通（并联型控制器）或关断（串联型控制器），起到过电压保护的作用。当蓄电池电压下降到小于过充电电压值时，IC_1 的反相输入电位小于同相输入电位，则其输出端 G_1 又从低电平变为高电平，蓄电池恢复正常充电状态。过充电保护与恢复的门限基准电压由 RP_1 和 R_1 配合调整确定。IC_2 等构成欠电压检测控制电路，其工作原理与过电压检测控制电路相同。

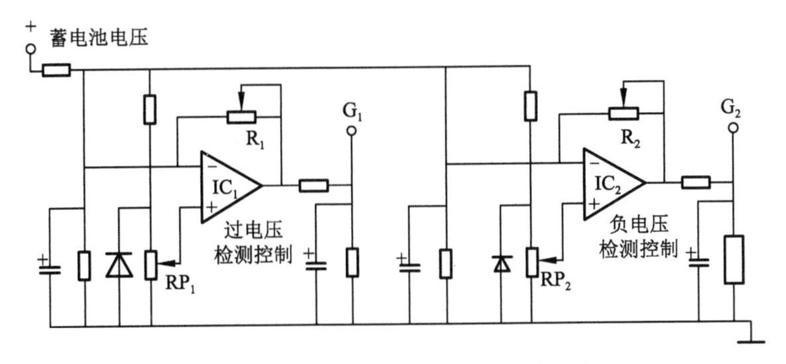

图2-10　控制器检测控制电路原理图

（3）脉宽调制型控制器

脉宽调制型（PWM）控制器工作的电路原理图如图 2-11 所示。该控制器以脉冲方式开关光伏组件的输入，当蓄电池逐渐趋向充满时，随着其端电压的逐渐升高，PWM 电路输出脉冲的频率和时间都发生变化，使开关器件的导通时间延长、间隔缩短，充电电流逐渐趋近于零。当蓄电池电压由充满点向下降时，充电电流又会逐渐增大。与前两种控制器电路相比，脉宽调制充电控制方式虽然没有固定的过充电电压断开点和恢复点，但是电路会控制当蓄电池端电压达到过充电控制点附近时，其充电电流要趋近于零。这种充电过程能形成较完整的充电状态，其平均充电电流的瞬时变化更符合蓄电池当前的充电状况，能够增加光伏系统的充电效率并延长蓄电池的总循环寿命。另外，脉宽调制型控制器还可以实现光伏系统的最大功率跟踪功能，因此可作为大功率控制器用于大型光伏发电系统中。脉宽调制型控制器的缺点是控制器的自身工作有 4% ~ 8% 的功率损耗。

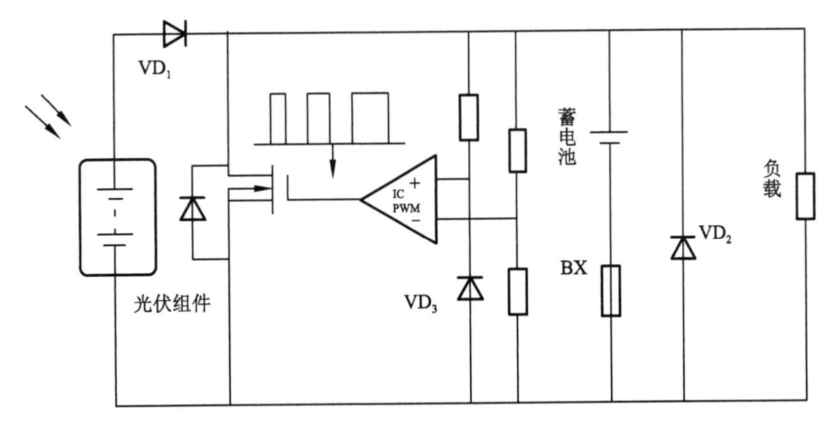

图2-11　脉宽调制型（PWM）控制器工作的电路原理图

（4）多路控制器

多路控制器一般用于几千瓦以上的大功率光伏发电系统，将光伏方阵分成多个支路接入控制器。当蓄电池充满时，控制器将光伏方阵各支路逐路断开；当蓄电池电压回落到一定值时，控制器再将光伏方阵逐路接通，实现对蓄电池组充电电压和电流的调节。这种控制方式属于增量控制法，可以近似达到脉宽调制控制器的效果，路数越多，增幅越小，越接近线性调节。但路数越多，成本也越高，因此，确定光伏方阵路数时，要综合考虑控制效果和控制器的成本。

多路控制器工作的电路原理图如图 2–12 所示。当蓄电池充满电时控制电路将控制机械或电子开关从 S_1 至 S_n 顺序断开光伏方阵各支路 Z_1 至 Z_n。

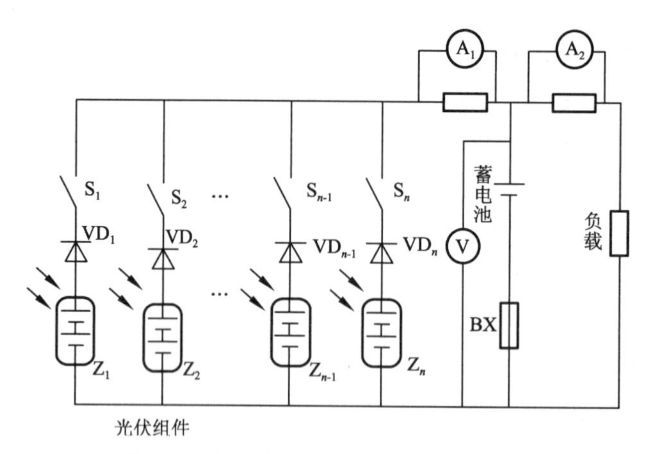

图2–12　多路控制器工作的电路原理图

当第一路 Z_1 断开后，如果蓄电池电压低于设定值，则控制电路等待；直到蓄电池电压再次上升到设定值后，再断开第 2 路，再等待；如果蓄电池电压不再上升到设定值，则其他支路保持接通充电状态。当蓄电池电压低于恢复点电压时，被断开的光伏方阵支路依次顺序接通，直到天黑之前全部接通。图中 VD_1 至 VD_n 是各个支路的防反充二极管，A_1 和 A_2 分别是充电电流表和放电电流表，V 为蓄电池电压表。

（5）智能型控制器

智能型控制器采用 CPU 或 MCU 等微处理器对光伏发电系统的运行参数进行高速实时采集，并按照一定的控制规律由单片机内程序对单路或多路光伏组件进行切断与接通的智能控制。中、大功率的智能控制器还可通过 RS–232/485 等通信接口通过计算机控制和传输数据，并进行远距离通信和控制。

智能型控制器除了具有过充电、过放电、短路、过载、防反接等保护功能外，还利用蓄电池放电率高、准确性强的特性进行放电控制。智能控制器还具有高精度的温度补偿功能。智能型控制器工作的电路原理图如图 2–13 所示。

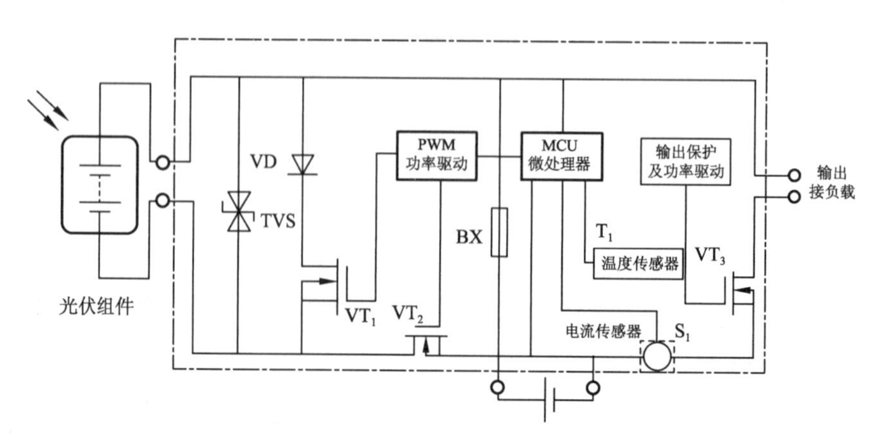

图2–13　智能型控制器工作的电路原理图

（6）最大功率点跟踪型控制器

最大功率点跟踪（Maximum Power Point Tracking，MPPT）型控制器的原理是将光伏方阵的电压和电流检测后相乘得到的功率，判断光伏方阵此时的输出功率是否达到最大，若不在最大功率点运行，则调整脉冲宽度、调制输出占空比、改变充电电流，再次进行实时采样，并做出是否改变占空比的判断。通过这样的寻优跟踪过程，可以保证光伏方阵始终运行在最大功率点。最大功率点跟踪型控制器可以使光伏方阵始终保持在最大功率点状态，以充分利用光伏方阵的输出能量。同时，采用 PWM 调制方式，使充电电流成为脉冲电流，以减少蓄电池的极化，提高充电效率。

图 2-14 所示为光伏阵列的输出功率特性 *P*-*U* 曲线，由图可知当光伏阵列的工作电压小于最大功率点电压 U_{max} 时，光伏阵列的输出功率随阵列端电压上升而增加；当阵列的工作电压大于最大功率点电压 U_{max} 时，阵列的输出功率随端电压上升而减小。MPPT 的实现实质上是一个自寻优过程，即通过控制端电压，使光伏阵列能在各种不同的日照和温度环境下智能化地输出最大功率。

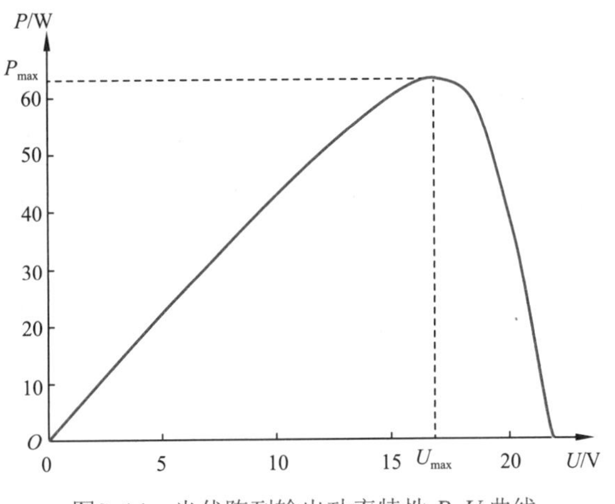

图2-14　光伏阵列输出功率特性 *P*-*U* 曲线

光伏阵列的开路电压和短路电流在很大程度上受日照强度和温度的影响，系统工作点也会因此飘忽不定，这必然导致系统效率的降低。为此，光伏阵列必须实现最大功率点跟踪控制，以便阵列在当前日照下不断获得最大功率输出。常用的最大功率点跟踪方法有定电压跟踪法、功率反馈法、扰动观测法、导纳增量法等。

① 定电压跟踪法：仔细观察图 *P*-*U* 关系曲线图，发现在一定的温度下，当日照强度较高时，诸曲线的最大功率点几乎都分布在一条垂直线的两侧，这说明光伏阵列的最大功率输出点大致对应于某一恒定电压，这就大大简化了 MPPT 的控制设计，即人们仅需从生产厂商处获得数据 U_{max}，并使阵列的输出电压钳位于 U_{max} 值即可，实际上是把 MPPT 控制简化为稳压控制，这就构成了恒压变压器（Constant-Voltage Transformer，CVT）式的 MPPT 控制。采用 CVT 较之不带 CVT 的直接耦合工作方式要有利得多，对于一般光伏系统可望获得多于 20% 的电能。

基于恒定电压法的跟踪器制造比较简单，而且控制比较简单，初期投入也比较少。但这种控制方式忽略了温度对开路电压的影响，以常规的单晶硅光伏电池为例，当环境温度每升

高 1℃时，其开路电压下降 0.35% ~ 0.45%，具体较准确的值可以用实验测得，也可以按照光伏组件的数学模型计算得到。以某一位于新疆的光伏电站为例，在环境温度为 25 ℃时，光伏阵列的开路电压为 363.6 V；当环境温度为 60 ℃时，开路电压下降至 299 V（均在日照强度相同情况下），其下降幅度达到 17.5%，这一影响不容忽视。

CVT 控制的优点是：控制简单，易实现，可靠性高；系统不会出现振荡，有很好的稳定性；可以方便地通过硬件实现。

CVT 控制的缺点是：控制精度差，特别是对于早晚和四季温度变化剧烈的地区；必须人工干预才能良好运行，更难预料风、沙等影响。为了克服以上缺点，可以在 CVT 的基础上采用一些改进的办法，如采用手工调节方式：根据实际温度的情况，手动调节设置不同情况下的 U_{max}，但这比较麻烦和粗糙。

微处理器查询数据表格方式：事先将不同温度下测得的 U_{max} 值存储于 EPROM 中，实际运行时，微处理器通过光伏阵列上的温度传感器获取阵列温度，通过查表确定当前的 U_{max} 值。采用 CVT 以实现 MPPT 控制，由于其良好的可靠性和稳定性，目前在光伏系统中仍被较多使用，特别是光伏水泵系统中。随着光伏系统控制技术的计算机及微处理器化，该方法逐渐被新方法所替代。

② 功率反馈（Power Feedback）法：功率反馈法的基本原理是通过采集光伏阵列的直流电压值和直流电流值，采用硬件或者软件计算出当前的输出功率，由当前的输出功率 P 和上次记忆的输出功率 P' 来控制调整输出电压值。其控制原理框图如图 2-15 所示。

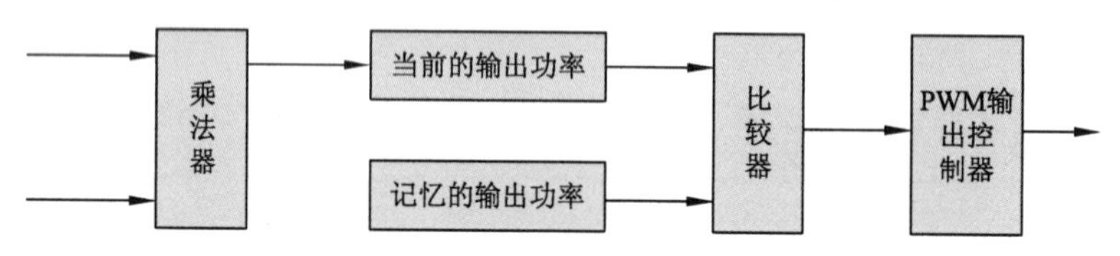

图2-15　功率反馈法的控制原理框图

③扰动观测（Perturbation and Observation，P&O）法：扰动观测法是目前实现 MPPT 最常用的方法之一。原理是先让光伏组件按照某一电压值输出，测得它的输出功率，然后再在这个电压的基础上给一个电压扰动，再测量输出功率，比较测得的两个功率值，如果功率值增加，则继续给相同方向的扰动；如果功率值减少，则给反方向的扰动。

此法最大的优点在于其结构简单，被测参数少，能比较普遍地适用于光伏发电系统的最大功率跟踪。但是，在光伏发电系统已经跟踪到最大功率点附近时，扰动仍然没有停止，这样系统在最大功率点附近振荡，会损失一部分功率，而且初始值和步长的选取对跟踪的速度和精度都有较大的影响。

扰动观测法的优点是：控制回路简单，跟踪算法简明，容易实现。

扰动观测法的缺点是：在阵列最大功率点附近振荡，导致部分功率损失；初始值及跟踪步长的给定对跟踪精度和速度有较大影响；有时会发生程序在运行中的“误判”现象。扰动观测法可能产生“误判”的原因分析如图 2-16 所示。

由于在一天中日照是时刻变化的，特别是早晚和有云的天气。所以对于光伏阵列而言，其 P-U 曲线是不停变化的。当光伏系统用扰动观测法进行 MPPT 时，假设系统已经工作在

MPPT 附近，如图 2–16 所示，当前工作点电压记为 U_a，阵列输出功率记为 P_a。当电压扰动方向往右移至 U_b，如果日照没有变化，阵列输出功率为 $P_b > P_a$，控制系统工作正确。但如果日照强度下降，则对应 U_b 的输出功率可能为 $P_c < P_a$，系统会误判电压扰动方向错误，从而控制工作电压往左移回 U_a 点。如果日照持续下降，则有可能出现控制系统不断误判，使工作点电压在 U_a 和 U_b 之间来回移动振荡，而无法跟踪到阵列的最大功率点。对于这种由于日照强度影响造成的系统误判，可以通过加大扰动频率和减小扰动的步长来尽可能地消除。

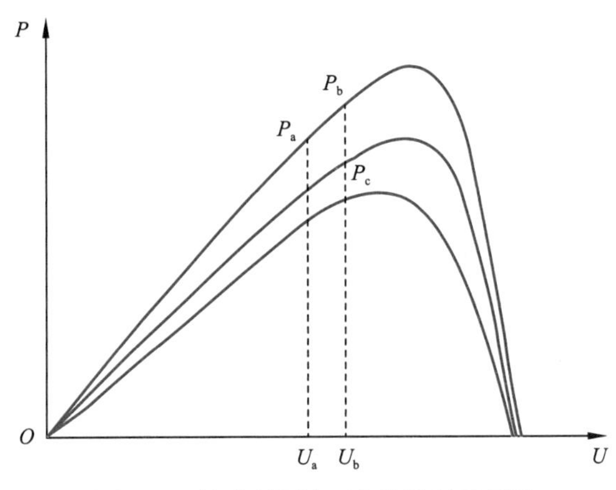

图2–16　扰动观测法可能的误判示意图

2.2.3　光伏控制器选配

1. 光伏控制器选配技术参数

光伏控制器要根据系统功率、系统直流工作电压、电池方阵输入路数、蓄电池组数、负载状况以及用户的特殊要求等确定光伏控制器的类型。在小型光伏发电系统中，控制器要用来保护蓄电池，一般小功率光伏发电系统采用单路脉冲宽度调制型控制器；在大、中型光伏发电系统中，控制器须具有更多的保护和监测功能，使蓄电池充、放电控制器发展成系统的控制器；因而，大功率光伏发电系统采用多路输入型控制器或带有通信功能和远程监测控制功能的智能控制器。随着控制器在控制原理和所使用元器件的发展，目前先进的系统控制器已经使用微处理器，实现软件编程并选择在本系统中适用和有用的功能，抛弃多余的功能。

控制器因控制电路、控制方式不同而异，从设计和使用角度，按光伏方阵输入功率和负载功率的不同，可选配小功率型、中功率型、大功率型，或者专用控制器。控制器选配的主要技术参数如下。

（1）系统工作电压

系统工作电压，也即额定工作电压，是指光伏发电系统中的蓄电池或蓄电池组的工作电压。这个电压要根据直流负载的工作电压来确定，一般为 12 V、24 V，中、大功率控制器也有 48 V、110 V、200 V 等。

（2）额定输入电流

控制器的额定输入电流取决于光伏组件或方阵的输出电流，选型时控制器的额定输入电

流应等于或大于光伏组件或方阵的输出电流。

（3）最大充电电流

最大充电电流是指光伏组件或方阵输出的最大电流。根据功率大小分为 5 A、6 A、8 A、10 A、12 A、15 A、20 A、30 A、40 A、50 A、70 A、100 A、150 A、200 A、250 A、300 A 等多种规格。有些厂家用光伏组件最大功率来表示这一内容，间接体现最大充电电流这一技术参数。

（4）控制器的额定负载电流

控制器的额定负载电流即控制器输出到直流负载的直流输出电流，该数据要满足负载的输入要求。

（5）光伏方阵输入路数

控制器的输入路数要多于或等于光伏方阵设计的输入路数：小功率控制器一般只有一路光伏方阵即单路输入；大功率控制器通常采用多路输入，每路输入的最大电流等于额定输入电流/输入路数，因此，各路光伏方阵的输出电流应小于或等于控制器每路允许输入的最大电流值。一般大功率光伏控制器可输入 6 路，最多的可接入 12 路、18 路。

（6）温度补偿

控制器一般都具有温度补偿功能，以适应不同的环境工作温度，为蓄电池设置更为合理的充电电压。控制器的温度补偿系数应满足蓄电池的技术要求，其温度补偿值一般为 −20 ～ −40 mV/℃。

（7）工作环境温度

控制器的使用或工作环境温度范围随厂家不同而改变，一般为 −20 ～ +50 ℃。

（8）其他保护功能

① 控制器输入、输出短路保护功能。控制器的输入、输出电路都要具有短路保护电路，提供保护功能。

② 防反充保护功能。控制器要具有防止蓄电池向光伏组件反向充电的保护功能。

③ 极性反接保护功能。光伏组件或蓄电池接入控制器，当极性接反时，控制器要具有保护电路的功能。

④ 防雷击保护功能。控制器应具有防雷击的保护功能，避雷器的类型和额定值应能确保吸收预期的冲击能量。

⑤ 耐冲击电压和冲击电流保护。在控制器输入端施加 1.25 倍的标称电压持续 1 h，控制器不应该损坏；将控制器充电回路电流达到标称电流的 1.25 倍并持续 1 h，控制器也不应该损坏。

除上述主要技术数据要满足设计要求以外，使用环境温度、海拔、防护等级和外形尺寸等参数以及生产厂家和品牌也是控制器配置选型时要考虑的因素。

2. 典型光伏充放电控制器

典型 SDCC 型光伏充放电控制器外观如图 2-17 所示。

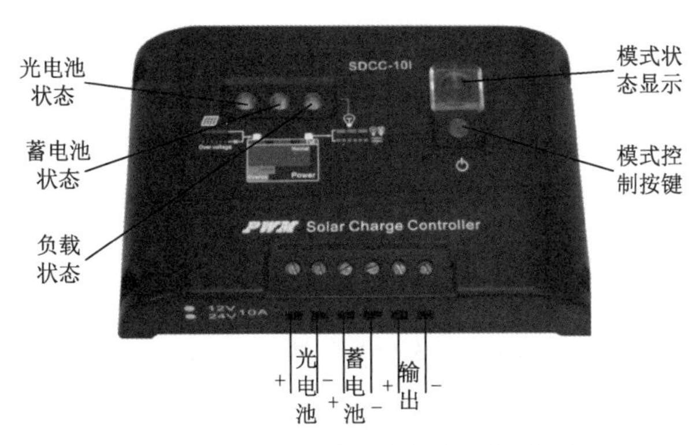

图2-17　典型SDCC型光伏充放电控制器外观

光伏充放电控制器有光电池、光伏组件、蓄电池、输出端的连接端口。在控制器模板上用三个LED发光二极管分别表示光电池、光伏组件、蓄电池、负载状态。

（1）安装及使用

① 导线的准备。建议使用多股铜芯绝缘导线。先确定导线长度，在保证安装位置的情况下，尽可能减少连线长度，以减少电能损耗。按照不大于4 A/mm^{2}的电流密度选择铜导线截面积，将控制器一侧的接线头剥去5 mm的绝缘层。

② 先连接控制器上蓄电池的接线端子，再将另外的端头连至蓄电池上，注意正负极不要接反。如果连接正确，蓄电池指示灯应亮，可通过按压按键来检查；否则，需检查连接是否正确。如发生反接，不会烧熔丝及损坏控制器任何部件。熔丝只作为控制器本身内部电路损坏短路的最终保护。

③ 连接光伏阵列导线。先连接控制器上光电池的接线端子，再将另外的端头连至光伏阵列上，注意正负极不要接反，如果有阳光，充电指示灯应亮；否则，需检查连接是否正确。

④ 负载连接。将负载的连线接入控制器上的负载输出端，注意正负极性，不要接反，以免烧坏电器。

（2）使用说明

充电及超压指示：当系统连接正常，且有阳光照射到光伏阵列时，充电指示灯(1)为绿色长亮，表示系统充电电路正常；当充电指示灯(1)出现绿色快速闪烁时，说明系统过电压，处理方法见故障现象及处理方法；充电过程使用了PWM方式，如果发生过放动作，充电先要达到提升充电电压，并保持10 min，而后降到直充电压，保持10 min，以激活蓄电池，避免硫化结晶，最后降到浮充电压，并保持浮充电压。如果没有发生过放，将不会有提升充电方式，以防蓄电池失水。这些自动控制过程将使蓄电池达到最佳充电效果并保证或延长其使用寿命。

蓄电池状态指示：蓄电池电压在正常范围时，状态指示灯(2)为绿色长亮；充满后状态指示灯为绿色慢闪；当蓄电池电压降低到欠电压时状态指示灯变成橙黄色；当蓄电池电压继续降低到过放电压时，状态指示灯(2)变为红色，此时控制器将自动关闭输出，提醒用户及时补充电能。当蓄电池电压恢复到正常工作范围内时，此时控制器将自动打开输出，状态指示灯(2)变为绿色。

负载指示：当负载开通时，负载指示灯(4)长亮。如果负载电流超过控制器额定电流1.25倍60 s时，或负载电流超过了控制器额定电流1.5倍5 s时，故障指示灯(3)为红色慢闪，表

示过载，控制器将关闭输出。当负载或负载侧出现短路故障时，控制器将立即关闭输出，故障指示灯 (3) 快闪。出现上述现象时，用户应当仔细检查负载连接情况，断开有故障的负载后，按一次按键，30 s 后恢复正常工作，或等到第二天可以正常工作。

负载开关操作：控制器上电后默认负载输出为关闭，在正常情况下，每按一次按键，负载输出即改变一次开关状态。当负载输出为开时，负载指示灯 (4) 长亮；当负载为关闭时，负载指示灯 (4) 长灭；当负载过载时，故障指示灯 (3) 慢速闪烁，当负载发生短路时，故障指示灯 (3) 快速闪烁。负载过载或短路控制器均会关闭输出。如复位过载、短路保护，按一次按键，30 s 后即恢复正常输出，30 s 的恢复时间是为避免输出功率电子器件连续短时间内遭受超额大功率冲击而降低寿命或损坏。

过放强制返回控制：发生过放后，蓄电池电压上升到过放返回值 13.1 V（12 V 系统）时，负载自动恢复供电。但在发生过放后，蓄电池电压上升到过放返回值 12.5 V(12 V 系统)以上时，若此时按下按键开关，即可强行恢复负载供电，以保证应急使用，注意此操作只有电压超过 12.5 V（12 V 系统）时起作用。

（3）常见故障现象及处理方法

光伏控制器常见故障现象及处理方法如表 2-6 所示。

表2-6　光伏控制器常见故障现象及处理方法

现　　象	处 理 方 法
当有阳光直射光伏阵列时，绿色充电指示灯(1)不亮	请检查光伏阵列两端接线是否正确，接触是否可靠
充电指示灯(1)快闪	系统电压超压。蓄电池开路，检查蓄电池是否连接可靠或充电电路损坏
负载指示灯(4)亮，但无输出	请检查用电器具是否连接正确、可靠
故障指示灯(3)快闪，且无输出	输出有短路，请检查输出线路，移除所有负载后，按一下开关按钮，30 s后控制器恢复正常输出
故障指示灯(3)慢闪，且无输出	负载功率超过额定功率，请减少用电设备，按一下按钮，30 s后控制器恢复输出
状态指示灯(2)为红色，且无输出	蓄电池过放，充足电后自动恢复使用

（4）技术指标

典型的 SDCC 型光伏控制器技术指标如表 2-7 所示。

表2-7　SDCC型光伏控制器技术指标

型　　号	SDCC-5	SDCC-10	SDCC-15
额定充电电流	5 A	10 A	15 A
额定负载电流	5 A	10 A	15 A
系统电压	12 V、24 V		
过载、短路保护	1.25倍额定电流60 s，1.5倍额定电流5 s时过载保护动作，≥3倍额定电流短路保护动作		
空载损耗	≤6 mA		
充电回路压降	不大于0.26 V		
放电回路压降	不大于0.15 V		
超压保护	17 V，×2/24 V		

续表

型　　号	SDCC-5	SDCC-10	SDCC-15
工作温度	工业级：−35～+55℃(后缀I)；商用级：−5～+50℃		
提升充电电压	14.6 V；×2/24 V (维持时间：10 min)（只当出现过放时调用）		
直充充电电压	14.4 V；×2/24 V (维持时间：10 min)		
浮充	13.6 V；×2/24 V (维持时间：直至充电返回电压动作)		
充电返回电压	13.2 V；×2/24 V		
温度补偿	−5 mV/℃/2 V（提升、直充、浮充、充电返回电压补偿）		
欠压电压	12.0 V；×2/24 V		
过放电压	11.1 V−放电率补偿修正的初始过放电压（空载电压）；×2/24 V		
过放返回电压	13.1 V；×2/24 V		
过放可强制返回电压	12.5 V；×2/24 V（按键强制返回）		
控制方式	充电至PWM脉宽调制，控制点电压为不同放电率智能补偿修正		

2.3 蓄　电　池

2.3.1 储能的重要性与应用

对光伏发电和风力发电等间歇性电源，不能随时、全时满足负荷需求。因此，储能成为必备的特征以配合这类发电系统，尤其对独立光伏发电系统和离网型风机而言。储能能够显著改善负荷的可用性，而且对电力系统的能量管理、安全稳定运行、电能质量控制等均有重要意义。

近年来，随着光伏发电、风力发电设备制造成本大幅度降低，将其大规模接入电网成为一种发展潮流，使得电力系统原本在“电力存取”这一薄弱环节带来更大挑战。

众所周知，电能在“发、输、供、用”运行过程中，必须在时空两方面都要达到“瞬态平衡”，如果出现局部失衡就会引起电能质量问题，即闪变，“瞬态激烈”失衡还会带来灾难性事故，并可能引起电力系统的解列和大面积停电事故。要保障公共电网安全、经济和可靠运行，就必须在电力系统的关键节点上建立强有力的“电能存取”单元（储能系统）对系统给予支撑。

另外，储能在孤立电网或离网、电动汽车、轨道交通、UPS 电源、电动工具以及电子产品等多有应用。

2.3.2 常见蓄电池的类型与性能

蓄电池组是离网光伏发电系统常见的储能装置，作用是将光伏阵列从太阳辐射能转换来的直流电转换为化学能储存起来，以供负载使用。光伏系统用的蓄电池主要有铅酸蓄电池、碱性蓄电池、锂离子蓄电池、镍氢蓄电池四种，这四种蓄电池各有缺点，在选购蓄电池时，要根据运用情况进行选择。图 2−18 所示为常用蓄电池的外观效果图。除了上述四种储能形式以外，光伏发电的蓄能还包括超级电容、蓄水储能等其他的形式。

在常用蓄电池中，铅酸蓄电池价格最便宜、最经济，但是使用寿命较短，要经常维护。

其他蓄电池如镉镍蓄电池和铁镍蓄电池等与其相比，主要优点是对过充电、过放电的耐受能力强，反复深放电对蓄电池使用寿命无大的影响，在高负荷和高温条件下，仍具较高的效率，维护简便，循环寿命长；缺点是价格较高。

（a）铅酸蓄电池外形图

（b）碱性蓄电池外形图

（c）锂离子蓄电池外形图

（d）镍氢蓄电池外形图

图2-18　常用蓄电池的外观效果图

1. 铅酸蓄电池

（1）铅酸蓄电池的分类

① 固定型铅酸蓄电池。为适应光伏发电系统对蓄电池的要求，我国进行了光伏专用铅酸蓄电池的研制，并取得了一定进展。

固定型铅酸蓄电池的优点是：容量大、单位容量价格便宜、使用寿命长和轻度硫酸化可恢复。与其他的蓄电池相比，固定型铅酸蓄电池的性能更贴近光伏系统的要求。目前在功率较大的光伏电站多数采用固定型（开口式）铅酸蓄电池。开口式铅酸蓄电池的主要缺点是：需要维护，在干燥气候地区需要经常添加蒸馏水、检查和调整电解液的相对密度。此外，开口式蓄电池带液运输时，电解液有溢出的危险，运输时应做好防护措施。

② 密封型铅酸蓄电池。近年来我国开发了蓄电池的密封和免维修技术，引进了密封型铅酸蓄电池生产线。因此，在光伏发电系统中也开始选用专门的维护，即使倾倒电解液也不会溢出，不向空气中排放氢气和酸雾，安全性能好。其缺点是对过充电敏感，因此对过充电保护器件性能要求高，当长时间反复过充电后，电极板易变形，且间隔较普遍开口式铅酸蓄电池大。近年来，国内小功率光伏发电系统已选用密封型铅酸蓄电池。10 kW 及以上的光伏发

电系统也开始采用密封型铅酸蓄电池，随着工艺技术的不断提高和生产成本的降低，密封型铅酸蓄电池在光伏发电领域的应用将不断扩大。

铅酸蓄电池性能优良、质量稳定、容量较大、价格较低，是我国光伏发电系统目前主要选用的储能装置。

（2）铅酸蓄电池的结构

常见铅酸蓄电池结构如图 2−19 所示，主要由正极板、负极板、接线柱、隔板、安全阀、电解液、跨桥、电池盖、接头密封材料及附件等部分组成。

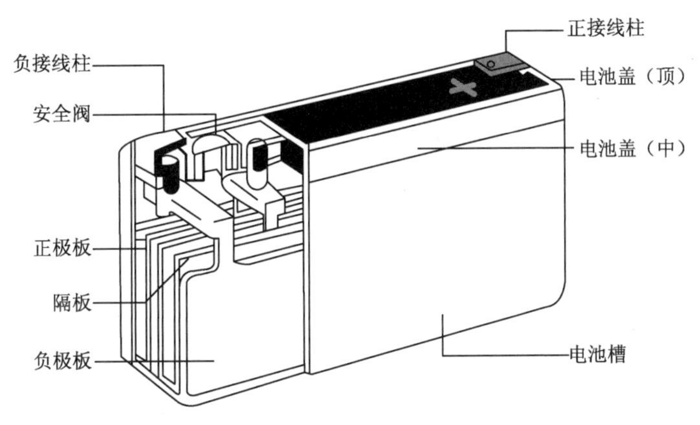

图2−19　常见铅酸蓄电池结构

① 正、负极板。蓄电池的充电过程是依靠极板上的活性物质和电解液中硫酸的化学反应来实现的。正极板上的活性物质是深棕色的二氧化铅（PbO_2），负极板上的活性物质是海绵状、青灰色的纯铅（Pb）。正、负极板的活性物质分别填充在铅锑合金铸成的栅架上，加入锑的目的是提高栅架的机械强度和浇铸性能。但锑有一定的副作用，锑易从正极板栅架中解析出来而引起蓄电池的自行放电和栅架的膨胀、溃烂，从而影响蓄电池的使用寿命。负极板的厚度为 1.8 mm，正极板的厚度为 2.2 mm，为了提高蓄电池的容量，国外大多采用厚度为 1.1 ~ 1.5 mm 的薄型极板。另外，为了提高蓄电池的容量，将多片正、负极板并联，组成正、负极板组。在每单格电池中，负极板的数量总比正极板多一片，正极板都处于负极板之间，使其两侧放电均匀，否则因正极板机械强度差，单面工作会使两侧活性物质体积变化不一致，造成极板弯曲。

② 隔板。为了减少蓄电池的内阻和体积，正、负极板应尽量靠近，但彼此又不能接触而短路，所以在相邻正、负极板间加有绝缘隔板。隔板应具有多孔性，以便电解液渗透，而且应具有良好的耐酸性和抗碱性。隔板材料有木质、微孔橡胶、微孔塑料等。近年来，还有将微孔塑料隔板做成袋状，紧包在正极板的外部，防止活性物质脱落。

③ 电池槽和电池盖。蓄电池的外壳是用来盛放电解液和极板组的，外壳应耐酸、耐热、耐震，以前多用硬橡胶制成。现在国内已开始生产聚丙烯塑料外壳，这种壳体不但耐酸、耐热、耐震，而且强度高，壳体壁较薄（一般为 3.5 mm，而硬橡胶壳体壁厚为 10 mm）、质量小、外形美观、透明。壳体底部的凸筋是用来支撑极板组的，并可使脱落的活性物质掉入凹槽中，以免正、负极板短路，若采用袋式隔板，则可取消凸筋以降低壳体高度。

④ 电解液。电解液的作用是使极板上的活性物质发生溶解和电离，产生电化学反应，传导溶液正负离子。它由纯净的硫酸与蒸馏水按一定的比例配制而成，电解液的相对密度一般为 1.24 ～ 1.30 g/cm^3（15 ℃）。

⑤ 正、负接线柱。蓄电池各单格电池串联后，两端单格的正、负极柱分别穿出蓄电池盖，形成蓄电池正、负接线柱，实现蓄电池与外界的连接；接线柱的材质一般是钢材镀银，正极标“+”号或涂红色，负极标“−”号或涂蓝色、绿色。

⑥ 安全阀。一般由塑料材料制成，对电池起密封作用，阻止空气进入，防止极板氧化。同时可以将充电时电池内产生的气体排出电池，避免电池产生危险。使用时必须将排气栓上的盲孔用铁丝刺穿，以保证气体溢出通畅。

（3）铅酸蓄电池的原理

铅酸蓄电池通过充电过程将电能转化为化学能，使用时通过放电将化学能转化为电能。铅酸蓄电池充放电反应原理化学反应式为：

$$PbO_2 + 2H_2SO_4 + Pb = 2PbSO_4 + 2H_2O$$

当铅酸蓄电池接通外电路负载放电时，正极板上的 PbO_2 和负极板的 Pb 都变成了 $PbSO_4$，电解液的硫酸变成了水；充电时，正、负极板上的 $PbSO_4$ 分别恢复原来的 PbO_2 和 Pb，电解液中的水变成了硫酸。

性能较好的蓄电池可以反复充放电上千次，直至活性物质脱落到不能再用，随着放电的继续进行，蓄电池中的硫酸逐渐减少，水分增多，电解液的相对密度降低；反之，充电时蓄电池中水分减少，硫酸浓度增大，电解液相对密度上升。大部分的铅酸蓄电池放电后电解液的密度为 1.1 ～ 1.3 g/cm^3，充满电后的电解液密度为 1.23 ～ 1.3 g/cm^3，所以在实际工作中，可以根据电解液相对密度的高低判断蓄电池充放电的程度。这里必须注意，在正常情况下，蓄电池不要放电过度，不然将会使活性物质（正极的二氧化铅，负极的海绵状铅）与混在一起的细小硫酸铅结晶成较大的结晶体，增大了极板电阻。按规定，铅酸蓄电池放电深度（即每一充电循环中的放电容量与电池额定电容量之比）不能超过额定容量的 75%，以免在充电时，很难复原，缩短蓄电池的使用寿命。

（4）铅酸蓄电池的相关概念

① 蓄电池充电。蓄电池充电是指通过外电路给蓄电池供电，使蓄电池内发生化学反应，从而把电能转化成化学能而存储起来的操作过程。

② 过充电。过充电是指对已经充满电的蓄电池或蓄电池组继续充电。

③ 放电。放电是指在规定的条件下，蓄电池向外电路输出电能的过程。

④ 自放电。蓄电池的能量未通过外电路放电而自行减少，这种能量损失的现象叫自放电。

⑤ 活性物质。在蓄电池放电时发生化学反应从而产生电能的物质，或者说是正极和负极存储电能的物质统称为活性物质。

⑥ 放电深度。放电深度是指蓄电池在某一放电速率下，蓄电池放电到终止电压时实际放出的有效容量与蓄电池在该放电速率的额定容量的百分比。放电深度和蓄电池循环使用次数关系很大，放电深度越大，循环使用次数越少；放电深度越小，循环使用次数越多。经常使蓄电池深度放电，会缩短蓄电池的使用寿命。

⑦ 极板硫化。在使用铅酸蓄电池时要特别注意的是：蓄电池放电后要及时充电，如果蓄电池长时期处于亏电状态，极板就会形成 $PbSO_4$ 晶体，这种大块晶体很难溶解，无法恢复原来的状态，将会导致极板硫化无法充电。

⑧ 相对密度。相对密度是指电解液与水的密度的比值。相对密度与温度变化有关，25 ℃时，充满电的电池电解液相对密度值为 1.265 g/cm^3，完全放电后降至 1.120 g/cm^3。每个电池的电解液密度都不相同，同一个电池在不同的季节，电解液密度也不一样。大部分铅酸蓄电池电解液的密度在 1.1 ～ 1.3 g/cm^3 范围内，充满电之后电解液的密度一般为 1.23 ～ 1.3 g/cm^3。

（5）铅酸蓄电池常用技术术语

① 蓄电池的容量。处于完全充满状态下的铅酸蓄电池在一定的放电条件下，放电到规定的终止电压时所能给出的电量称为电池容量，以符号 C 表示。蓄电池容量的常用单位是 A·h。通常在 C 的下角处标明放电时率，如 C_{10} 表明是 10 小时率的放电容量，C_{60} 表明是 60 小时率的放电容量。

蓄电池容量分为实际容量和额定容量。实际容量是指蓄电池在一定放电条件下所能输出的电量。额定容量（标称容量）是按照国家或有关部门颁布的标准，在蓄电池设计时要求蓄电池在一定的放电条件下（如在 25 ℃环境下以 10 小时率电流放电到终止电压），应该放出的最低限度的电量值。

② 放电率。根据蓄电池放电电流的大小，放电率分为时间率和电流率。时间率是指在一定放电条件下，蓄电池放电到终了电压时的时间长短。常用时率和倍率表示。根据 IEC 标准，放电的时间率有 20 小时率、10 小时率、5 小时率、3 小时率、1 小时率、0.5 小时率，分别表示为 20 h、10 h、5 h、3 h、1 h、0.5 h 等。蓄电池的放电倍率越高，放电电流越大，放电时间就越短，放电容量越少。例如，一组容量 100 A · h 的蓄电池以 0.1 C 放电倍率放电，则放电电流为 $0.1 \times 100=10$ A；如果以 20 h 时率放电，则放电电流为 $100/20=5$ A。

③ 终止电压。终止电压是指在蓄电池放电过程中，电压下降到不宜再放电时（非损伤放电）的最低工作电压。为了防止蓄电池不被过放电而损害极板，在各种标准中都规定了在不同放电倍率和温度下放电时电池的终止电压。单体蓄电池，一般 10 小时率和 3 小时率放电的终止电压为每单体 1.8 V，1 小时率的终止电压为每单体 1.75 V。由于铅酸蓄电池本身的特性，即使放电的终止电压继续降低，蓄电池也不会放出太多的容量，但终止电压过低对蓄电池的损伤极大，尤其当放电达到 0 V 而又不能及时充电时将大大缩短蓄电池的使用寿命。对于光伏发电系统使用的蓄电池，针对不同型号和用途，放电终止电压设计也不一样。终止电压视放电速率和需要而规定。通常，小于 10 h 的小电流放电，终止电压取值稍高一些；大于 10 h 的大电流放电，终止电压取值稍低一些。

④ 蓄电池电动势。蓄电池的电动势在数值上等于蓄电池达到稳定时的开路电压。蓄电池的开路电压是无电流状态时的蓄电池电压。当有电流通过蓄电池时所测量的蓄电池端电压的大小将是变化的，其电压值既与蓄电池的电流有关，又与蓄电池的内阻有关。

⑤ 浮充寿命。蓄电池的浮充寿命是指蓄电池在规定的浮充电压和环境温度下，蓄电池寿命终止时浮充运行的总时间。

⑥ 循环寿命。蓄电池经历一次充电和放电，称为一个循环（一个周期）。在一定的放电条件下，蓄电池使用至某一容量规定值之前，蓄电池所能承受的循环次数，称为循环寿命。影响蓄电池循环寿命的因素是综合因素，不仅与产品的性能和质量有关，而且还与放电倍率和深度、使用环境和温度及使用维护状况等外在因素有关。

⑦ 过充电寿命。过充电寿命是指采用一定的充电电流对蓄电池进行连续过充电，一直到蓄电池寿命终止时所能承受的过充电时间。其寿命终止条件一般设定在容量低于 10 小时率额定容量的 80%。

⑧ 自放电率。蓄电池在开路状态下的储存期内，由于自放电而引起活性物质损耗，每天或每月容量降低的百分数称为自放电率。自放电率指标可衡量蓄电池的储存性能。

⑨ 蓄电池内阻。蓄电池的内阻不是常数，而是一个变化的量，它在充放电的过程中随着时间不断变化，这是因为活性物质的组成、电解液的浓度和温度都在不断变化。铅酸蓄电池的内阻很小，在小电流放电时可以忽略，但在大电流放电时，将会有数百毫伏的电压降损失，必须引起重视。蓄电池的内阻分为欧姆内阻和极化内阻两部分。欧姆内阻主要由电极材料、隔膜、电解液、接线柱等构成，也与蓄电池尺寸、结构及装配因素有关。极化内阻是由电化学极化和浓差极化引起的，是蓄电池放电或充电过程中两电极进行化学反应时极化产生的内阻。极化电阻除与电池制造工艺、电极结构及活性物质的活性有关外，还与蓄电池工作电流大小和温度等因素有关。蓄电池内阻严重影响蓄电池工作电压、工作电流和输出能量，因而内阻越小的蓄电池性能越好。

⑩ 比能量。比能量是指蓄电池单位质量或单位体积所能输出的电能，单位分别是 W · h/kg 或 W · h/L。比能量有理论比能量和实际比能量之分，理论比能量指 1 kg 蓄电池反应物质完全放电时理论上所能输出的能量，实际比能量为 1 kg 蓄电池反应物质所能输出的实际能量，由于各种因素的影响，蓄电池的实际比能量远小于理论比能量。比能量是综合性指标，它反映了蓄电池的质量水平，表明生产厂家的技术和管理水平，常用比能量来比较不同厂家生产的蓄电池，该参数对于光伏发电系统的设计非常重要。

（6）铅酸蓄电池型号识别

根据 JB/T 2599—2012 标准的有关规定，铅酸蓄电池的名称由单体蓄电池的格数、型号、额定容量、蓄电池功能和形状等组成。通常分为三段表示（见图 2–20）：第一段为数字，表示单体蓄电池的串联数。每一个单体蓄电池的标称电压为 2 V，当单体蓄电池串联数（格数）为 1 时，第一段可省略，6 V、12 V 蓄电池分别用 3 和 6 表示。第二段为 2 ～ 4 个汉语拼音字母，表示蓄电池的类型、功能和用途等。第三段表示蓄电池的额定容量。蓄电池常用汉语拼音字母的含义如表 2–8 所示。

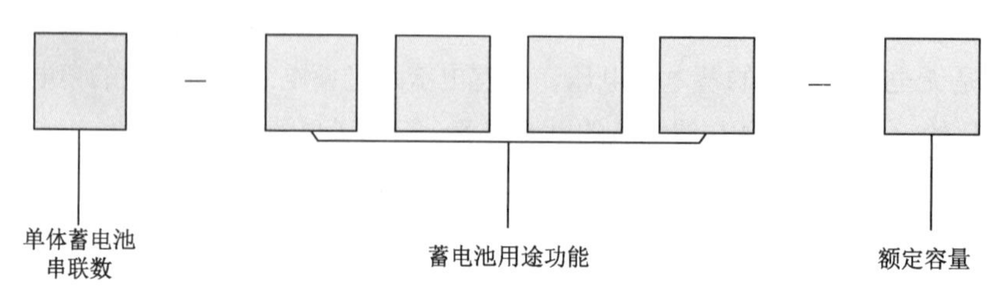

图2–20　蓄电池标号

例如：6–QA–120 表示有 6 个单体蓄电池串联，标称电压为 12 V，启动用蓄电池，装有干荷电式极板，20 小时率额定容量为 120 A · h。

表2–8　蓄电池常用汉语拼音字母的含义

第一个字母	含　义	第二、三、四个字母	含　义
Q	启动用	A	干荷电式
G	固定用	F	防酸式
D	电瓶车用	FM	阀控式密封
N	内热机用	W	无须维护
T	铁路客车用	J	胶体
M	摩托车	D	带液式
KS	矿灯酸性用	I	激活式
JC	舰船用	Q	气密式
B	航标灯用	H	湿荷式
TK	坦克用	B	半密闭式
S	闪光用	Y	液密式

GFM–800 表示有 1 个单体蓄电池，标称电压为 2 V，固定用阀控式密封型蓄电池，20 小时率额定容量为 800 A · h。

6–GFMJ–120 表示有 6 个单体蓄电池串联，标称电压为 12 V，固定用阀控式密封型胶体蓄电池，20 小时率额定容量为 120 A · h。

光伏发电系统中与光伏阵列配套的蓄电池组通常是在半浮充电（半浮充电为定期浮充供电方式，部分时间由光伏发电与蓄电池并联供电，对蓄电池组小电流充电，作为补充电池已放出的电量消耗，而在另一部分时间里由蓄电池组单独供电）状态下长期工作，其电能量比用电负荷所需要的电能量要大。因此，多数时间是处于浅放电状态。当冬季和阴雨天由于太阳辐射能减少而出现光伏阵列向蓄电池组充电不足时，可启动光伏电站备用电源——柴油发电机组，给蓄电池组补充充电，以保持蓄电池组始终处于浅放电状态。

2. 锂电池

（1）锂电池的分类

所谓锂离子蓄电池（又称锂电池）是指分别用两个能可逆嵌入与脱嵌锂离子的化合物作为正、负极构成的二次电池。人们将这种靠锂离子在正、负极之间的转移来完成电池充放电工作的，独特机理的锂离子电池形象地称为“摇椅式电池”，俗称“锂电”。

按锂电池的外形可分为：方形锂电池（如常用的手机电池电芯）和柱形锂电池；按锂电池外包材料可分为：铝壳锂电池、钢壳锂电池、软包电池；按锂电池正、负极材料（添加剂）可分为：钴酸锂（$LiCoO_2$）电池、锰酸锂（$LiMn_2O_4$）电池、磷酸铁锂（$LiFePO_4$）电池、一次性二氧化锰锂电池；根据锂离子电池所用电解液材料可分为：锂离子 LIB、聚合物 PLB。

（2）锂电池的优点

① 能量比较高。具有高储存能量密度，目前已达到 460 ~ 600 W·h/kg，是铅酸蓄电池的 6 ~ 7 倍。

② 使用寿命长。使用寿命可达到 6 年以上，磷酸亚铁锂为正极的电池 1 C（100%DOD）充放电，可以使用 10 000 次。

③ 额定电压高（单体工作电压为 3.7 V 或 3.2 V）。额定电压约等于 3 只镍镉或镍氢充电电池的串联电压，便于组成电池电源组。

④ 具备高功率承受力。电动汽车用的磷酸亚铁锂锂离子电池可以达到 15 ~ 30 C 充放电的能力，便于高强度的启动加速。

⑤ 自放电率很低。这是锂电池最突出的优越性之一，目前一般可做到 1% 以下，不到镍氢电池的 1/20；且无记忆效应。

⑥ 质量轻。相同体积下质量为铅酸产品的 1/5 ~ 1/6。

⑦ 高低温适应性强。可以在 −20 ~ +60 ℃的环境下使用，经过工艺上的处理，可以在 −45 ℃环境下使用。

⑧ 绿色环保。不论生产、使用和报废，都不含有也不产生任何铅、汞、镉等有毒有害重金属元素和物质。

⑨ 生产基本不消耗水。对缺水的我国来说，十分有利。

（3）锂电池的缺点

锂电池存在安全性差，有发生爆炸的危险；钴酸锂的锂离子蓄电池不能大电流放电，安全性较差；锂离子蓄电池需保护线路，防止蓄电池被过充过放电；在不使用的状态下存储一段时间后，其部分容量会永久丧失；生产要求条件高，成本高。

（4）锂电池技术术语

① 蓄电池容量。电池的容量由电池内活性物质的数量决定，通常用 mA·h 或者 A·h 表示。例如，1 000 mA · h 就是能以 1 A 的电流放电 1 h，换算为所含电荷量大约为 3 600 C。

② 标称电压。电池正、负极之间的电势差称为电池的标称电压。标称电压由极板材料的电极电位和内部电解液的浓度决定。一般情况下单元锂离子电池为 3.6 V、磷酸铁锂电池为 3.2 V。

③ 充电终止电压。可充电电池充足电时，极板上的活性物质已达到饱和状态，再继续充电，蓄电池的电压也不会上升，此时的电压称为充电终止电压。锂离子电池为 4.2 V、磷酸铁锂电池为 3.55 ~ 3.60 V。

④ 放电终止电压。放电终止电压是指蓄电池放电时允许的最低电压。放电终止电压和放电率有关，一般来讲单元锂离子蓄电池为 2.7 V、磷酸铁锂电池为 2.0 ~ 2.5 V。

⑤ 电池内阻。电池的内阻由极板的电阻和离子流的阻抗决定，在充放电过程中，极板的电阻是不变的，但离子流的阻抗将随电解液浓度和带电离子的增减而变化。一般来讲单元锂离子蓄电池的内阻为 80 ~ 100 mΩ、磷酸铁锂电池内阻小于 20 mΩ。

⑥ 自放电率。指在一段时间内，蓄电池在没有使用的情况下，自动损失的电量占总容量的百分比。一般在常温下，锂离子蓄电池自放电率每月只有 5% ~ 8%。

3. 超级电容器

超级电容器又名化学电容器或双电层电容器，如图 2-21 所示，是一种电荷的储存器，但在其储能的过程中并不发生化学反应，而且是可逆的。因此，这种超级电容器可以反复充放电数十万次。它可以被视为悬浮在电解质中的两个无反应活性的多孔电极板，在极板上加电，正极板吸引电解质中的负离子，负极板吸引正离子，实际上形成两个容性存储层，被分离开的正离子在负极板附近，负离子在正极板附近，故又称双层电容器。

图2-21　各种超级电容器外形图

超级电容器是一种新型储能装置，它具有蓄电池无法比拟的特点：充电时间短、使用寿命长、温度特性好、节约能源和绿色环保等特点，其储能的过程并不发生化学反应，并且这种储能过程是可逆的，也正因为此超级电容器可以反复充放电数十万次。

（1）电容器工作原理

电容器是由两个彼此绝缘的平板形金属电容板组成，在两块电容板之间用绝缘材料隔开。电容器极板上所储集的电量 q 与电压成正比。电容器的计量单位为“法拉”（F）。当电容充上 1 V 的电压，如果极板上储存 1C 的电荷量，则该电容器的电容量就是 1 F。

电容器的电容：

$$C=KA/D$$

式中：K——电介质的介电常数，F/m；

A——电极表面积，m^2；

D——电容器间隙的距离，m。

电容器的容量只取决于电容板的面积，与面积的大小成正比，而与电容板的厚度无关。另外，电容器的电容量还与电容板之间的间隙大小成反比。当电容元件进行充电，电容元件上的电压增高，电场能量增大，电容器从电源上获得电能，电容器中储存的电量 E 为：

$$E=CU^2/2$$

式中：U——外加电压，V。

当电容元件进行放电，电容元件上的电压降低，电场能量减小，电容器从电源上释放能量，释放的最大电量为 E。

（2）超级电容器的结构及指标

超级电容器结构如图 2-22 所示，电解液采用有机电解质，如丙烯碳酸脂或高氯酸四乙氨。工作时，在可极化电极和电解质溶液之间界面上形成了双电层中聚集的电容量。多孔性的活性炭有极大的表面积，使用多孔性活性炭作为电极，该电极在电解液中吸附着电荷，因而它具有极大的电容量并可以存储很大的静电能量，超级电容器的这一特性是介于传统的电容器与电池之间的。与传统电池相比，超级电容功率密度高，可达 300 ～ 500 W/kg，相当于普通电池的 5 ~ 10 倍。这种储能方式，也可以应用在传统电池不足之处和电网短时高峰电流需求较大之时。

当外加电压加到超级电容器的两个极板上时，与普通电容器一样，正极板存储正电荷，负极板存储负电荷，如图 2–23 所示，在两极板上电荷产生的电场作用下，电解液与电极间的界面上形成相反的电荷，以平衡电解液的内电场，这种正电荷与负电荷在两个不同相之间的接触面上，以正、负电荷之间极短间隙排列在相反的位置上，这个电荷分布层叫作双电层，因此电容量非常大。当两极板间电势低于电解液的氧化还原电极电位时，电解液界面上电荷不会脱离电解液，超级电容器为正常工作状态（通常为 3 V 以下），当电容器两端电压超过电解液的氧化还原电极电位时，电解液将分解，超级电容器为非正常状态。随着超级电容器放电，正、负极板上的电荷被外电路泄放，电解液的界面上的电荷相应减少。由此可以看出，超级电容器的充放电过程始终是物理过程，没有化学反应。因此性能是稳定的，与利用化学反应的蓄电池是不同的。

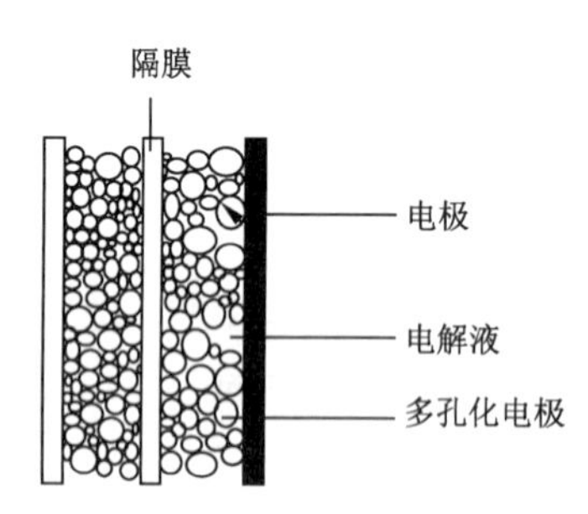

图2–22　超级电容器结构

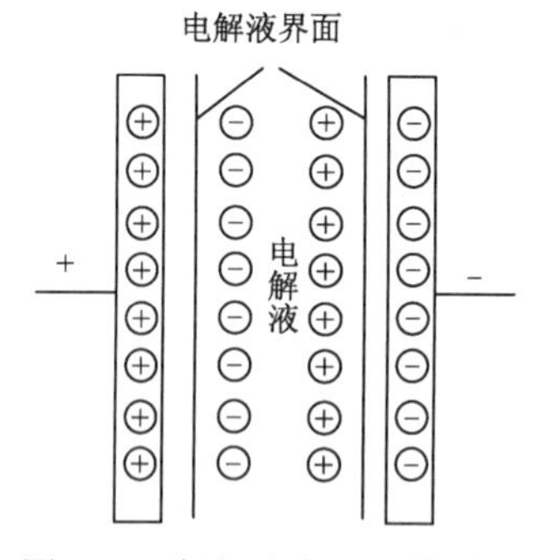

图2–23　超级电容器工作原理

（3）超级电容器的技术指标

超级电容器的主要性能指标有：容量、内阻、漏电流、能量密度、功率密度、循环寿命等。

① 容量：电容器存储的容量，单位为 F。

② 内阻：分为直流内阻和交流内阻，单位为 mΩ。

③ 漏电流：恒定电压下一定时间后测得的电流，单位为 mA。

④ 能量密度：指单位重量或单位体积的电容器所给出的能量，单位为 W · h/kg 或 W · h/L。

⑤ 功率密度：指单位重量或单位体积的超级电容器所给出的功率，表征超级电容器所承受电流的大小，单位为 W/kg 或 W/L。

⑥ 循环寿命：超级电容器经历一次充电和放电，称为一次循环，可超过一百万次。

（4）超级电容器的特点

① 使用寿命长，充放电大于 50 万次，是锂离子蓄电池（Li–Ion 电池）的 500 倍，是镍氢电池（Ni–MH 电池）和镍镉电池（Ni–Cd 电池）的 1 000 倍，如果对超级电容每天充放电 20 次，连续使用可达 68 年，与铅酸蓄电池的差别如表 2–9 所示。

表2–9　超级电容器与蓄电池主要性能比较

项　目	单　位	普 通 电 容	蓄 电 池	超级电容器
平均放电时间	s	10^{-6} ~ 10^{-3}	20 ~ 180	0.1 ~ 30

续表

项　　目	单　　位	普 通 电 容	蓄　电　池	超级电容器
平均充电时间	s	10^{-6}～10^{-3}	90～360	0.1～30
比能量	W·h/kg	<0.1	20～200	5～20
比功率	W/kg	10 000	50～300	1 000～2 000

② 充电速度快，充电 10 s ～ 10 min 可达到其额定容量的 95% 以上。

③ 产品原材料构成、生产、使用、储存以及拆解过程均没有污染，是理想的绿色环保电源。

④ 在很小的体积下达到法拉级的电容量，无须特别的充电电路和控制放电电路，和铅酸蓄电池、锂电池相比过充电、过放电都不对其寿命构成负面影响。

⑤ 保用不当会造成电解质泄漏等现象。其内阻较大，因而不可以用于交流电路使用。

⑥ 超级电容器在其额定电压范围内可以被充电至任意电位，且可以完全放出，而铅酸蓄电池、锂电池则受自身化学反应限制工作在较窄的电压范围，如果过放可能造成永久性破坏。

⑦ 超级电容器与传统电容器的不同。超级电容器在分离出的电荷中存储能量，用于存储电荷的面积越大、分离出的电荷越密集，其电容量越大。

传统电容器的面积是导体的平板面积，为了获得较大的容量，导体材料卷制得很长，有时用特殊的组织结构来增加它的表面积。传统电容器采用绝缘材料分离它的两极板，一般为塑料薄膜、纸等，这些材料通常要求尽可能薄。

超级电容器的面积是基于多孔炭材料，该材料的多孔结构允许其面积达到 2 000 m^2/g，通过一些措施可实现更大的表面积。超级电容器电荷分离开的距离是由被吸引到带电电极的电解质离子尺寸决定的。该距离比传统电容器薄膜材料所能实现的距离更小。这种庞大的表面积再加上非常小的电荷分离距离使得超级电容器较传统电容器而言有大得惊人的静电容量，这也是其所谓“超级”的原因。

4. 蓄水储能

抽水蓄能电站是一种特殊形式的水力发电系统。该系统集抽水与发电两类设施于一体，上、下游均设置水库，在电力负荷低谷或丰水时期，利用其他电站提供的剩余能量，从地势低的下水库抽水到地势高的上水库中，将电能转换为位能；在日间出现高峰负荷或枯水季节，再将上水库的水放下，驱动水轮发电机组发电，将位能转换为电能。图 2–24 所示为天荒坪抽水蓄能电站。

图2–24　天荒坪抽水蓄能电站

抽水蓄能电站是目前最成熟、应用最广泛的大规模储能技术，具有容量大、寿命长（经济寿命约 50 年）、运行费用低的优点。可为电网提供调峰、填谷、调频、事故备用等服务，其良好的调节性能和快速负荷变化响应能力，对于有效减少新能源发电输入电网时引起的不稳定具有重大意义。

但是，抽水蓄能电站的建设也受到一些条件的限制。例如，在站址的选择上需要有水平距离小、上下水库高度差大的地形条件，岩石强度高、防渗性能高的地质条件，以及充足的水源保证发电用水的需求。另外，还有上下水库的库区淹没问题、水质变化以及库区土壤盐碱化等一系列环保问题需要考虑。

20 世纪 50 ～ 80 年代，以美国、日本和西欧各国为代表的发达国家带动了抽水蓄能电站大规模发展。然而，从 20 世纪 90 年代到现在，除日本外，美国和西欧各国都放慢抽水蓄能发展的速度。对我国来讲，抽水蓄能的发展呈现以下特点。

（1）我国的抽水蓄能电站近 20 年得到快速发展，抽水蓄能电站装机容量已居世界第一，截至 2018 年底中国抽水蓄能装机容量为 30 GW，占发电总装机 1.6%；在建规模为 50 GW。据预测到 2030 年中国抽水蓄能装机达 130 GW。未来十年，将新增抽水蓄能装机 100 GW。但抽水蓄能电站装机容量占我国总装机容量的比例仍然比较低。

（2）施工技术达到世界先进水平，大型机电设备原来依赖进口，经过近几年的技术引进、消化和吸收，基本具备生产能力。

（3）按照目前国家政策，抽水蓄能电站原则上由电网企业建设和管理。

按照国家“十四五”能源发展规划要求，力争到 2025 年，抽水蓄能装机容量达到 6 200 万千瓦以上，在建装机容量达到 6 000 万千瓦左右。

2.3.3 蓄电池组容量设计

1. 蓄电池充放电要求

（1）初期充电

在蓄电池储存和运输过程中电池有一些自放电，在运行过程中必须进行初期充电，其方法为：储存时间在 6 个月内，恒压 2.35 V/ 单体，充电 8 h；储存时间 12 个月内，恒压 2.35 V/ 单体，充电 12 h；储存时间 24 个月内，恒压 2.35 V/ 单体，充电 24 h。

（2）均衡充电

蓄电池在下列情况下需要对电池组进行均衡充电。

① 电池系统安装完毕后，对电池进行补充充电。

② 电池组浮充运行 3 个月后，单体电池电压低于 2.18 V，12 V 系列电池电压低于 13.08 V（2.18×6）。

③ 电池搁置停用时间超过 3 个月。

④ 电池全浮充运行达 3 个月。

均衡充电的方法推荐采用 2.35 V/ 单体，充电 24 h。注意上述充电时间是指温度范围在 20 ～ 30 ℃，如果环境温度下降，则充电时间应增加，反之亦然。

（3）电池充电

电池放电后应及时充电。充电方法推荐为以 0.1 C10 A 的恒电流对电池组充电，到电池单体平均电压上升到 2.35 V，然后改用 2.35 V/ 单体进行恒压充电，直到充电结束。用上述方法进行充电，其充足电的标志可以用以下条件中任一条来判断。

① 充电时间 18 ～ 24 h（非深放电时间可短，如 20% 的放电深度的电池充电时间可缩短为 10 h）。

② 电压恒定情况下，充电末期连续 3 h 充电电流值不变。

在特殊情况下，电池组需尽快充足电可采用快速充电方法，即限流值小于等于 0.15 C10 A，充电压为 2.35 V/ 单体。

2. 确定蓄电池容量的主要因素

(1) 蓄电池单独工作的天数。在特殊气候条件下，蓄电池允许放电达到蓄电池所剩容量占正常额定容量的 20%（放电深度 80%）。

(2) 蓄电池每天放电容量。对于日负载稳定且要求不高的场合，日放电周期深度可限制在蓄电池所剩容量占额定容量的 80%（放电深度 20%）。

(3)蓄电池要有足够的容量来保证不会由于过充电所造成的失水。一般在选择电池容量时，只要蓄电池容量大于光伏阵列峰值电流的 25 倍，则蓄电池在充电时不会造成失水。

(4) 蓄电池的自放电。随着电池使用时间的增长及电池温度的升高，自放电率会增加。对于新的自放电率通常小于容量的 5%；但对于旧的、质量不好的电池，自放电率可增至 10% ～ 15%。

在水情遥测光伏系统中，连续阴雨天的长短决定蓄电池的容量。由遥测设备在连续阴雨天中所消耗能量的安 · 时（A · h）数加上 20% 的因素，再加上 10% 电池自放电安 · 时（A · h）数，便可计算出蓄电池所需额定容量。

3. 光伏电站蓄电池容量的计算方法

在确定蓄电池容量时，并不是容量越大越好，一般以 20% 为限。因为在日照不足时，蓄电池组可能维持在部分充电状态，这种欠充电状态导致电池硫酸化增加，容量降低，寿命缩短。不合理地加大蓄电池容量，将增加光伏系统的成本。

在独立光伏发电系统中，对蓄电池的要求主要与当地气候和使用方式有关，因此各有不同。例如，标称容量有 5 h 率、24 h 率、72 h 率、100 h 率、240 h 率以及 720 h 率。每天的放电深度也不相同，南美的秘鲁用于“阳光计划”的蓄电池要求每天 40% ～ 50% 的中等深度放电，而我国“光明工程”项目有的户用系统使用的电池只进行 20% ～ 30% 的放电深度，日本用于航标灯的蓄电池则为小电流长时间放电。蓄电池又可分为浅循环和深循环两种类型。因此，选择蓄电池时既要经济又要可靠，不仅要防止在长期阴雨天气时导致电池的储存容量不够，达不到使用目的；又要防止电池容量选择过小，不利于正常供电，并影响其循环使用寿命，从而也限制了光伏发电系统的使用寿命；又要避免容量过大，增加成本，造成浪费。确定蓄电池容量的公式为：

$$C=\frac{D\times F\times P_0}{L\times U\times K_a}$$

式中：C——蓄电池容量，kW · h（A · h）；

D——最长无日照期间用电时数，h；

F——蓄电池放电效率的修正系数（通常取 1.05）；

P_0——平均负荷容量，kW；

L——蓄电池的维修保养率（通常取 0.8）；

U——蓄电池的放电深度（通常取 0.5）；

K_α——包括逆变器等交流回路的损耗率（通常取 0.7 ~ 0.8）。

上式可简化为：

$$C = 3.75 \times D \times P_0$$

这是根据平均负荷容量和最长连续无日照时的用电时数算出的蓄电池容量的简便公式。由于蓄电池容量一般以安·时（A·h）表示，故蓄电池容量应该为：

$$C'(\mathrm{A \cdot h})=1\ 000 \times \frac{C(\mathrm{W \cdot h})}{U}$$

$$C'(\mathrm{A \cdot h})=I \times H$$

式中：C'——蓄电池容量，A·h；

U——光伏系统的电压等级（系统电压），通常为 12 V、24 V、48 V、110 V 或 220 V。

4. 铅酸蓄电池案例分析

例如，对某公司的阀控式密封铅酸蓄电池进行选型。基本要求为：可为 400 W 的负载连续 5 天阴雨天的情况下供电；蓄电池能放电到其额定容量的 75% ~ 80%，性能正常，并保证具有 5 年使用寿命。AGM 电池放电容量如表 2-10 所示。

表2-10　AGM电池的放电容量　（单位：A·h）

电池类型	10 h放电容量	3 h放电容量	1 h放电容量
12GFM-800	870～900	620～673.3	403～469.3
12GFM-1 000	1 060～1 090	825～900	625～675
12GFM-1 500	1 700～1 720	1 216～1 237	800～850

功率 400 W 光伏电池方阵用蓄电池选型容量计算如下：

逆变器的转换效率为 0.75，负载为 400 W，故实际所需功率为 400 W/0.75=533 W。电压为 24 V，则电流 I=533 W/24 V=22.2 A。

如果连续使用 5 天，即 120 h，则放电容量为 22.2 A × 120 h=2 664 A·h。如果按电池的 80% 利用率计算，则对电池的额定容量要求为：容量 C=2 664 A·h/0.8=3 330 A·h。

正常使用情况下，按照此设计，正常白天充电，晚上蓄电池放电（以放电 12 h 为例）的情况下（负载工作 6 ~ 12 h），逆变器转换效率按 75% 进行计算，该蓄电池的放电深度为：

$$U=22.2 \times 12/3\ 330=8.0\%$$

方案 1：用 2 组 1 500 A·h 电池并联使用。上述测试数据可以看出，1 500 A·h 的电池容量比较富余，其 10 h 容量平均可以达到 1700 A·h，如果采用 2 组并联，容量可以达到 3 330 A·h 以上，可以满足要求。这一方面的优点是容量可以达到要求并有点富余，同时只需要 2 组电池，维护相应较少，电池占的空间要少。

方案 2：用 4 组 800 A·h 电池并联使用。800 A·h 电池 10 h 的放电平均容量为 880 A·h，如果采用 4 组并联，其容量可以达到 3 500 A·h，足以达到 3 330 A·h，容量比较富余。这一方案优点是使用4组为800 A · h的电池并联，容量更充分、富余；其缺点是要并联使用4组电池，相对于1 500 A · h的电池，成本要增加，所占用的场地或者体积和空间要增加，维护工作也要大些。

5. 超级电容器容量设计案例分析

在超级电容器的应用中，怎样计算一定容量的超级电容在以一定电流放电时的放电时间，或者根据放电电流及放电时间，选择超级电容器的容量，可根据下面给出的简单计算公式计算。根据这个公式，可以简单地进行电容器容量、放电电流、放电时间的推算，十分方便。

（1）各计算单位及其含义

① C(F)：超级电容的标称容量。

② U_1(V): 超级电容正常工作电压。

③ U_0(V): 超级电容截止工作电压。

④ T(s)：在电路中的持续工作时间。

⑤ I(A)：负载电流。

（2）超级电容器容量的近似计算公式

① 保持所需能量 = 超级电容减少的能量。

② 保持期间所需能量 $=0.5I(U_1+U_0)T$。

③ 超级电容减小能量 $=0.5C(U_{12}-U_{02})$。

因而，可得其容量（忽略由内阻引起的压降）如下：

$$C=\frac{(U_1+U_0)I\times T}{{U_1}^2-{U_0}^2}$$

【例】 一只太阳能草坪灯电路，应用超级电容作为储能蓄电元件，草坪灯工作电流为15 mA，工作时间为每天3 h，草坪灯正常工作电压为1.7 V，截止工作电压为0.8 V，求需要多大容量的超级电容能够保证草坪灯正常工作？

【解】 由以上公式可知：

正常工作电压 U_1=1.7 V；

截止工作电压 U_0=0.8 V；

工作时间 T=10 800 s；

工作电流 I=0.015 A；

那么所需的电容容量为：

$$C=\frac{(U_1+U_0)I\times T}{{U_1}^2-{U_0}^2}=\frac{(1.7+0.8)\times 0.015\times 10\ 800}{1.7^2-0.8^2}=180(\text{F})$$

根据计算结果，选择耐压2.5 V、180 ~ 200 F超级电容就可以满足工作需要。

2.4 逆 变 器

2.4.1 逆变器的分类及其工作原理

逆变器根据分类方式不同类型有所不同，表 2–11 所示为逆变器的分类。

表2–11 逆变器的分类

分类方式	名称
输出电压波形	方波逆变器、正弦波逆变器、阶梯波（准正弦波）逆变器
输出电能去向	有源逆变器、无源逆变器
输出交流电的相数	单相逆变器、三相逆变器、多相逆变器
输出交流电的频率	工频逆变器、中频逆变器、高频逆变器
主回路拓扑结构	推挽逆变器、半桥逆变器、全桥逆变器
线路原理	自激振荡型逆变器、脉宽调制型逆变器、谐振型逆变器
输入直流电源性质	电压源型逆变器、电流源型逆变器

逆变器的工作原理是通过功率半导体开关器件的开通和关断作用，把直流电能变换成交流电能。单相逆变器的基本电路有推挽式、半桥式和全桥式三种，虽然电路结构不同，但工作原理类似。电路中都使用具有开关特性的半导体功率器件，由控制电路周期性地对功率器件发出开关脉冲控制信号，控制各个功率器件轮流导通和关断，再经过变压器耦合升压或降压后，整形滤波输出符合要求的交流电。

1. 单相推挽逆变器电路原理

单相推挽逆变器电路结构如图 2–25 所示，该电路由两个共负极功率开关和一个带有中心抽头的升压变压器组成。若输出端接阻性负载时，当 $t_1 \leqslant t \leqslant t_2$ 时，VT_1 功率管加上栅极驱动信号 U_1，VT_1 导通，VT_2 截止，变压器输出端输出正电压；当 $t_3 \leqslant t \leqslant t_4$ 时，VT_2 功率管加上栅极驱动信号 U_2 时，VT_2 导通，VT_1 截止，变压器输出端输出负电压。因此变压输出电压 U_0 为方波，如图 2–25 所示；若输出端接感性负载，则变压器内的电流波形连续，输出电压、电流波形如图 2–26 所示，读者可自行分析此波形的形成原理。

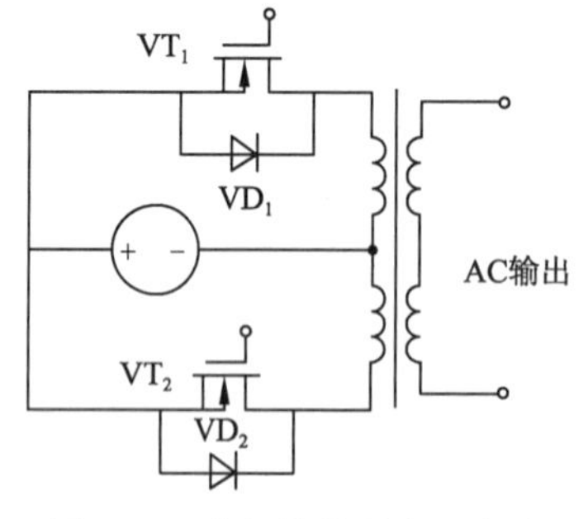

图2–25 单相推挽逆变器电路

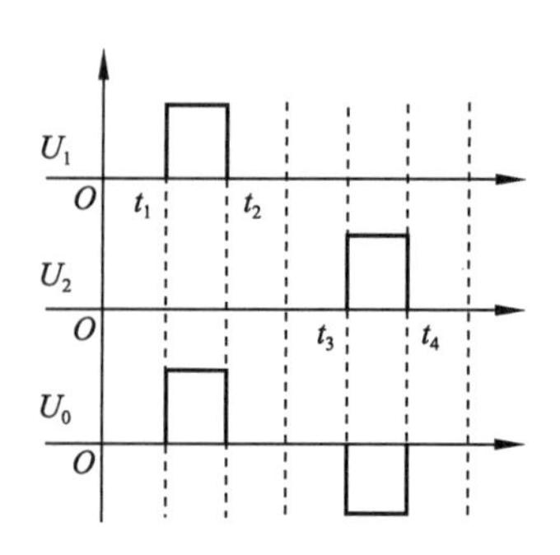

图2–26 推挽逆变电路输入输出电压

2. 单相半桥式逆变电路原理

单相半桥式逆变电路结构如图 2-27 所示，该电路由两个功率开关管、两个储能电容器等组成。当功率开关管 VT_1 导通时，电容 C_1 上的能量释放到负载 R_L 上；当 VT_2 导通时，电容 C_2 的能量通过变压器释放到负载 R_L 上；VT_1、VT_2 轮流导通时，在负载两端获得了交流电源。

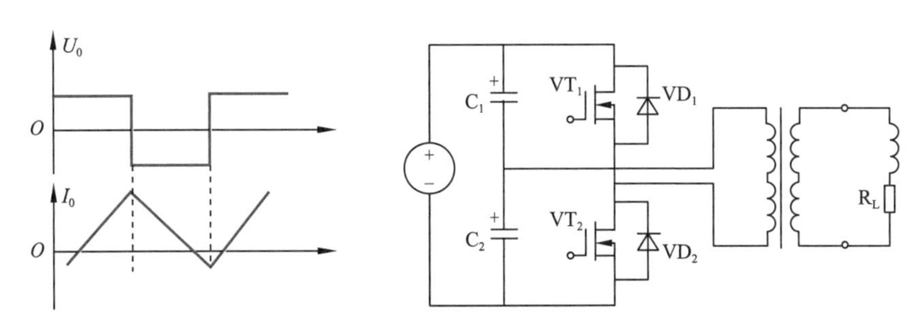

图2-27 单相半桥式逆变电路原理

3. 全桥式逆变电路原理

全桥式逆变电路结构如图 2-28 所示。该电路由两个半桥电路组成，开关功率管 VT_1 和 VT_2 互补，VT_3 和 VT_4 互补，当 VT_1 与 VT_3 同时导通时，负载电压 $U_0=U_d$；当 VT_2 与 VT_4 同时导通时，负载两端 $U_0=U_d$；VT_1、VT_3 和 VT_2、VT_4 轮流导通，负载两端得到交流电能，若负载具有一定电感，即负载电流落后于电压角度，在 VT_1、VT_3 功率管加上驱动信号，由于电流的滞后，此时 VT_1、VT_3 仍处于导通续流阶段，当经过 ϕ 电角度时，电流仍大于零，电源向负载输送有功功率，同样当 VT_2、VT_4 加上栅极驱动信号时 VT_2、VT_4 仍处于续流状态，此时能量从负载馈送回直流侧，此时经过 ϕ 角度后，VT_2、VT_4 才真正流过电流。综上所述，VT_1、VT_3 和 VT_2、VT_4 分别工作半个周期，如图 2-29 所示。

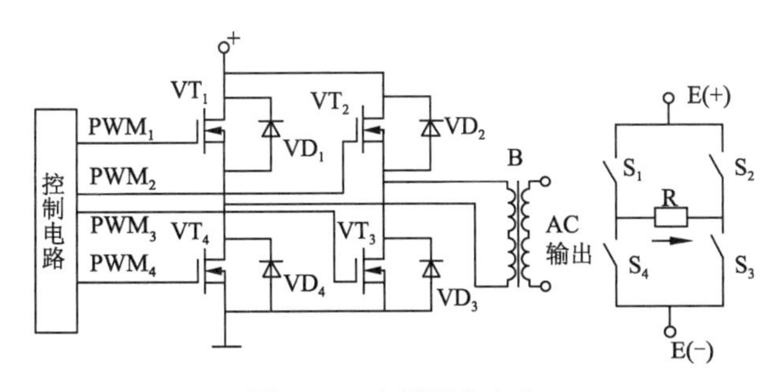

图2-28 全桥逆变电路

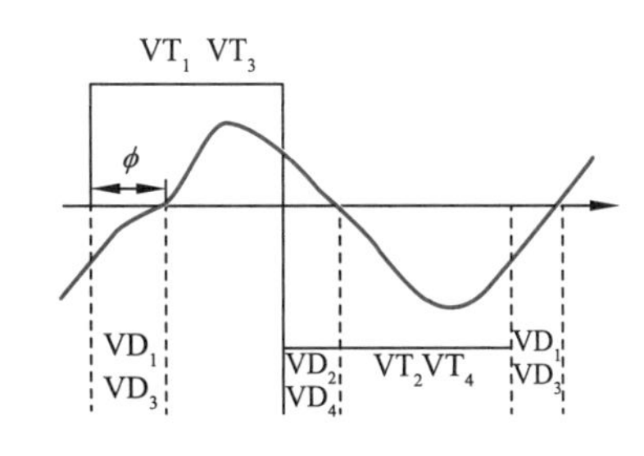

图2-29 全桥式逆变波形图

上述几种电路都是逆变器的最基本电路，在实际应用中，除了小功率光伏逆变器主电路采用这种单级的 (DC−AC) 转换电路外，中、大功率逆变器主电路都采用两级 (DC−DC−AC) 或三级 (DC−AC−DC−AC) 的电路结构形式。一般来说，小功率光伏系统的光伏组件输出的直流电压不太高，而且功率开关管的额定耐压值也都比较低，因此逆变电压也比较低，要得到 220 V 或者 380 V 的交流电，无论是推挽式还是全桥式的逆变电路，其输出都必须加工频升压变压器，由于工频变压器体积大、效率低、分量重，因此只能在小功率场合应用。随着电力

电子技术的发展，新型光伏逆变器电路都采用高频开关技术和软开关技术实现高功率密度的多级逆变。这种逆变电路的前级升压电路采用推挽逆变电路结构，但工作频率都在20 kHz以上，升压变压器采用高频磁性材料做铁芯，因而体积小、重量轻。

低电压直流电经过高频逆变后变成了高频高压交流电，又经过高频整流滤波电路后得到高压直流电（一般均在300 V以上），再通过工频逆变电路实现逆变得到220 V或者380 V的交流电，整个系统的逆变效率可达到90%以上，目前大多数正弦波光伏逆变器都是采用这种三级的电路结构。其具体工作过程是：首先将光伏方阵输出的直流电（如24 V、48 V、110 V、220 V等）通过高频逆变电路逆变为波形为方波的交流电，逆变频率一般在几千赫兹到几十千赫兹，再通过高频升压变压器整流滤波后变为高压直流电，然后经过第三级DC-AC逆变为所需要的220 V或380 V工频交流电，如图2-30所示。

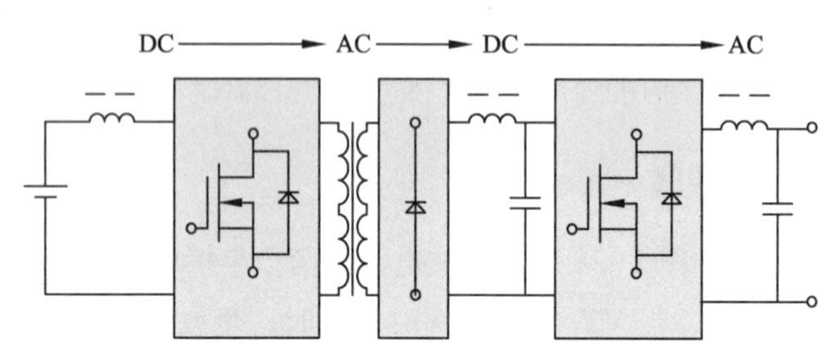

图2-30　逆变器的三级电路结构原理示意图

图2-31所示为逆变器将直流电转换成交流电的转换过程示意图，以帮助大家加深对逆变器工作原理的理解。半导体功率开关器件在控制电路的作用下以1/100 s的速度开关，将直流切断，并将其中一半的波形反向而得到矩形的交流波形，然后通过电路使矩形的交流波形平滑，得到正弦交流波形。

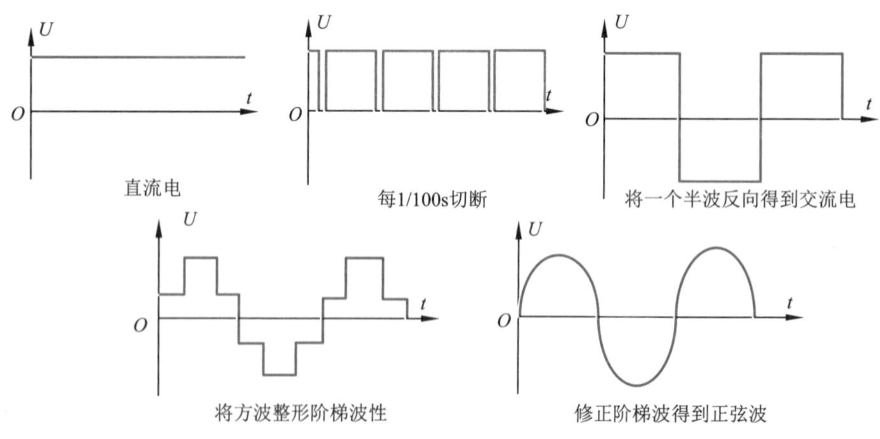

图2-31　逆变器波形转换过程示意图

4. 不同波形单相逆变器优缺点

逆变器按照输出电压波形的不同，可分为方波逆变器、阶梯波逆变器和正弦波逆变器，其输出波形如图2-32所示。在光伏发电系统中，方波和阶梯波逆变器一般都用在小功率场合。下面就分别对这三种不同输出波形逆变器的优缺点进行介绍。

（1）方波逆变器

方波逆变器输出的波形是方波，也称矩形波。尽管方波逆变器所使用的电路不尽相同，但共同的优点是线路简单（使用的功率开关管数量最少）、价格便宜、维修方便。其设计功率一般在数百瓦到几千瓦之间。缺点是调压范围窄、噪声较大，方波电压中含有大量高次谐波，带感性负载如电动机等用电器中将产生附加损耗，因此效率低，电磁干扰大。方波逆变器不能应用于并网发电的场合。

（2）阶梯波逆变器

阶梯波逆变器也称修正波逆变器，阶梯波比方波波形有明显改善，波形类似于正弦波，波形中的高次谐波含量少，故可以带包括感性负载在内的各种负载。用无变压器输出时，整机效率高。缺点是线路较为复杂。为把方波修正成阶梯波，需要多个不同的复杂电路，产生多种波形叠加修正而成，这些电路使用的功率开关管也较多，电磁干扰严重。阶梯波逆变器不能应用于并网发电的场合。

（3）正弦波逆变器

正弦波逆变器输出的波形与交流市电的波形相同。这种逆变器的优点是输出波形好、失真度低，干扰小、噪声低，保护功能齐全，整机性能好，技术含量高。缺点是线路复杂、维修困难、价格较贵。

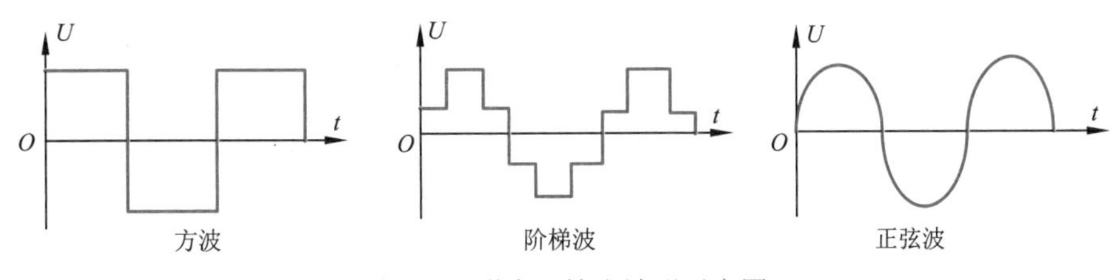

图2-32　逆变器输出波形示意图

5. 逆变器命名方式

正弦波系列逆变器型号命名由五部分组成：正弦波系列逆变器代号、输入直流额定电压、输出容量额定值、区分代号、安装使用方式。第一部分用字母SN表示正弦波系列逆变器；第二部分用数字表示输入直流额定电压（单位：V）；第三部分用数字表示输出容量额定值（单位：V · A）；第四部分用数字或字母表示区分代号，如表2-12所示。

表2-12　区分代号、安装使用方式

字　母	含　义
省略	表示单相输出
C	表示单相输出带市电旁路
3	表示三相输出
3C	表示三相输出带市电旁路
S	表示单相输出，光伏、风力发电专用
3S	表示三相输出，光伏、风力发电专用
CS	表示单相输出带市电旁路（功率大于10 kW为接触器切换），光伏、风力发电专用

例如，型号为 SN22010K3CSD1 的逆变器表示为 220 V 输出，容量 10 kW，三相光伏专用正弦波逆变器。

2.4.2 离网逆变器

在离网光伏发电系统中，除了容量设计外，选配合适的离网逆变器、控制器等硬件设备是至关重要的。逆变器是离网光伏系统最末一级装置，也是系统中的关键配套装置，它的性能好坏直接影响系统的投资高低、使用性能和可靠性。

1. 离网逆变器选配方法

离网光伏逆变器选型时，一般根据系统设计确定的直流电压来选择逆变器的直流输入电压，根据负载的总功率和类型确定逆变器的容量和相数，再考虑负载的瞬时冲击决定逆变器的功率富余量，通常逆变器的持续功率要大于负载的功率，逆变器的最大冲击功率大于负载的启动功率。此外，在逆变器选型时，还要考虑为光伏发电系统扩容留有一定余地。

离网光伏发电系统中，如带交流负载，则必须配逆变器，离网光伏发电系统中带交流负载的逆变器有一些特定要求，例如，①运行范围内逆变效率高。②运行安全、可靠。③可适应光伏发电系统蓄电池直流电压较宽的变化。④耐瞬时大电流冲击，可长时间连续逆变使用。⑤带感性负载的逆变器，要求交流输出的高次谐波分量小。⑥性能价格比较好等。

2. 离网逆变器技术参数

逆变器种类繁多，一般按逆变器输出电能的去向可分为有源逆变器和无源逆变器。凡将逆变器输出的电能向工业电网输送的逆变器，称为有源逆变器；凡将逆变器输出的电能输向某种用电负载的逆变器称为无源逆变器。但对离网光伏发电系统，一般需选用无源正弦波逆变器。所选配的逆变器，其主要技术参数如下。

（1）逆变器效率

逆变器效率表示其自身功率损耗大小。通常，逆变器效率可按以下标准要求：

① 容量为 100 kW 以上的逆变器，效率应在 96% ~ 98% 以上。

② 容量为 10 kW ~ 100 kW 的逆变器，效率应在 90% ~ 93% 以上。

③ 容量为 1 kW ~ 10 kW 的逆变器，效率应在 85% ~ 90% 以上。

④ 容量为 0.1 W ~ 1 kW 的逆变器，效率应在 80% ~ 85% 以上。

需要说明的，这里所指的效率，是指逆变器在全负载情况下所达到的效率，品质好的逆变器在轻负载下效率也较高。

（2）额定输出电压

光伏逆变器在规定输入直流电压允许的波动范围内，应能输出恒电压值。对中、小型离网光伏电站，一般输电半径小于 2 km，选用逆变器输出电压为单相 220 V 和三相 380 V，不再升压输送至用户，此时电压波动范围有如下规定：

① 在稳定状态运行时，电压波动范围不超过额定值的 ±5%。

② 在有冲击负载时，电压波动范围不超过额定值的 ±10%。

③ 在正常运行时，逆变器输出的三相电压不平衡度不超过 8%。

④ 输出电压正弦波失真度要求一般小于 3% ～ 5%。

⑤ 输出交流电压的频率波动应在 1% 以内，GB/T 19064—2003 规定的输出电压频率应在 49 ～ 51 Hz 之间。

（3）额定输出功率

额定输出功率是指在负载功率因数为 1 时，逆变器额定输出电压与额定输出电流的乘积，单位为 kV · A。

（4）过载能力

过载能力是要求逆变器在额定的输出功率条件下能持续工作的时间，其标准规定如下：

① 输入电压和输出功率为额定值时，逆变器应能连续工作 4 h 以上。

② 输入电压和输出功率为额定值的 125% 时，逆变器应能连续工作 1 min 以上。

③ 输入电压和输出功率为额定值的 150% 时，逆变器应能连续工作 10 s 以上。

（5）额定直流输入电压及范围

额定直流输入电压是指光伏发电系统中输入逆变器的直流电压值。小功率逆变器输入电压一般为 12 V、24 V、48 V，中、大功率的逆变器输入电压通常有 110 V、220 V、500 V 等。

由于离网光伏发电系统的储能蓄电池组电压是变化的，这就要求逆变器应能满足输入电压可在一定范围内变化而不影响输出电压的变化，通常这个值是 90% ～ 120%。

（6）保护功能

逆变器应具有过压、欠压保护、过电流保护、短路保护、防雷接地保护等功能，以确保光伏发电系统安全可靠运行。

（7）安全性要求

① 绝缘电阻：逆变器直流输入与机壳间的绝缘电阻、交流输出与机壳间的绝缘电阻均应 ≥ 50 MΩ。

② 绝缘强度：逆变器的直流输入与机壳间应能承受频率为 50Hz、正弦波交流电压为 500 V、历时 1 min 的绝缘强度试验，无击穿或电弧现象。逆变器交流输出与机壳间应能承受频率为 50 Hz、正弦波交流电压为 1 500 V，历时 1 min 的绝缘强度试验，无击穿或电弧现象。

（8）其他要求

光伏系统中逆变器的正常使用条件为：环境工作温度 −20 ～ +50 ℃，相对湿度 ≤ 93%，无凝露以及海拔限定的高度等。当工作环境超过上述条件范围时，要考虑降低容量使用或重新设计定制。

2.4.3 并网逆变器

1. 并网逆变器的结构及特性

目前国内外并网型逆变器结构的设计主要集中于采用 DC/DC 和 DC/AC 两级能量变换的两级式逆变器和采用一级能量变换的单级式逆变器。对于中小型并网逆变器，主要采用两级式结构，对于大型逆变器，一般采用单级式结构。

（1）两级式逆变器的结构

两级式逆变器的系统框图如图 2–33 所示。DC/DC 变换环节调整光伏阵列的工作点使其跟踪最大功率点；DC/AC 逆变环节主要使输出电流与电网电压同频同相。两个环节具有独立的控制目标和手段，系统的控制环节比较容易设计和实现。由于单独具有一级最大功率跟踪环节，系统中相当于设置电压预调整单元，系统可以具有比较宽的输入范围；同时，最大功率跟踪环节的设置可以使逆变环节的输入相对稳定，而且输入电压较高，这些都有利于提高逆变环节的转换效率。

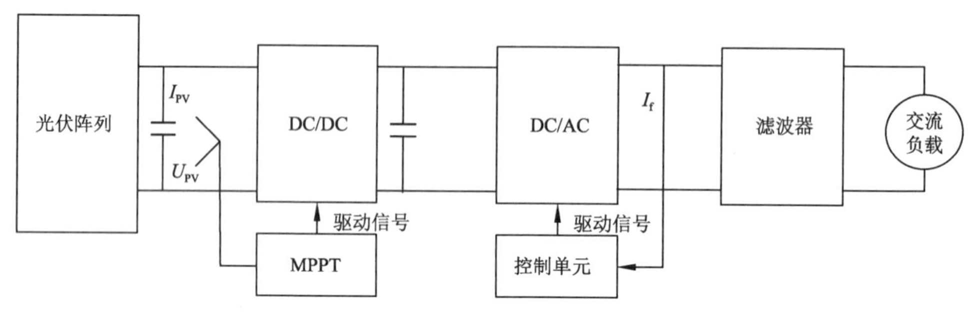

图2-33　两级式逆变框图

（2）单级式逆变器的结构

对于大功率并网逆变器，如果采用两个独立的能量变换环节，整个系统在效率、体积方面较难控制。现在许多大型逆变器大都采用单级式结构，如图 2–34 所示。该装置可通过一级能量变换实现最大功率跟踪和并网逆变两个功能，这样可提高系统效率、减小系统体积和质量，降低系统造价。

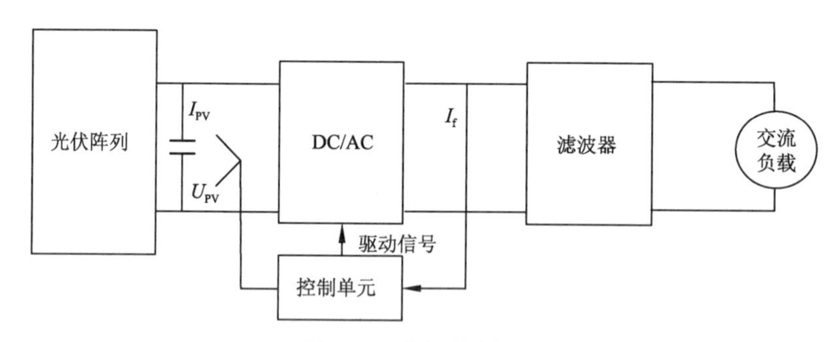

图2-34　单级逆变框图

单级式并网光伏逆变器的一般控制目标为：控制逆变电路输出的交流电流为稳定、高品质的正弦波，且与交流侧电网电压同频同相，同时通过调节该电流的幅值，使得光伏阵列工作在最大功率点附近。

（3）并网逆变器单独运行的检测与防止孤岛效应

在光伏并网发电过程中，由于光伏发电系统与电力系统并网运行，当电力系统由于某种原因发生异常而停电时，如果光伏发电系统不能随之停止工作或与电力系统脱开，则会向电力输电线路继续供电，这种运行状态被形象地称为“孤岛效应”。特别是当光伏发电系统的发电功率与负载用电功率平衡时，即使电力系统断电，光伏发电系统输出端的电压和频率等参数不会快速随之变化，使光伏发电系统无法正确判断电力系统是否发生故障或中断供电，因而极易导致“孤岛效应”现象的发生。

“孤岛效应”的发生会产生严重的后果。当电力系统电网发生故障或中断供电后，由于光伏发电系统仍然继续给电网供电，会威胁到电力供电线路的修复及维修作业人员及设备的安全，造成触电事故。不仅妨碍了停电故障的检修和正常运行的尽快恢复，而且有可能给配电系统及一些负载设备造成损害。因此为了确保维修作业人员的安全和电力供电的及时恢复，当电力系统停电时，必须使光伏系统停止运行或与电力系统自动分离（此时光伏系统自动切换成独立供电系统，还将继续运行为一些应急负载和必要负载供电）。

在逆变器电路中，检测出光伏系统单独运行状态的功能称为单独运行检测。检测出单独运行状态，并使光伏系统停止运行或与电力系统自动分离的功能称为单独运行停止或孤岛效应防止。

单独运行检测方式分为被动式检测和主动式检测两种方式。

① 被动式检测方式。被动式检测方式是通过实时监视电网系统的电压、频率、相位的变化，检测因电网电力系统停电向单独运行过渡时的电压波动、相位跳动、频率变化等参数变化，检测出单独运行状态的方法。

被动式检测方式有电压相位跳跃检测法、频率变化率检测法、电压谐波检测法、输出功率变化率检测法等，其中电压相位跳跃检测法较为常用。

电压相位跳跃检测法的检测原理如图 2–35 所示，其检测过程是：周期性的测出逆变器的交流电压的周期，如果周期的偏移超过某设定值以上时，则可判定为单独运行状态。此时使逆变器停止运行或脱离电网运行。通常与电力系统并网的逆变器是在功率因数为 1（即电力系统电压与逆变器的输出电流同相）的情况下运行，逆变器不向负载供给无功功率，而由电力系统供给无功功率。但单独运行时电力系统无法供给无功功率，逆变器不得不向负载供给无功功率，其结果是使电压的相位发生骤变。检测电路检测出电压相位的变化，判定光伏发电系统处于单独运行状态。

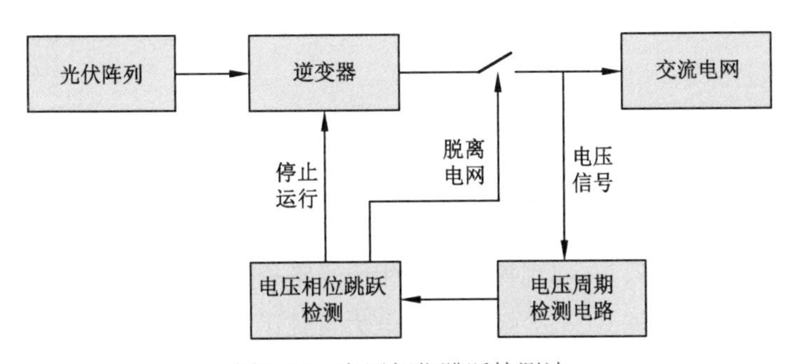

图2–35　电压相位跳跃检测法

② 主动式检测方式。主动式检测方式是指由逆变器的输出端主动向系统发出电压、频率或输出功率等变化量的扰动信号，并观察电网是否受到影响，根据参数变化检测出是否处于单独运行状态。

主动式检测方式有频率偏移方式、有功功率变动方式、无功功率变动方式以及负载变动方式等。较常用的是频率偏移方式。

频率偏移方式工作原理图如图 2-36 所示，该方式是根据单独运行中的负荷状况，使光伏系统输出的交流电频率在允许的变化范围内变化，根据系统是否跟随其变化来判断光伏发电系统是否处于单独运行状态。例如，使逆变器的输出频率相对于系统频率做 ±0.1 Hz 的波动，在与系统并网时，此频率的波动会被系统吸收，所以系统的频率不会改变。

当系统处于单独运行状态时，此频率的波动会引起系统频率的变化，根据检测出的频率可以判断为单独运行。一般当频率波动持续 0.5 s 以上时，则逆变器会停止运行或与电力电网脱离。

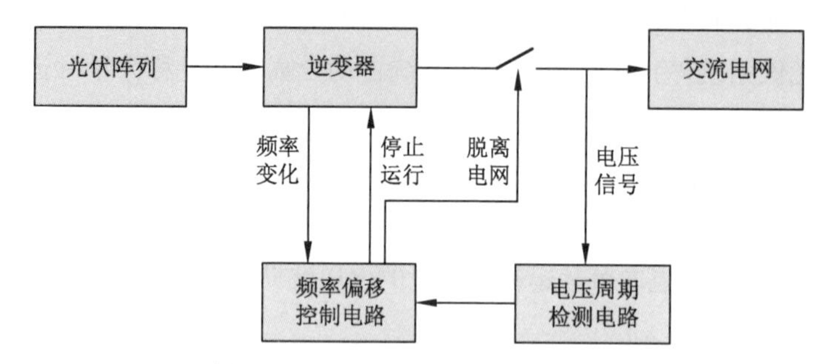

图2-36　频率偏移方式工作原理图

（4）并网逆变器低电压穿越能力

① 低电压穿越能力。

在电力系统发生的故障中有很多都属于瞬时性，例如，雷击过电压引起的绝缘子表面闪烁；大风时的短时碰线；通过鸟类身体的放电；风筝绳索或树枝落在导线上引起的短路等。这些故障，当被继电保护迅速切除后，电弧即可熄灭，故障点的绝缘可恢复，故障随即自行消除。此时，若重新使断路器合上，往往能恢复供电，因而可减小用户停电的时间，提高供电可靠性。

为此，在电力系统中，往往采用自动重合闸装置。自动重合闸在输、配电线路中，尤其在高压输电线路上，大大提高供电可靠性，并已得到极其广泛的应用。根据运行资料统计，输电线自动重合闸的动作成功率（重合闸成功的次数 / 总的重合次数）相当高，在 60% ~ 90% 之间。

因此，大型新能源发电站，包括风力发电站和光伏电站都应具备承受自动重合闸的能力。然而，风力发电站和光伏发电站所采用的大功率电力电子装置进行并网，与传统大型交流同步发电机和变压器系统相比，其器件短路和瞬时过电流耐受能力十分脆弱。早期新能源系统的设计为了保护发电站本身，在遇到接地或者相间短路故障时，继电保护采用的是全部脱网切除的工作模式，这样保护的结果大幅度降低电力系统运行的稳定性，在新能源比重较大的情况下会造成电力系统振荡甚至电网解列的后果。因此，世界各国在大型新能源发电站的并网技术条件中，都规定低电压穿越的条款。所谓低电压穿越，就是在瞬时接地短路或者相间短路时，由于短路点与并网点的距离不同，将导致某相的并网点相电压低于某一个阈值（一般等于或小于 20%）。此时，大型风力或者光伏电站不能够解列或者脱网；需要带电给系统提供无功电流；能够自动跟踪电力系统的电压、频率、相位；在自动重合闸时不产生有害的冲击电流。能够快速并网恢复供电，这就是低电压穿越功能。

②光伏电站接入电网技术规定。

大型和中型光伏电站应具备一定的耐受电压异常的能力，避免在电网电压异常时脱离，引起电网电源的损失。根据国家电网公司《光伏电站接入电网技术规定（试行）》要求，当并网点电压在电压轮廓线及以上的区域内时，光伏电站必须保证不间断并网运行；并网点电压在电压轮廓线以下时，允许光伏电站停止向电网线路送电，如图 2–37 所示。图中 U_{LO} 为正常运行的最低电压限值，一般取 0.9 倍额定电压。U_{L1} 为需要耐受的电压下限，T_1 为电压跌落到 U_{L1} 时需要保持并网的时间，T_2 为电压跌落到 U_{LO} 时需要保持并网的时间。U_{L1}、T_1、T_2 数值的确定需考虑保护和重合闸动作时间等实际情况。推荐 U_{L1} 设定为 0.2 倍额定电压，T_1 设定为 1 s、T_2 设定为 3 s。

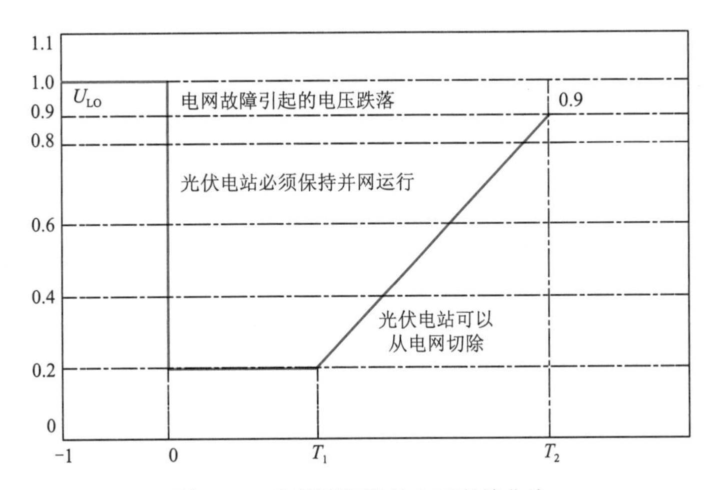

图2–37　光伏逆变器低电压穿越曲线

③ 并网逆变器低电压穿越能力的评估

并网逆变器低电压穿越能力是光伏电站并网的最重要考核指标之一，必须考虑到光伏电站并网在 110 kV 以下的瞬时对称低电压运行模式，其特征是三相对称系统，逆变器需要快速降电压保护。在升压过程中必须保持适当的升压速率，避免在升降电压的过程中，发生过电流速断保护。而对于 220 kV 以上的光伏并网系统，必须考虑电力系统非全相运行的模式。在该模式下，系统一般为两相送电模式；而此时，并网逆变器处于非对称运行状态。并网逆变器必须有持续的非全相、非对称的运行能力。

2. 并网逆变器的类型

随着应用场合的不同，光伏并网逆变器的拓扑也出现多种变化，从小功率的单相并网到大功率的三相多电平并网逆变器技术，其选用的半导体器件及控制算法的要求也趋于严格。从能量等级上，主要分成以下几种：微型 / 组件逆变器、组串式光伏并网逆变器、集中式光伏并网逆变器（电站型）、多组串式光伏并网逆变器（微型）。

（1）微型 / 组件逆变器

微型 / 组件逆变器主要用在组件数量较少或者光伏建筑一体化（BIPV）中，将单一的组件输出逆变为适合并网的交流电。其优点是，各个组件都工作在自己的最大功率点处，并且组件之间不互相影响，一旦某个组件被遮挡或出现问题，其他组件仍然正常工作，极大地提高了系统的安全性。当然成本也相对较高，如图 2–38 所示。

（a）微型/组件逆变器

（b）集中式光伏并网逆变器

（c）组串式光伏并网逆变器

图2–38　并网逆变器

（2）组串式光伏并网逆变器

组串式光伏并网逆变器通过串联光伏组件达到其功率等级，因此优点之一是能够解决组件串之间的不匹配问题，并让该组件串工作在最大功率点下。此外，由于光伏组件无须并联，防止组件之间因为电压差而导致的回流问题，因此无须串联反向二极管，提高转换效率；该拓扑的柔性较强，当须拓展或缩减电站容量时，无须改变现有系统，只需增减逆变器及其对应的光伏组件便可实现。但该拓扑的缺点是增加多台光伏逆变器，从而成本过高。

组串式光伏并网逆变器目前之所以能够大规模地应用在光伏电站，主要是考虑到它能有效地提升日照时间。由于组串式逆变器的输入工作电压较低，能够保证在弱光下工作，因此提升了光伏电站的最大功率产出。现阶段，一种新型拓扑使用交叉结构来提高弱光下的工作质量，当阳光较弱时，部分逆变器开始工作，通过并联多个光伏组件来提升单个逆变器输入工作电压；当阳光转为强烈时，全部逆变器正常工作，交叉结构还原为串联结构。这样，即使在部分逆变器出现故障时，也能够获得当前电站的最大功率。对一个 500 kW 的光伏电站来说，即使是在 21 W/m^2 的辐照度时，使用组串式光伏并网逆变器的转换效率可以达到 92% ~ 98%。

（3）集中式光伏并网逆变器

集中式光伏并网逆变器主要用于大型光伏电站，负责将光伏发电的直流电转换成交流电，并通过导线传输到低压侧电网或中压电网，光伏阵列需进行串并联以达到足够的电压和功率供给逆变器，其结构如图 2–39 所示。该拓扑的优点是功率转换损耗小，维护方便。缺点是：①在电池组件不匹配及阴影遮挡的多峰值条件下，该拓扑的 MPPT 策略比较难以达到最大功率点；②光伏组件串并联导致的高电压、大电流会导致损耗及安全问题；③柔性不足，当需要对光伏电站的容量进行改造时，需要重新设计逆变器；④在弱光情况下发电量明显不足。

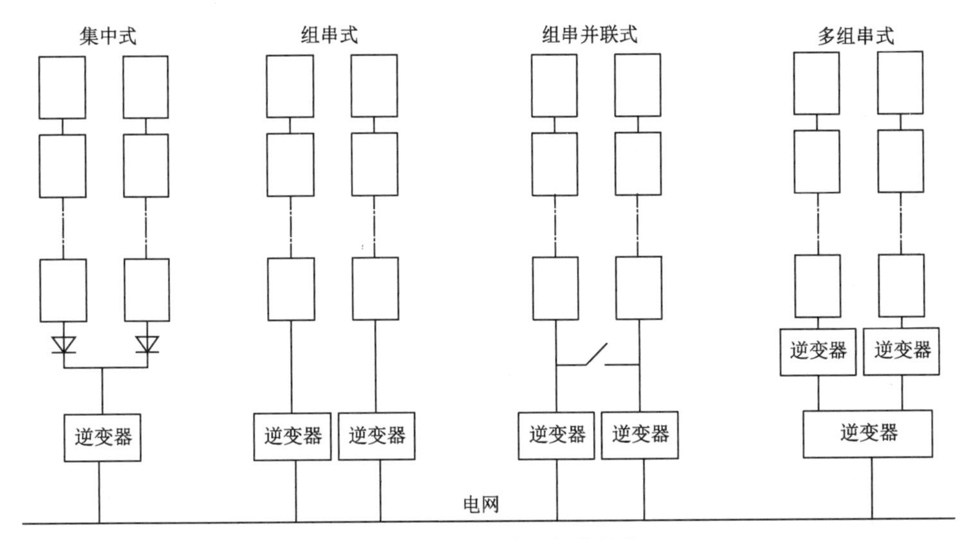

图2-39　并网逆变器拓扑结构

研究表明，集中式的性价比很高，同样功率规模下成本可达到组串式并网逆变器的 60%，但效率比组串式逆变器要低 1.5%。

（4）多组串式光伏并网逆变器

多组串式光伏并网逆变器可以对应一串光伏组件，也可以对应单个光伏组件（这时一般被称为微型），如图 2–40 所示。一般是使用一个 DC/DC 变换器来使光伏组件或光伏组件串达到一个较高的直流电压，同时 DC/DC 负责实现原本属于逆变器的 MPPT 技术。逆变器只需进行直流转交流逆变的工作。该方法可以很好地解决光伏组件不匹配的问题，并且结构十分柔性，无须添加逆变器便可增减一部分容量。此外由于两部分功能分开，导致结构可以变简单，能减少部分成本的考虑。该拓扑的缺点是在弱光下，由于逆变器仍是大功率，因此对小功率不敏感，有效日照时间不会增加。此外，由于是多个直流变换器并联，该种形式的谐波可能会较大。

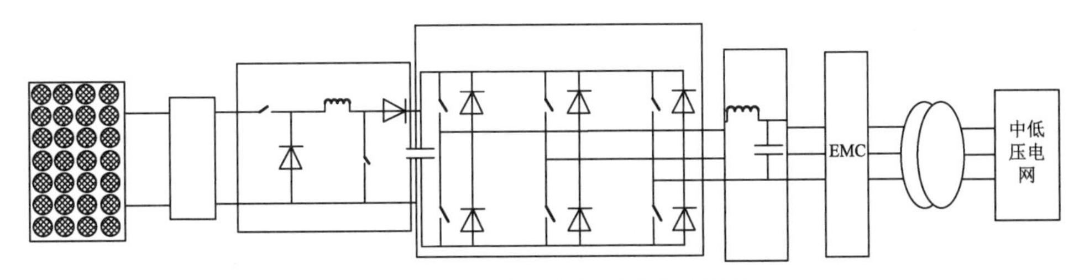

图2-40　多组串式光伏并网逆变器结构

3. 并网逆变器选配

（1）并网逆变器技术指标

并网逆变器是光伏并网发电系统的关键部件，由它将直流电能逆变成交流电能，为跟随电网频率和电压变化的电流源。目前市售的并网型逆变器的产品主要是 DC/DC 和 DC/AC 两级能量变换的结构：DC/DC 变换环节调整光伏阵列的工作点使其跟踪最大工作点；DC/AC 逆变环节主要使输出电流与电网电压同相位，同时获得功率因数。

对于大型、超大型光伏电站一般都选用集中式光伏并网逆变器。逆变器的配置选用，除了要根据整个光伏电站的各项技术指标并参阅生产厂商提供的产品手册来确定之外，还要重点关注如下几点技术指标。

① 额定输出功率。

额定输出功率表示逆变器向负载或电网供电的能力。选用逆变器应首先考虑光伏阵列的功率，以满足最大负荷下设备对用电功率的要求。当用电设备以纯电阻性负载为主或功率因数大于 0.9 时，一般选用逆变器的额定输出功率比用电设备总功率大 10% ~ 15%。并网逆变器的额定输出功率与光伏阵列功率之比一般为 90%。

② 输出电压的调整性能。

输出电压的调整性能表征逆变器输出电压的稳压度。一般逆变器都给出当直流输入电压在允许波动范围内变化时，该逆变器输出交流电压波动偏差的百分率，即电压调整率。性能好的逆变器的电压调整率应≤ 3%。

③ 整机效率。

整机效率表征逆变器自身功率损耗的大小。逆变器效率还分最大效率、欧洲效率（加权效率）、加州效率、MPPT 效率，它们的定义如下。

最大效率 η_{max}：逆变器所能达到的最大效率。

欧洲效率 η_{euro}：按照在不同功率点效率，根据加权公式计算。选取德国慕尼黑地区一年的日照强度数据，统计其不同区间的年累计发电量，在此基础上计算出每段功率分档水平上的年总发电量的权重占比，根据加权公式计算。

加州效率 η_{cec}：考虑直流电压时对效率的影响，再次平均。

MPPT 效率 η_{MPPT}：表示逆变器最大功率点跟踪的精度。

目前，先进水平：η_{max}>96.5%，η_{MPPT}>99%。

④ 启动性能。

所选用的逆变器应能保证在额定负荷下可靠启动。高性能逆变器可以做到连续多次满负载启动而不损坏功率开关器件及其他电路。

对于大型光伏电站，通常选用 250 kW、500 kW 集中型并网逆变器。10 MW 级乃至更大容量的光伏电站，可能的话，应选择更大功率的逆变器，如单机功率达到 1 MW 及以上的集中型并网逆变器，这样效费比更高。目前国内市售集中型逆变器，一般具有如下特点。

- 采用新型高效 IGBT 和功率模块，降低系统损耗，更能提高系统效率。
- 使用全光纤驱动，可靠避免误触发并大大降低电磁干扰对系统影响，从而增强整机的稳定性与可靠性。
- 重新优化的结构和电路设计，减少系统构成元件，降低系统成本，提高系统的散热效率，增强系统的稳定性。
- 采用新型智能矢量控制技术，可以抑制三相不平衡对系统的影响，并同时提高直流电压利用率，拓展系统的直流电压输入范围。
- 采用国际流行的触摸屏技术，设计新型智能人机界面，大大增加监控的系统参数；图形化界面经人机工程学设计，方便用户及时掌握系统的整体信息，且增强数据采集与存储功能，可以记录最近100天以内的所有历史参数、故障和事件并可以方便导出，为进一步数据处理提供基础。

- 增强的防护功能，与普通逆变器相比较，增加直流接地故障保护，紧急停机按钮和开/关旋钮提供双重保护，系统具有直流过压、直流欠压、频率故障、交流过压、交流欠压、IMP故障、温度故障、通信故障等最为全面的故障判断与检测。
- 具有多种先进的通信方式，RS-485/GPRS/Ethernet等通信接口和附件，即使电站地处偏僻，也能通过各种网络及时获知系统运行状况。
- 经过多次升级的系统监控软件，可以适应多语种Windows平台，集成环境监控系统，界面简单，参数丰富，易于操作。
- 专为光伏电站设计的群控功能，可以即时监控天气变化，并根据实时信息决定多台逆变器的关断或开通；试验结果表明，该种群控器可以有效提高系统效率1%～2%，从而给用户带来更多收益。
- 具有低电压穿越，无功、有功调节等功能（可选择）。
- 系统的电路与控制算法，使用国际权威仿真软件（SABER，PSPICE，MATLAB）进行严格的仿真和计算，所有参数均为多次优化设计的结果，整机经过实验室和现场多种环境（不同湿度、温度）的严酷测试，并根据测试结果对系统进行二次优化，以达到最优的性能表现。
- 完善的国内售后服务体系，强大的售后服务能力，反应快，后期运行维护成本低。
- 工频隔离变压器，实现光伏阵列和电网之间的相互隔离。
- 具有直流输入手动分断开关、交流电网手动分断开关、紧急停机操作开关。
- 人性化的LCD液晶界面，通过按键操作，液晶显示屏（LCD）可清晰显示实时各项运行数据、实时故障数据、历史故障数据（大于50条）、总发电量数据、历史发电量数据；可提供包括RS-485或Ethernet（以太网）远程通信接口，其中RS-485遵循Modbus通信协议，Ethernet（以太网）接口支持TCP/IP协议，支持动态（DHCP）或静态获取IP地址。

（2）逆变器类型选择

按照逆变器输出电能去向，可分为有源逆变器和无源逆变器。凡将逆变器输出的电能向工业电网输送的逆变器，称为有源逆变器；凡将逆变器输出的电能输向某种用电负载的逆变器称为无源逆变器。交流侧接电网，为有源逆变。交流侧接负载，为无源逆变。

无源逆变主要应用在各种直流电源，如蓄电池、干电池等。

交流电动机调速用变频器、不间断电源、感应加热电源等电力电子装置的核心部分都是逆变电路。

① 无隔离变压器并网逆变器。

优点：省去了笨重的工频变压器，很高的效率（>97%）、重量轻、结构简单。

缺点：光伏阵列与电网没有电气隔离，光伏阵列两极有电网电压，对人身安全不利；影响电网质量，直流易传入交流侧，使电网直流分量过大。

② 工频隔离变压器并网逆变器。

优点：使用工频变压器进行电压变换和电气隔离，具有以下优点：结构简单、抗冲击性

能好，最重要的是安全性高。

缺点：系统效率相较无变压器低，为 95% 左右；笨重。

③ 高频隔离变压器并网逆变器。

优点：同时具有电气隔离和质量轻的优点，模块化、系统效率 >95%。

缺点：由于隔离 DC/AC/DC 的功率等级一般较小，所以这种拓扑结构集中在 5 kW 以下；高频 DC/AC/DC 的工作频率较高，一般为几十千赫或更高，系统的电磁兼容性（Electro Magnetic Compatibility，EMC）比较难设计。图 2–41 所示为高频隔离变压器并网逆变器系统结构图。

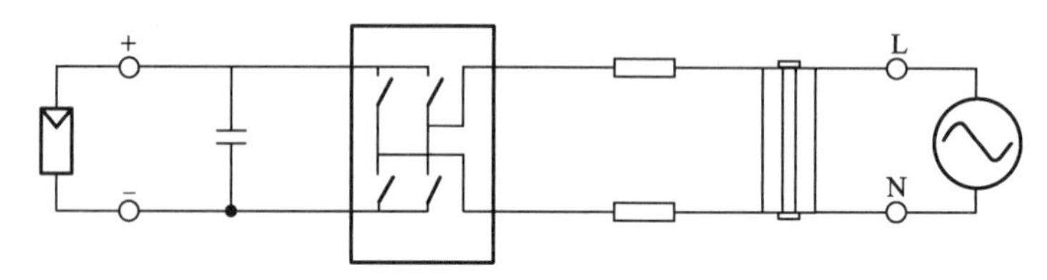

图2-41　高频隔离变压器并网逆变器系统结构图

（3）系统方案逆变器选配

从逆变器参数指标角度考虑逆变器选配方案时主要考虑如下几点：

①逆变器的额定容量要和系统容量匹配。

②系统组件最大容量不得超过逆变器额定容量 10%。

③系统组件串并联输出电压要在逆变器 MPPT 电压范围之内。

④逆变器允许的最大开路电压要大于光伏阵列最大开路电压。

⑤逆变器允许的最大电路电流要大于光伏阵列最大电路电流。

例如，要求 500 kWp 单元采用一个逆变器输出，则可选择 SG500KTL 型逆变器，表 2–13 所示为逆变器的参数指标。

表2–13　SG500KTL并网逆变器参数

额定功率		500 kW
直流输入	最大直流输入功率	550 kW
	最大阵列开路电压	900 V
	最大直流输入电流	1 200 A
	MPPT电压范围	450～820 V
交流输出	额定交流输出功率	500 kW
	最大交流输出功率	500 kW
	最大交流输出电流	1 176 A
	工作电压范围	250～362 V
	工作频率范围	47～51.5/57～61.5 Hz
	最大逆变效率	98.5%（无变压器、欧洲效率）
	功率因数	0.95(超前)～ 0.95(滞后)
	并网电流总谐波畸变率	<3%（额定功率时）
	夜间自耗电	<100 W

续表

额定功率		500 kW
保护功能	过/欠压保护（有/无）	有
	防孤岛保护（有/无）	有
	过流保护 （有/无）	有
	防反放电保护（有/无）	有
	极性反接保护（有/无）	有
	过载保护 （有/无）	有
电气绝缘性能	直流输入对地	18.2 MΩ
	直流与交流之间（限于带工频隔离变压器产品）	77.9 MΩ
	交流输出对地	55 MΩ
其他	自动投运条件	直流输入及电网符合要求，逆变器自动投入运行
	断电后自动重启时间	5 min（可调）
	保护功能	极性反接保护、短路保护、过载保护、孤岛效应保护、电网过欠压、电网过欠频保护、过热保护、接地故障保护等
	通信接口	RS-485（标配），以太网（选配）
	使用环境温度	－25～＋55℃
	使用环境湿度	0%～95%，无冷凝
	使用海拔高度	6 000 m（超过3 000 m须降额使用）
	冷却方式	风冷
	防护等级	IP20（室内）
	尺寸（宽×高×深）	2 800 mm×2 180 mm×850 mm
	质量	2 288 kg
	“平均无故障间隔时间”（MTBF）	>50 000 h
	“平均故障修复时间”（MTTR）	<12 h

2.5 交直流汇流箱

在大型电站中，每个光伏方阵都有若干个光伏组件串，这些光伏组件串通过直流汇流箱和直流配电柜连接到逆变器，或通过组串式逆变器逆变再经过交流汇流连接到交流配电柜，直流汇流箱连接图如图 2-42 所示。

图2-42 汇流箱连接图

2.5.1 直流汇流箱工作原理

直流汇流箱也叫直流接线箱，直流汇流

箱主要是在中、大型光伏发电系统中，用于把光伏方阵的多路输出线缆集中输入、分组连接，这样不仅使连线井然有序，而且便于分组检查、维护，当光伏阵列局部发生故障时，可以局部分离检修，不影响整体发电系统的连续工作。

图 2-43 所示为直流接线箱的内部电路图，它们由分路开关、主开关、避雷防雷器件、接线端子等构成，同时该汇流箱还具有电流检测模块，用于检测汇流箱每路输入电流情况，便于判断每路光伏阵列是否正常工作。

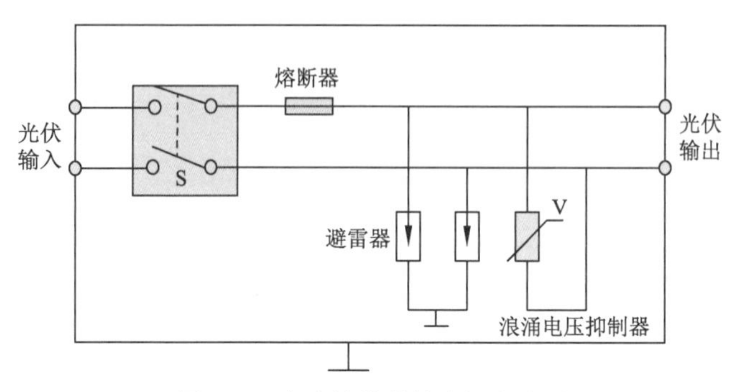

图2-43　直流接线箱的内部电路图

直流接线箱一般由逆变器生产厂家或专业厂家生产并提供成型产品。选用时主要根据光伏方阵的输出路数、最大工作电流和最大输出功率等参数进行选择。当没有成型产品提供或成品不符合系统要求时，可根据实际需要自己设计制作。

图 2-44、图 2-45 所示为直流接线箱的连接实体图。

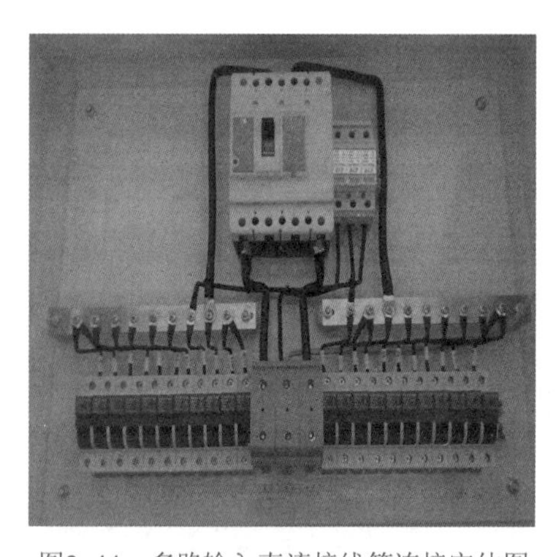

图2-44　多路输入直流接线箱连接实体图

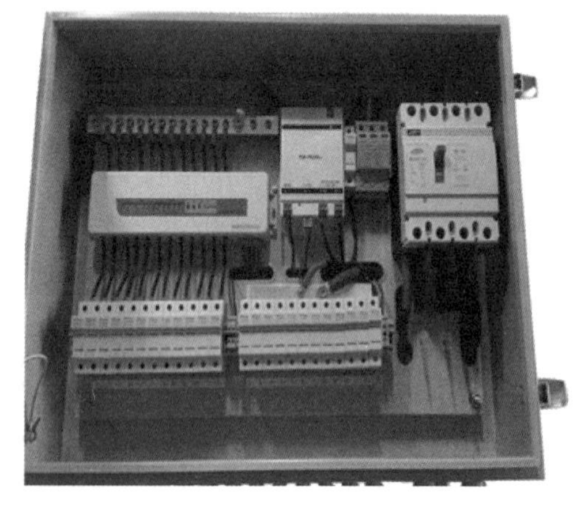

图2-45　大型直流接线箱局部连接实体图

2.5.2　直流汇流箱选配

1. 直流汇流箱参数

（1）直流汇流箱须满足室外安装的使用要求，绝缘防护等级要达到 IP65，表 2-14 所示为汇流箱与逆变器的防护等级要求说明。

表2–14　IP防护等级标准（GB/T 4208—2017）

IP防护类别是用两个数字标记：

例如，一个防护类别　IP　4　4

标记字母 —— IP

第1个标记数字 —— 4

第2个标记数字 —— 4

接触保护和外来物保护等级 第1个标记数字			防水保护等级 第2个标记数字		
第1个数字	防护范围		第2个数字	防护范围	
	名　称	说　明		名　称	说　明
0	无防护	—	0	无防护	—
1	防护50 mm直径和更大的外来物体	探测器，球体直径为50 mm，不应完全进入	1	防止垂直方向滴水	垂直方向滴水应无有害影响
2	防护12.5 mm直径和更大的外来物体	探测器，球体直径为12.5 mm，不应完全进入	2	箱体倾斜15°时，垂直方向滴水	箱体向任何一侧至倾斜15°时，垂直落下的水滴不应引起损害
3	防护2.5 mm直径和更大的外来物体	探测器，球体直径为2.5 mm，不应完全进入	3	防淋水	各垂直面在60°范围内淋水，无有害影响
4	防护1.0 mm直径和更大的外来物体	探测器，球体直径为1.0 mm，不应完全进入	4	防溅水	向外壳各方向溅水无有害影响
5	防护灰尘	不可能完全阻止灰尘进入，但是灰尘的进入量不应超过这样的数量，即对装置或安全造成损害	5	防护喷水	向外壳各方向喷水无有害影响
6	灰尘封闭	箱体内在20 mbar的低压时不应侵入灰尘	6	防猛烈喷水	从每个方向对准箱体的强喷水无有害影响
			7	防护短时间浸入水中	箱体在标准压力下短时间浸入水中时，不应有能引起有害作用的水量浸入
			8	防护连续浸入水中	箱体必须在由制造厂和用户协商定好的条件下长期浸入水中，不应有能引起有害作用的水量浸入。但这些条件必须比标记数字“7”所规定的复杂
			9	防护高温/高压喷水	向外壳各方向喷射高温/高压水无有害影响

（2）同时可接入 6 路以上的光伏阵列，可根据用户需求定制。

（3）每路电流最大可达 10 A，接入最大光伏阵列的开路电压值可达直流电压 900 V，熔

断器的耐压值不小于直流电压 1 000 V，可根据用户需求自主定制。

(4) 每路光伏组串具有二极管防反保护功能，配有光伏专用避雷器，正、负极都具备防雷功能，采用正、负极分别串联的四极断路器提高直流耐压值，可承受的直流电压值不小于 1 000 V，该值可根据用户需求自主定制。

(5) 直流汇流箱还装设有浪涌保护器，具有防雷功能。

2. 直流汇流箱选配设计

(1) 汇流箱设计与计算

图 2-46 所示为单元汇流箱系统结构。光伏系统中方案 1 拟采用多晶硅组件（组件功率 265 Wp，开路电压为 60.6 V，短路电流为 5.59 A）和方案 2 拟采用单晶硅组件（组件功率 285 Wp，开路电压为 44.6 V，短路电流为 8.40 A）对比设计。防雷汇流箱可采用 16 路输入。方案 1 单个汇流箱每路输入的最大允许电压应大于 12 块光伏组件串联的开路电压之和（12 × 60.6 V=727.2 V）；汇流箱每路允许输入电流应大于每路的短路电流 5.59 A；汇流箱最大输出电流应大于每路最大电流之和 89.44 A（16 × 5.59 A=89.44 A）。

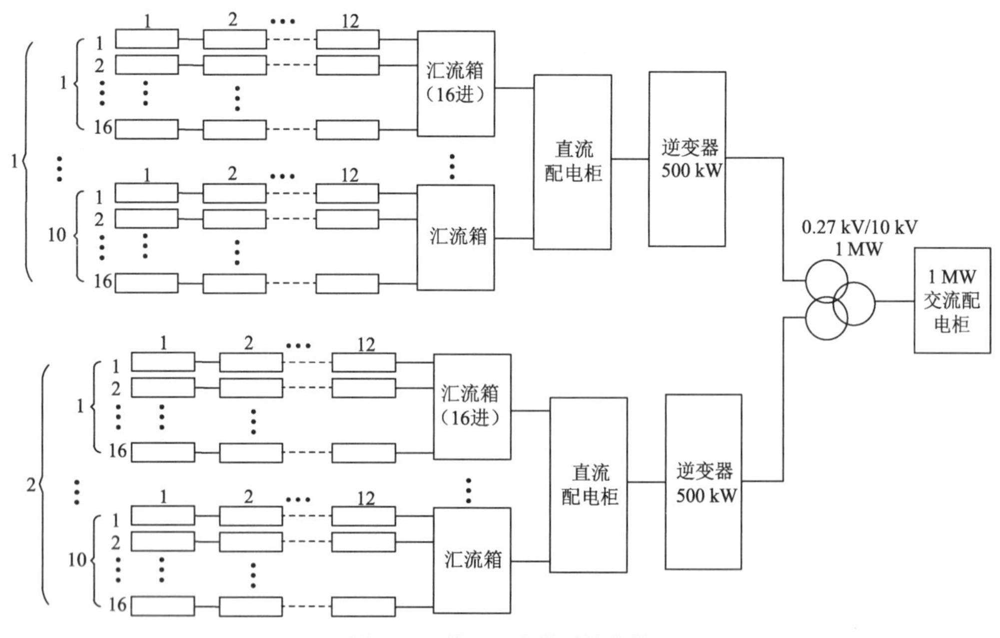

图2-46　单元汇流箱系统结构

同样，方案 2 对于汇流箱每路输入的最大允许电压应大于 17 块光伏组件串联的开路电压之和（17 × 44.6 V=758.2 V）；汇流箱每路允许输入电流应大于每路的电路电流 8.40 A；汇流箱最大输出电流应大于每路最大电流之和 134.4 A（16 × 8.40 A=134.4 A）。

所以汇流箱参数可选择输入数为 16 路，每路最大工作电流达 10 A；接入最大光伏阵列的直流工作电压可达 900 V；熔断器的直流耐压值不小于 1 000 V；每路光伏串列具有二极管防反保护功能，配有光伏专用防雷器。

(2) 光伏阵列汇流设计

① 方案 1 汇流设计：采用 16 路输入 1 路输出的汇流箱，每路有 12 个组件串联，则一

个汇流箱连接的光伏阵列容量为 50 880 Wp，约为 50 kWp。多晶硅组件每个方阵配汇流箱 10 个，10 个汇流箱输出至一个总的直流配电柜，即组成一个多晶硅组件方阵，则每个方阵容量为 508 800 Wp，约为 500 kWp，其值和后续的 500 kW 容量的逆变器配套。

② 方案 2 汇流设计：采用 16 路输入 1 路输出的汇流箱，每路有 17 个组件串联，则一个汇流箱连接的电池方阵容量为 77.520 kWp。单晶硅组件每个方阵配汇流箱 7 个，7 个汇流箱输出至一个总的直流配电柜，则每个方阵容量为 542 640 kWp，其值和后续的 500 kWp 容量的逆变器配套（逆变器有 10% 的余量）。

（3）选配汇流箱参数

根据上述要求可选择防雷汇流箱 JNHL–16。其技术参数特点如下：

① 户外壁挂式安装，防水、防锈、防晒，满足室外安装使用要求。

② 可同时接入 16 路光伏阵列，每路光伏阵列的最大允许电流为 10 A。

③ 光伏阵列的最大开路直流电压值为 900 V。

④ 每路光伏阵列配有光伏专用高压直流熔丝进行保护，其耐压值为直流电压 1 000 V。

⑤ 直流输出母线的正极对地、负极对地、正负极之间配有光伏专用高压防雷器。

⑥ 直流输出母线端配有可分断的直流断路器。

⑦ 汇流箱内部配有光伏组串监控单元，通过霍尔电流传感器，实时监测光伏组串的电流参数，以及组串的电压参数，具有电流监控及报警功能，并配有 RS–485 通信接口。

汇流箱主要技术参数如表 2–15 所示。

表2–15　汇流箱主要技术参数

最大光伏阵列电压	1 000 V DC
最大光伏阵列并联输入路数	16路
每路熔丝额定电流（可更换）	10 A/12 A/16 A
输出端子大小	PG21
防护等级	IP65
环境温度	–25～+60 ℃
环境湿度	0～99%
宽×高×深	600 mm×500 mm×180mm
质量	27 kg
直流总输出空开	是
光伏专用防雷模块	是
串列电流监测	是
防雷器失效监测	是
通信接口	RS–485

2.5.3　交流汇流箱工作原理及选配

交流汇流箱主要是在中、大型光伏发电系统中，由于地形、阴影遮挡等原因导致电站即使在相同区域内的光伏方阵，输出的功率差别也很大，所以系统选用组串式逆变器。由于选用组串逆变器数量比较多，为了减少系统连线，提高系统可靠性，需要在逆变器和并网柜之间使用交流汇流箱。用户可以根据并网柜所设计的输入电流与并网逆变器输出的电流来确定交流汇流箱的型号。除了传统的交流汇流功能、防雷功能，交流汇流箱还可以对每一路的电压、电流、功率进行监测，方便用户组网。

1. 工作原理

一般交流汇流箱有短路器、熔断器、浪涌保护器、接地保护组成，其工作原理如图 2-47 所示。

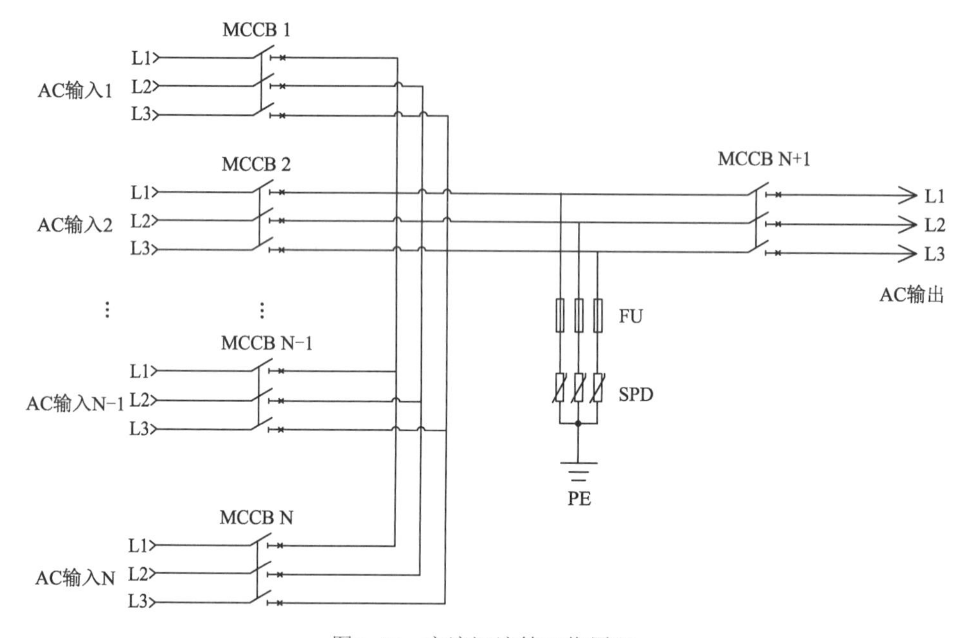

图2-47　交流汇流箱工作原理

① 逆变器输出端直接连接到断路器上，断路器可以迅速切断故障电流。

② 逆变器汇流之后总的断路器，一般通过铜排连接，如图 2-48 中方框 2。

图2-48　交流汇流箱内部接线图

③ 熔断器（保险）是一种过电流保护器，当被保护电路的电流超过规定值，熔丝熔断，使电路断开起到保护的作用，一般在防雷浪涌失效之后才会动作，如图 2-48 中方框 3。

④ 浪涌保护器用于抑制瞬态过压低于设备耐受冲击过电压，泄放电涌能量，从而保护系统电路及设备。浪涌保护器的下面一定要接地，如图 2-48 中方框 4。

2. 执行标准

①《低压成套开关设备和控制设备　第 1 部分》(GB 7251.1—2013)。

②《低压成套开关设备和控制设备　第 2 部分》(GB 7251.12—2013)。

③《外壳防护等级》（GB 4208—2017）。

④《低压成套开关设备基本实验方法》（GB 9466.1—1997）。

3. 型号容量

交流汇流箱型号选择图如图 2–49 所示。

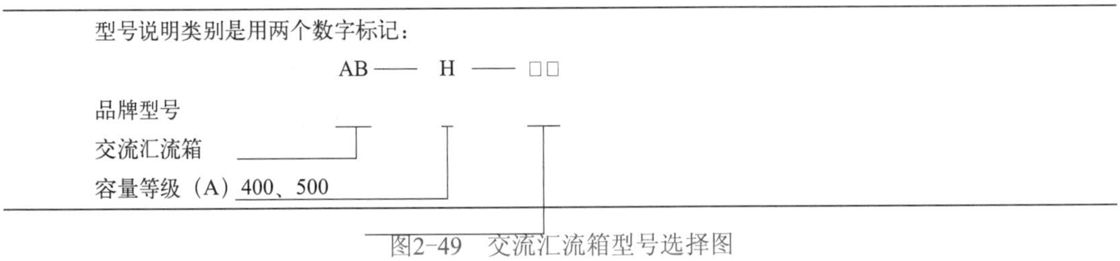

型号说明类别是用两个数字标记：

AB —— H —— □□

品牌型号

交流汇流箱

容量等级（A）400、500

图2–49 交流汇流箱型号选择图

4. 交流汇流箱选配

一般来说，配电箱选配根据并网柜所设计的输入电流与并网逆变器输出的电流来确定交流汇流箱，同时还要参考产品的电气参数、结构特性、环境条件等要求。

① 电压涵盖范围广，可配套不同电压的逆变器使用。

② 重量轻、体积小、安装方便、外观美观大气。

③ 防护等级为 IP65，满足室内外安装要求。

④ 标配四级防雷模块，全模保护。

⑤ 具有 RS–485 通信接口，使用 Modbus–RTU 通信协议。

可根据客户需求配用国内外知名品牌厂家元件。典型交流汇流箱参数如表 2–16 所示。

表2–16 典型交流汇流箱参数

电气参数	额定工作电压	AC 690 V以下
	输入路数	8路以下
	输出路数	1
	额定冲击耐受电压	2.5 kV
结构特性	防护等级	IP65
	尺寸颜色	定制
环境条件	工作温度	−20～+50 ℃
	相对湿度	95%以下，无凝露
	海拔	小于2 000 m

总之，在大型光伏电站中，逆变器与并网柜之间还存在很多连线，在它们之间使用交流汇流箱可以减少系统连线，提高系统可靠性，其配备的通信接口也可以方便光伏系统的搭建与运维。

2.6 交直流配电柜

2.6.1 直流配电柜

1. 直流配电柜工作原理

直流防雷配电柜主要是将汇流箱输出的直流线缆接入后进行汇流，各路直流输入通过直流配电柜的正极母排和负极母排集中汇流，然后输出到直流输出端，再接至并网逆变器。该配电柜含有直流输入断路器、防反二极管、光伏防雷器，方便操作和维护。直流防雷配电柜的电气原理图如图 2−50 所示。图 2−51 所示为 GD−40A20Q6−648V 型直流防雷配电柜外观图。

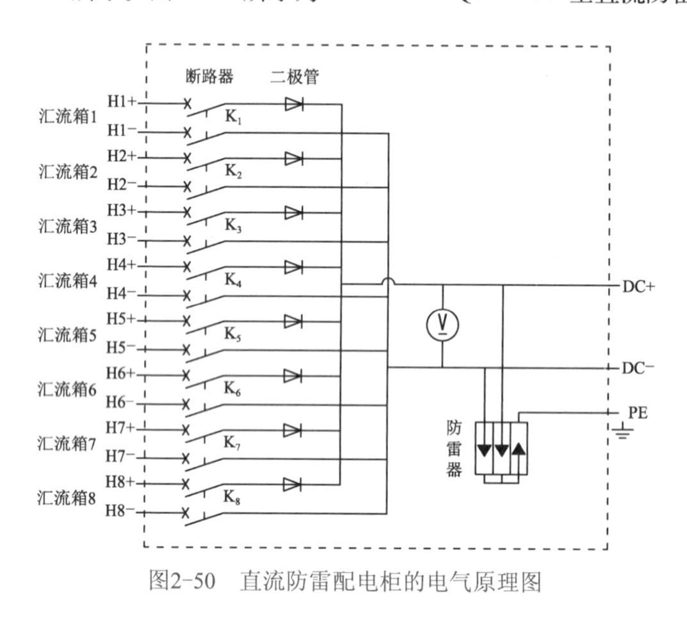

图2−50 直流防雷配电柜的电气原理图

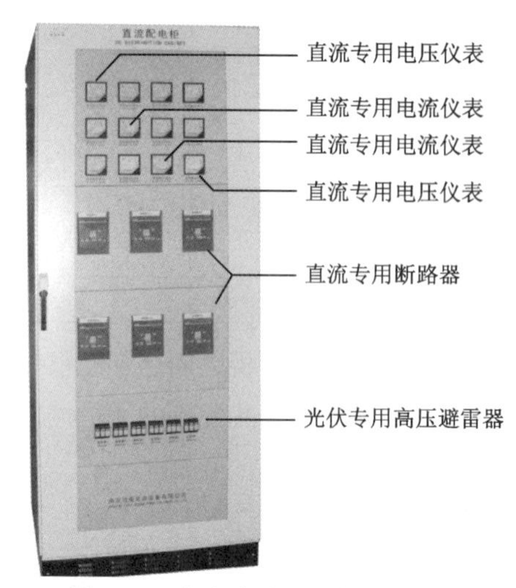

图2−51 直流防雷配电柜外观图

直流专用电压仪表：显示直流母线的直流电压值；直流专用电流仪表：显示直流母线的直流电流值；直流专用断路器：闭合或断开直流母线电压，方便用户操作；避雷器：配有光伏专用高压防雷器，正、负极都具备防雷功能。

将防雷汇流箱的直流输出分别接到对应直流配电柜的直流输入端，确定接线牢固稳定，然后将直流配电柜的直流输出分别接到对应的光伏并网电源的直流输入端并确定接线牢固稳定，最后闭合直流配电柜上的直流专用断路器，光伏并网电源将会有源源不断的光伏直流电力，当光伏并网电源并上网时，直流配电柜上的直流电压表和直流电流表将有相应的变化（直流电压将会微微下降，直流电流表将会有电流数据）。当光伏并网电源脱网时，直流配电柜上的直流电压表和直流电流表也将有相应的变化（直流电压将会微微上升，直流电流表将会无电流数据）。

2. 直流配电柜参数

（1）每路最大输入电流。指每条支路允许流过的最大电流值，由汇流箱输出的最大电流决定。例如，最大输入电流 / 路为 40 A。

（2）输入路数。指直流配电柜的总输入数，要与输入汇流箱数量相对应。例如，输入路数为 20，是指直流配电柜输入可连接 20 个汇流箱。

（3）最大阵列开路电压。指每条支路允许流过的最大电压，由汇流箱输出的最大电压决定。

（4）每台直流配电柜均配置直流断路器及防反、防雷保护。

2.6.2 交流配电柜

1. 交流配电柜组成

光伏电站交流配电系统是用来接受和分配交流电能的电力设备，主要由控制电器（断路器、隔离开关、负荷开关等），保护电器（熔断器、继电器、避雷器等），测量电器（电流互感器、电压互感器、电压表、电流表、电度表、功率因数表等），以及母线和载流导体等组成。

2. 交流配电柜分类

交流配电系统按照设备所处场所，可分为户内配电系统和户外配电系统；按照电压等级，可分为高压配电系统和低压配电系统；按照结构形式，可分为装配式配电系统和成套式配电系统。

中小型光伏电站一般供电范围较小，采用低压交流供电基本可以满足用电需要。低压配电系统在光伏电站中就成为连接逆变器和交流负载的一种接受和分配电能的电力设备。

在并网光伏系统中，通过交流配电系统（交流配电柜）为逆变器提供输出接口，配置交流断路器直接并网或直接供给交流负载使用。在光伏发电系统发生故障时，不会影响到自身与电网或负载安全，同时可确保维修人员的安全。对于并网光伏发电系统，除控制电器、测量仪表、保护电器以及母线和载流导体之外，还须配置电能质量分析仪。图 2-52 所示为三相并网光伏发电系统交流配电柜的构成示意图。

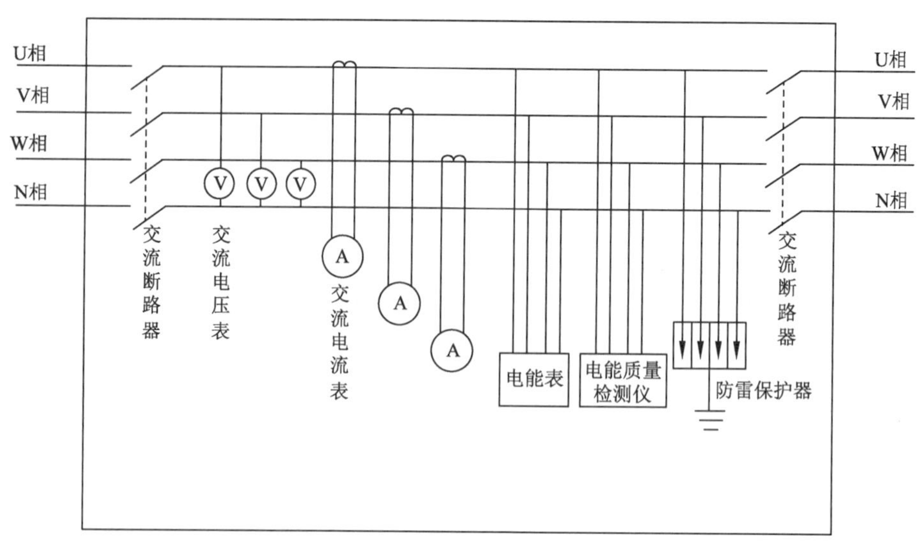

图2-52　三相并网光伏发电系统交流配电柜

3. 交流配电柜功能

交流配电系统除在正常情况下将逆变器输出的电力提供给负载外，还应在特殊情况下具有将后备应急电源输出的电力直接向用户供电的功能。我国边远无电地区所建光伏电站的规模还不能完全满足当地的用电需求。为增加光伏电站的供电可靠性，同时减少蓄电池的容量和降低系统成本，各电站都配有备用柴油发电机组作为后备电源。后备电源的作用是：第一，当蓄电池亏电而光伏方阵又无法及时补充充电时，可由后备柴油发电机组经整流充电设备给蓄电池组充电，并同时通过交流配电系统直接向负载供电，以保证供电系统正常运行，第二，当逆变器或者其他部件发生故障，光伏发电系统无法供电时，作为应急电源，可启动后备柴油发电机组，经交流配电系统直接为用户供电。

由此可见，独立运行光伏电站交流配电系统至少应有两路电源输入，一路用于主逆变器输入，一路用于后备柴油发电机组输入。在配有备用逆变器的光伏发电系统中，其交流配电系统还应考虑增加一路输入。为确保逆变器和柴油发电机组的安全，杜绝逆变器与柴油发电机组同时供电的危险局面出现，交流配电系统的两种输入电源切换功能必须有绝对可靠的互锁装置，只要逆变器供电操作步骤没有完全排除干净，柴油发电机组供电便不可能进行；同样，在柴油发电机组通过交流配电系统向负载供电时，也必须确保逆变器绝对不接入交流配电系统。

交流配电系统的输出一般可根据用户要求设计。通常，独立光伏电站的供电保障率很难做到100%，为确保某些特殊负载的供电需求，交流配电系统至少应有两路输出，这样就可以在蓄电池电量不足的情况下，切断一路普通负载，确保向主要负载继续供电。在某些情况下，交流配电系统的输出还可以是三路或四路的，以满足不同需求。例如，有的地方需要远程送电，应进行高压输配电；有的地方需要为政府机关、银行、通信等重要单位设立供电专线等。

常用光伏电站交流配电系统主电路的基本原理结构，如图2-53所示。

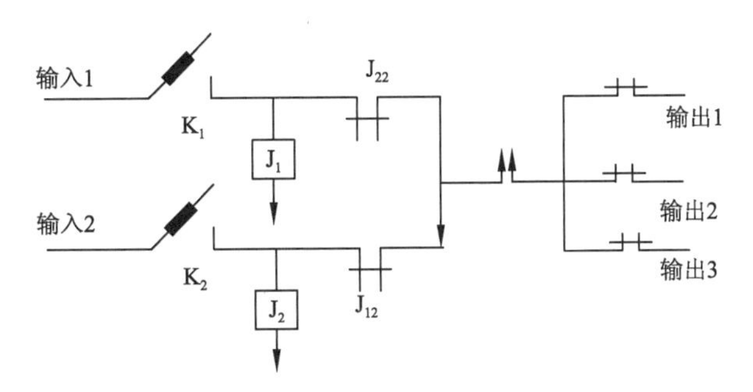

图2-53　交流配电柜主电路结构

此配电柜为两路输入、三路输出的配电结构。其中，K_1、K_2 是隔离开关。接触器 J_1 和 J_2 用于两路输入的互锁控制，即当输入 1 有电并闭合 K_1 时，接触器 J_1 线圈有电、吸合，接触器 J_{12} 将输入 2 断开；同理，当输入 2 有电并闭合 K_2 时，接触器 J_{22} 自动断开输入 1，起到互锁保护的作用。另外，配电系统的三路输出分别由 3 个接触器进行控制，可根据实际情况及各路负载的重要程度分别进行控制操作。

4. 交流配电柜技术要求及选配

（1）交流配电柜技术要求

①动作准确，运行可靠。

②在发生故障时，能够准确、迅速地切断事故电流，避免事故扩大。

③在一定的操作频率工作时，具有较高的机械寿命和电气寿命。

④电器元件之间在电气、绝缘和机械等方面的性能能够配合协调。

⑤工作安全，操作方便，维护容易。

⑥体积小，重量轻，工艺好，制造成本低。

⑦设备自身能耗小。

（2）配电系统的海拔问题

按照有关电气产品技术规定，通常低压电气设备的使用环境都限定在海拔 2 000 m 以下，而对于 4 500 m 以上地区，由于气压低、相对湿度大、温差大、太阳辐射强、空气密度低等问题，导致大气压力和相对密度降低，电气设备的外绝缘强度也随之下降。因此，在设计配电系统时，必须考虑当地恶劣环境对电气设备的不利影响。

（3）接有防雷器装置

光伏发电系统的交流配电柜中均需接有防雷器装置，用来保护交流负载或交流电网免遭雷电破坏。防雷器一般接在总开关之后，具体接法如图 2-54 所示。

（4）电表连接

在可逆流的并网光伏发电系统中，除了正常用电计量的电度表之外，为了准确地计量发电系统馈入电网的电量（卖出的电量）和电网向系统内补充的电量（买入的电量），就需要在交流配电柜内另外安装两块电度表进行用电量和发电量的计量，其单相接线法连接方法如图 2-55 所示，图 2-56 所示为三相接线法。

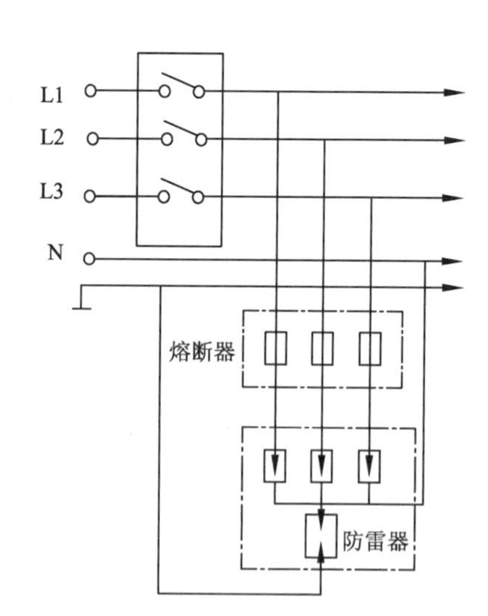

图2-54　交流配电柜中防雷器接法示意图

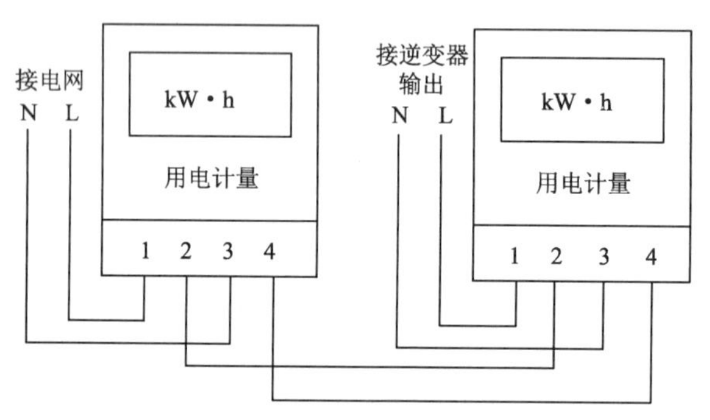

图2-55　单相接线法

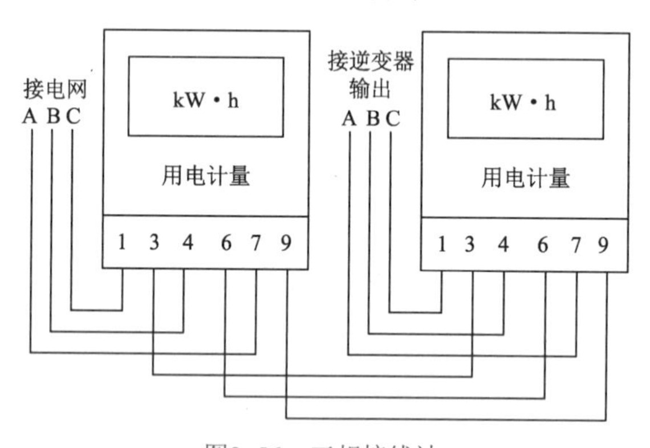

图2-56　三相接线法

（5）交流配电柜的保护功能

交流配电柜应具有多种线路故障的保护功能。一旦发生保护动作，用户可根据实际情况进行处理，排除故障，恢复断电。

① 输出过载和短路保护。当输出电路有短路或过载等故障发生时，相应断路器会自动跳闸，断开出处。当有更严重的情况发生时，甚至会发生熔断器烧断。这时，应首先查明原因，排除故障，然后再接通负载。

② 输入欠电压保护。当系统的输入电压降到电源额定电压的35%～70%时，输入控制

开关自动跳闸断电；当系统的输入电压低于额定电压的35%时，断路器开关不能闭合送电。此时应查明原因，使配电装置的输入电压升高，再恢复供电。

交流配电柜在用逆变器输入供电时，具有蓄电池欠电压保护功能。当蓄电池放电达到一定深度时，由控制器发出切断负载信号，控制配电柜中的负载继电器动作，切断相应负载。恢复送电时，只需进行按钮操作即可。

③ 输入互锁功能。光伏电站交流配电柜最重要的保护，是两路输入的继电器及断路器开关双重互锁保护。互锁保护功能是当逆变器输入或柴油发电机组输入只要有一路有电时，另一路继电器就不能闭合，即按钮操作失灵。也就是说，断路器开关互锁保护，是只允许一路开关合闸通电。

2.7 变 压 器

2.7.1 变压器的分类及容量

1. 变压器分类

在高、低压供配电系统中，常用的变压器有如下几种分类方式。

（1）按相数分类

按相数分类有三相电力变压器和单相电力变压器。大多数场合使用三相电力变压器，在一些低压单相负载较多的场合，也使用单相变压器。

（2）按绕组导电材料分类

按绕组导电材料分类有铜绕组变压器和铝绕组变压器，目前一般均采用铜绕组变压器。

（3）按绝缘介质分类

按绝缘介质分类有油浸式变压器和干式变压器两大类。油浸式变压器由于价格低廉而得到广泛应用；干式变压器有不易燃烧、不易爆炸的特点，适合在防火、防爆要求高的场合使用，绝缘形式有环氧浇注式、开启式、（SF6）充气式和缠绕式等。

（4）按绕组连接组别分类

绕组连接组别有Yyn0和Dynll两种之分。由于Yyn0变压器一次侧零序电流不能流通，当二次侧三相不平衡负荷出现时，由此产生的零序电流用于激磁，使铁芯发热增加，严重时会导致变压器损坏，其二次侧负荷三相不平衡度不能大于25%，因此，Yyn0变压器一般只用于三相负荷平衡的场合，如工业企业变电站。Dynll变压器一次侧为三角形接法，零序电流可以流通，因此其运行不受二次侧负荷平衡度的影响，可用于单相负荷较多且不易平衡的场合，如常用建筑变电站。

2. 常用变压器的容量系列

我国目前常用变压器产品容量有100 kV·A、125 kV·A、160 kV·A、200 kV·A、250 kV·A、315 kV·A、500 kV·A、630 kV·A、800 kV·A、1 000 kV·A、1 250 kV·A、

1600 kV · A 等。

2.7.2 变压器选配和注意事项

1. 变压器使用寿命

变压器的设计使用年限一般为 20 ～ 30 年，其实际寿命主要取决于绕组绝缘的老化速度。

变压器损坏及过负荷能力产生都是由于变压器额定参数与运行时实际参数的差异导致。

（1）电气设备的电压、电流各具有在一定条件下长期安全经济运行的限额，即所谓的额定电压和额定电流。当实际运行电压或实际运行电流超过其额定电压或额定电流时，电气设备可能被损坏。因此，在排除人为破坏的情况下，变压器的损坏主要由以上两个原因造成。

当实际运行电压过高时，过电压使绝缘损坏。这是一个瞬时过程，因此电气设备是不能在大于其规定的最高电压下运行。

（2）变压器具有额定寿命参数，变压器达到额定寿命的工作环境是：最高日平均气温 30 ℃，最高年平均气温 20 ℃，最高气温 40 ℃，最低温度 −5 ℃（户内变压器）或 −30 ℃（户外变压器），在额定电压下以额定电流运行。

当实际运行电流过大时，电气设备导体过热使绝缘老化加剧甚至损坏。这是一个累积过程，绝缘逐渐老化到一定程度，绝缘损坏，变压器寿命终结。正常运行时，绝缘也会逐渐老化，但因其过程较缓慢，所以实际使用寿命会达到额定寿命。

（3）变压器额定容量是指变压器的额定视在功率（即额定电压和额定电流的乘积）。变压器实际运行时负荷的视在功率超过其额定容量时，称为变压器过负荷。变压器有一定的过负载能力，其过负荷能力的大小主要取决于绝缘老化的速度，由如下因素决定。

① 选择变压器时，通常要考虑备用容量，因此变压器额定容量总是大于实际负荷的计算视在功率；其次，变压器的实际负荷是变动的，且实际的瞬时负荷大多数情况下小于计算负荷，即小于变压器的额定容量；此时实际运行时绝缘老化速度较变压器在额定参数下的老化速度慢，相当于延长了使用寿命，储备了一定的过负荷能力。

② 变压器实际运行环境不一定等同额定工作环境，当实际运行环境较额定工作环境恶劣时，会加速变压器绝缘的老化速度，超支设备绝缘寿命；反之，则能节省绝缘寿命，也储备一定的过负荷能力。

由上述分析可知，变压器不能长期在过负荷情况下运行，但由于正常运行时能节省一些寿命，因此，当短时过负荷导致绝缘老化加剧而加速损耗的寿命可以得到补偿，具有一定的短时过负荷能力。变压器过负荷能力的大小与变压器的绝缘介质和生产工艺有较大的关系，所以变压器的短时过负荷能力的大小不能一概而论。

2. 变压器台数的确定

在供配电系统中，变压器台数与供电范围内用电负荷大小、性质、重要程度有关。表 2−17 所示为油浸式变压器、干式变压器短时过负荷及允许运行时间。

表2-17　变压器短时过负荷及允许运行时间

油浸式变压器	短时过负荷/%	30	40	60	75	100	200
	允许运行时间/ min	120	80	45	20	10	1.5
干式变压器	短时过负荷/%	10	20	30	40	50	60
	允许运行时间/ min	75	60	45	32	18	5

(1) 三级负荷一般设一台变压器，但考虑现有开关设备开断容量的限制，所选单台变压器的额定容量一般不大于 1 250 kV · A；当用电负荷所需的变压器容量大于 1 250 kV · A 时，通常应采用两台或更多台变压器。

(2) 当季节性或昼夜性的负荷较多时，可将这些负荷采用单独的变压器供电，以使这些负荷不投入使用时，切除相应的供电变压器，减少空载损耗。

(3) 当有较大的冲击性负荷时，为避免对其他负荷供电质量的影响，可单独设变压器对其供电。

(4) 当有大量一、二级负荷时，为保证供电可靠性，应设两台或多台变压器。以起到相互备用的作用。

(5) 变压器容量的确定：

① 单台变压器容量一般不大于 1 250 kV · A。若负荷集中且确有需要，可采用 1 600 kV · A 或更大的变压器。

② 最大负荷率一般取为 $\beta=S_C/S_{rT}$=75% ~ 85%，其中 S_C 为正常运行时的计算负荷，S_{rT} 为变压器的额定容量。这是综合考虑变压器的经济运行和变压器一次投资得到的负荷率。

③ 两台变压器互为备用时，当一台变压器故障或检修，另一台变压器容量应能保证向所有一、二级负荷供电。

④ 变压器容量应能保证电动机启动要求，否则应对电动机采取降压启动措施提高变压器容量。一般来讲，直接启动的笼型电动机最大容量不应超过变压器容量的 30%。

3. 主变压器选择原则和选配方法

光伏系统中常用三相油浸式配电变压器。按《油浸式电力变压器技术参数和要求》(GB/T 6451—2015)、《干式电力变压器技术参数和要求》(GB/T 10228—2015)、《三相配电变压器能效限定值及节能评价值》(GB 20052—2013)、《电力变压器能效限定值及能效等级标准》(GB 24790—2009) 的参数选择。

(1) 光伏电站升压站主变压器选择原则

① 应优先选用自冷式、低损耗变压器。

② 当无励磁调压变压器不能满足电力系统调压要求时，应采用有载调压变压器。

③ 主变压器容量可按光伏电站的最大连续输出容量进行选取，且宜选用标准容量。

(2) 光伏方阵内就地升压变压器选配方法

在大型集中并网光伏发电系统，通常以 1 MW 为 1 个单元进行就地升压，选用的升压设备为升压箱变，如图 2-57 所示。具体选配方法如下。

① 应优先选用自冷式、低损耗变压器。

② 升压变压器容量可按光伏方阵单元模块最大输出功率选取。

③ 可选用高压／低压预装式箱式变电站或由变压器与高低压电气元件等组成的敞开式设备。对于在沿海或风沙大的光伏发电站，当采用户外布置时，沿海防护等级应达到 IP65，风沙大的光伏电站防护等级应达到 IP54。

④ 就地升压变压器可采用双绕组变压器或分裂变压器。

⑤ 就地升压变压器宜选用无励磁调压变压器。

图2-57　升压箱变

2.8　防雷与接地保护

2.8.1　雷电对光伏系统危害

雷电对光伏发电系统设备的影响，主要由直击雷、雷电感应和雷电波侵入三种方式造成，在设计光伏发电系统时应当分别对其加以防范。

1. 直击雷

直击雷是带电积云与地面目标之间的强烈放电。雷电直接击在受害物上，产生电效应、热效应和机械力，从而对设施或设备造成破坏，对人畜造成伤害。

直击雷的电压峰值通常可达几万伏甚至几百万伏，电流峰值可达几十千安乃至几百千安其破坏性之所以很强，主要是由于雷云所蕴藏的能量在极短的时间（其持续时间通常只有几微秒到几百微秒）就能释放出来，从瞬间功率来讲，是巨大的。

2. 雷电感应（感应雷）

感应雷的能量远小于直击雷，但感应雷发生的可能性远大于直击雷。感应雷分为由静电感应形成的雷和由电磁感应形成的雷两种。

（1）静电感应雷

当雷云来临时地面上的一切物体，尤其是导体，由于静电感应，都聚集起大量的与雷电极性相反的束缚电荷，在雷云对地或对另一雷云闪击放电后，束缚电荷就变成了自由电荷，从而产生很高的静电电压（感应电压），其过电压幅值可达到几万伏到几十万伏，这种过电压往往会造成建筑物内的导线、接地不良的金属物导体和大型的金属设备放电。

（2）电磁感应雷

雷电放电时，由于雷电流的变化率大而在雷电流的通道附近产生迅速变化的强磁场。这种迅速变化的磁场能在邻近的导体上感应出很高的电动势。

感应雷沿导体传播，损坏电路中的设备或设备中的器件。光伏发电系统中线缆多，线路长，给感应雷的产生、耦合和传播提供了良好环境，而光伏发电系统设备随着科技的发展，智能化程度越来越高，低压电路和集成电路也用得很普遍，抗过电压能力越来越差，极易受感应雷的袭击，并且损害的往往是集成度较高的系统核心器件，所以更不能掉以轻心。

由于感应雷可以来自云中放电，也可以来自对地雷击。而光伏发电系统与外界连接有各种长距离线缆，可在更大范围内产生感应雷，并沿线缆传入机房和设备。所以防感应雷是光伏发电系统防雷的重点。

3. 雷电波侵入

当架空线路或埋地较浅的金属管道、线缆直接受到雷击或因附近落雷而感应出高电压时，感应过电压会产生脉冲浪涌，如大量的电荷不能中途迅速入地，就会形成雷电冲击波沿导线或管道传播。这个传导过电压会影响或破坏很大范围内与之连接的设备。

2.8.2 光伏系统直击雷防范措施

在光伏发电系统中，一般宜采用抑制型或屏蔽型的直击雷保护措施，如安装接闪器，以减小直击雷击中的概率。并尽量采用多根均匀布置的引下线，因为多根引下线的分流作用可降低引下线沿线压降，减少侧击的危险，并使引下线泄流产生的磁场强度减小。引下线的均匀布置可使引下线泄流产生的电磁场在建筑物内空间内部部分抵消，以抑制感应雷的产生强度。接地体宜采用环型地网，引下线宜连接在环型地网的四周，这样有利于雷电流的散流和内部电位的均衡。

1. 防雷系统组成

避雷系统由接闪器、引下线与接地装置组成。

（1）接闪器

避雷针、避雷带（线）、避雷网是直接接受雷击的，统称为接闪器。接闪器的金属杆称为避雷针；接闪器的金属线称为避雷线或架空地线；接闪器的金属带、金属网，称为避雷带。

接闪器如图 2-58 所示。接闪器的避雷针、避雷线和避雷带，应根据实际选用。

（a）避雷针　　（b）避雷带

图2-58　接闪器

避雷针工作原理：由于雷云中向下先导趋向地面，同时使地面物体中电晕放电所引起的电离加剧，从而在某些地面物体上产生一个向上的先导，安装在比其他物体高得多的避雷针正是利用自身产生的向上先导来改变雷云向下先导的走向，将落雷点引到自己身上，达到保护比它矮的物体不易遭受雷击。

避雷针：一般采用镀锌圆钢或镀锌焊接钢管制成。长度在 1.5 m 以上时，圆钢直径不得小于 10 mm；钢管直径不得小于 20 mm，管壁厚度不得小于 2.75 mm。在有污染或腐蚀性较强的场所，这些尺寸应适当加大或采取其他的防腐措施，如用铜或不锈钢制作。长度超过 3 m 时，需要用几节不同直径的钢管组合起来。

（2）引下线（接地线）

将接闪器或金属设备与接地装置连接起来。在正常情况下不载流。雷击时，将雷电流传送到接地装置去。一般采用圆钢或扁钢，宜优先采用圆钢。采用圆钢，直径不得小于 8 mm。若采用扁钢，厚度不得小于 4 mm，截面积不得小于 48 mm^2（即 4 mm × 12 mm）。

走线要求：一般沿外墙，最短路径接地；多引下线应作等电位连接；在离地面 1.8 m 以内设置断接卡；避开人容易碰撞的地方；在有污染或腐蚀性较强的场所，应采取防腐措施。

特殊情况暗敷应加大引下线尺寸，截面积不得小于 80 mm^2 。

（3）接地装置

埋设在地中直接与大地接触用作散流的金属导体。若接地体采用垂直埋设，一般宜用角钢、钢管或圆钢等。若采用水平埋设时，一般采用扁钢或圆钢。

接地电阻一般要求小于 10 Ω，对土壤电阻率较高的地区，可以酌情放宽一些，但要求小于 30 Ω。

2. 保护范围分析

采用避雷针防直击雷时，避雷针的保护范围可采用滚球法进行分析。

滚球法是一种几何模拟法，其滚球半径按我国防雷规范标准有 30 m、45 m、60 m 三个规定值（见表 2–18），当球体同时触及接闪器（或作为接闪器的金属物）和地面（或能承受雷击的金属物）的情况下，未触及的部分，即规定为绕击率为 0.1% 时，接闪器的保护范围。

表2–18　防雷规范标准

建筑物的防雷类别	滚球半径h_r/m	避雷网格尺寸/m
第一类防雷建筑物	30	≤5 × 5或≤6 × 4
第二类防雷建筑物	45	≤10 × 10或≤12 × 8
第三类防雷建筑物	60	≤20 × 20或≤24 × 16

滚球法的物理现象，是以 h_r 为半径的一个球体，沿需要防直击雷的部位滚动，当球体只触及接闪器（包括被利用作为接闪器的金属物），或只触及接闪器和地面（包括与大地接触并能承受雷击的金属物），而不触及需要保护的部位时，则该部分就得到接闪器的保护，如图 2–59 所示。

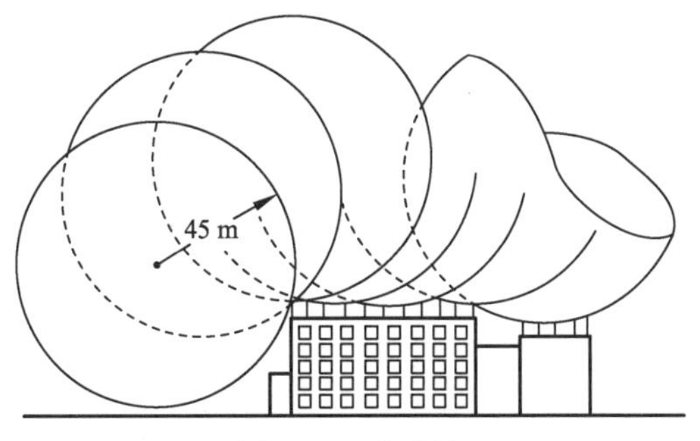

图2-59　滚球法

3. 避雷针保护范围计算

（1）单支避雷针的保护范围的确定

当避雷针的高度 $h \leqslant h_r$（滚球半径）时，保护范围（见图 2-60）：

① 距地面处作一平行于地面的平行线。

② 以针尖为圆心，h_r 为半径，作弧线交于平行线 A、B 两点。

③ 分别以 A、B 为圆心，h_r 为半径作弧线，该弧线与针尖相交并与地面相切。以此弧线绕中心轴旋转在地面上形成的锥体就是保护范围。

避雷针在地平面上保护半径 $r_0=\sqrt{h(2h_r-h)}$，那么，避雷针在 h_x 高度的平面上保护半径：$r_x=\sqrt{h(2h_r-h)}-\sqrt{h_x(2h_r-h_x)}=r_0-\sqrt{h_x(2h_r-h_x)}$。

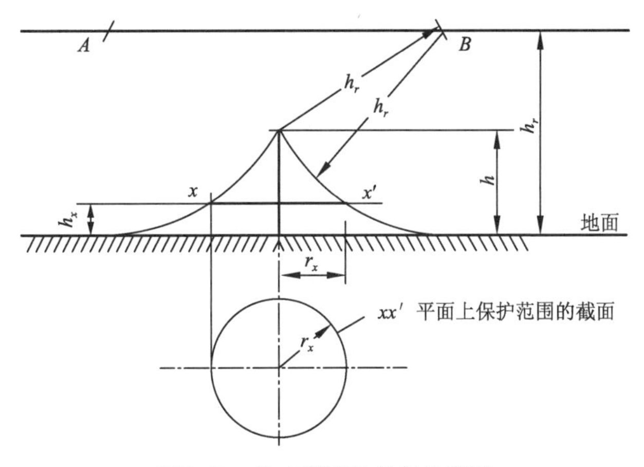

图2-60　单支避雷针的保护范围

当 $h \geqslant h_r$ 时，在避雷针上取高度为 h_r 的一点代替单根避雷针的针尖，即等效高度为 h_r 的单根避雷针来分析。

【例】第二类防雷建筑物，计算单支避雷针的保护范围时，滚球半径为 45 m，若避雷针离地高度分别为 45 m 和 8 m，则此避雷针的保护半径是多大？

【解】若避雷针的高度为 45 m，代入公式得避雷针在地面上的保护半径为 45 m；若避雷针的高度为 8 m，代入公式得：r_o=25.6（m）。

（2）双支等高避雷针的保护范围

双支避雷针之间的保护范围是按照两个滚球在地面从两侧滚向避雷针，并与其接触后两

球体的相交线而得出的，原理如图 2−61 所示。

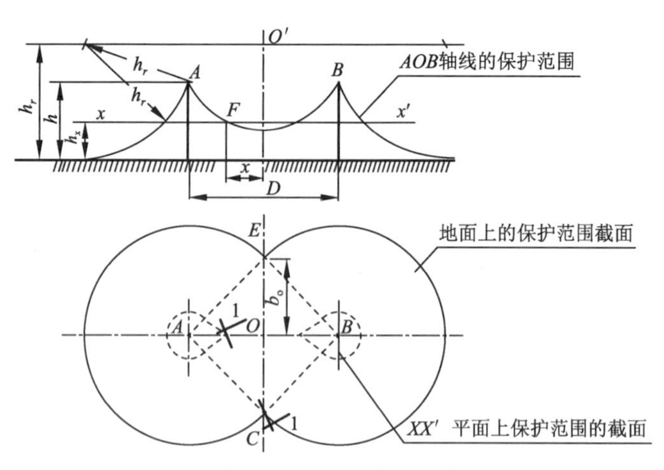

图2−61　双支等高避雷针

在避雷针高度 h 小于或等于滚球半径 h_r 时，当两支避雷针的距离 $D \geqslant 2\sqrt{h(2h_r-h)}$ 时，应按单支避雷针的方法确定；当 $D < 2\sqrt{h(2h_r-h)}$ 时，应按下列方法确定：$ABCD$ 外侧的保护范围，按照单支避雷针的方法确定；C、E 点位于两针间的垂直平分线上。在地面每侧的最小保护宽度 b_o 按下式计算：

$$b_o = CO = EO = \sqrt{h(2h_r-h)-\left(\frac{D}{2}\right)^2}$$

在 AOB 轴线上，距中心线任一距离 x 处，其在保护范围上边线上的保护高度 h_x 按下式确定：

$$h_x = h_r - \sqrt{(h_r-h)^2+\left(\frac{D}{2}\right)^2-x^2}$$

两针间 $AEBC$ 内的保护范围，ACO 部分的保护范围按以下方法确定：在任一保护高度 h_x 和 C 点所处的垂直平面上，在 F 点上以 h_x 作为假想避雷针，按单支避雷针的方法逐点确定。

（3）多根避雷针

当光伏方阵更大，双支等高避雷针不能有效防护时，可采用多根避雷针作为接闪器。

（4）避雷线与避雷针的组合

当光伏方阵比较长，利用避雷针不能有效防护时，可采用避雷线作为接闪器。避雷线相互连通组成架空网并很好接地，引下线也可以作为接闪器的一部分。在架空网下是保护区，光伏方阵与架空网间应有一安全距离，以保证防雷效果。

当光伏方阵很大时，在屋顶安装较高的避雷针成本较高、施工较难。考虑到实际情况，接闪器可以采用以下形式：先在屋顶四周布设避雷带，然后在屋顶中间根据屋顶形状组合安装避雷线和适当高度的避雷针。用相应的滚球半径来确定接闪器的保护范围。

防雷等级越高，滚球半径越小，保护范围越小，但保护效果越好，可能进入保护区击中被保护建筑物的雷电流要越小。防雷等级越低，滚球半径越大，保护范围大，但保护效果较差，实际保护范围线是复杂的近似圆弧线。

4. 接地系统

（1）接地的基本概念

当一根带电的导体与大地接触时，电流便从导体流入大地，并向四面八方流散。离带电导体越近，电流强度越大；离带电导体越远，电流强度越小。一般情况下，在带电体 20 m 以外，电流强度很微弱，几乎没有电压降，这里就是电位上的 0 点，也就是电气上的“地”。

由此可知，带电导体虽然与大地接触，但接触点附近的电流强度还比较高，与电气上的“地”之间还有一定的电压降。如果这个电压降数值较大，当工作人员同时接触的两点（如脚站地上，而手摸到有故障的电动机外壳）之间的电压在 60 V 以上时，就会发生危险，因此，要求这一电压降不能过大。电压降 U_Z 与流入大地的电流 I_Z 的比值，叫作接地电阻 R_Z，即

$$R_Z = \frac{U_Z}{I_Z}$$

当 I_Z 一定时，R_Z 越小，U_Z 也越小。为了降低电压降，应将光伏电站的接地电阻控制在一定数值以下，以保证人身安全。

图2-62　光伏支架接地示意图

概括地说，接地是为了保证电力设备正常工作和人身安全所采取的一种安全用电措施，通过金属导线与接地装置连接来实现接地。接地装置能够将电力设备和其他生产设备上可能发生的漏电流、静电荷以及雷电流等引入地下，从而避免人身触电和可能发生的火灾、爆炸等事故。

图 2-62 所示为光伏支架接地示意图。

（2）光伏接地系统

所有接地都要连接在一个接地体上，光伏系统的接地包括以下几个方面。

① 防雷接地：为了防止各种雷引起的雷电流的损害，避雷针、避雷带（线）以及低压避雷器，连接架空线路的线缆金属外皮必须可靠接地。

② 工作接地：为保证安全，逆变器的中性点、电压和电流互感器的二次绕组必须接地。

③ 保护接地：为防止出现正常情况下不带电而在绝缘材料损坏后或其他情况下可能带电的情况，光伏组件支架、控制器外壳、逆变器外壳、配电箱外壳、线缆外皮、穿线金属管道的外皮必须接地。

④ 屏蔽接地：为了防止电磁干扰而对电子设备所做的金属屏蔽必须接地。

直接雷击会产生数百 kA 的电流。雷电流被接闪器引入大地时，要经由引下线、接地体而分散入地。电流经接地装置进入大地是以半球面形状向大地散流的，离接地体 20 m 处，半球表面积很大，该处的电位趋于零，称为电气上的“地”。由于在接地体与“地”之间存在着散流电阻，在这些区域的不同地点会有不同的电位，距离越近电压越高。室内直流负荷设备相对远端地一般都存在寄生电容，这些设备一端与工作接地相连，无流的远端地与工作接地间存在电位差，因而产生差模脉冲电压，当超过设备的容许限度时必然造成设备的损坏。单相交流负荷如空调、照明等设备的零线接在变压器的交流地上，当雷电流沿引下线对地泄放时，

变压器的接地和交流重复接地的电位也会升高，因此单相交流设备也同样存在地电压反击的问题。

避免地电压反击可以使用交流过压保护器和直流浪涌抑制器，即在交流变压器的低压侧、交流配电箱的地零间加装交流过压保护器；在直流负载的电源输入端加装浪涌抑制器。所有交流过压保护器和直流浪涌抑制器必须靠近被保护的设备安装，避免被保护设备由于接地或电源引线过长引起脉冲反射。

光伏方阵的金属支架每隔一段距离连接至接地系统。光伏设备和建筑的接地系统通过导体相互连接。将各个接地系统相互连接起来可以显著减小总接地电阻。通过相互网状交织连接的接地系统可形成一个等电位面，能够显著减小雷电作用在光伏阵列和建筑间连接线缆上所产生的过电压。这样在闪电电流通过时，室内的所有设施立即形成一个“等电位岛”，保证导电部件间不产生有害的电位差，不发生旁侧闪络放电。

将防雷接地与其他接地分开，可以大大降低反击电压。防雷接地与其他接地在联合接地网上的引接点距离不应小于 5 m，条件允许时间距宜为 10 ~ 15 m。当然，降低接地电阻也有利于防止反击事故。

2.8.3 光伏系统感应雷、雷电波防范措施

1. 等电位连接

防雷电感应主要采用等电位连接。原则上说，从外部进入建筑物的所有导电部件都必须接入等电位连接系统中，所有不带电的金属部件直接连接到等电位系统。

不带电的金属部件分为室外和室内两种情况。

处于室外的光伏组件四周铝合金框架与支架、接地线等要可靠连接，使光伏方阵形成一个相等的电位，以防光伏方阵遭到雷电感应侵袭。处于控制机房内的全部金属物品，包括各种设备、各个机架、所有金属管道及线缆的金属外皮都要可靠接地，每件金属物品都要单独接到接地干线，不允许串接后再接到接地干线上。

带电部件（如线缆）则通过安装电涌保护器间接接入等电位连接系统。等电位连接最好在建筑物入口附近执行，以防部分雷电流侵入建筑物。低电压供电系统可用多极复合型雷电流和电涌保护器保护。

2. 光伏系统浪涌过电压保护

由于雷电波（雷电浪涌）侵入造成控制机房内的控制器或逆变器遭损坏的概率最大，所以必须对雷电波侵入进行防护。光伏发电系统的雷电浪涌入侵路径除了光伏阵列到机房的引入线外，还有配电线路、接地线以及架空进入室内的金属管道和线缆。从接地线侵入是由于附近的雷击使大地电位上升，使得大地电位比电源高，从而产生从接地线向电源侧的反向电流。

光伏阵列到机房的引入线是雷电波侵入的主要途径。为此，可以采取多级防护措施进行保护。在电池阵列的主回路内分散安装避雷元件，在接线箱内也安装避雷元件；保证接线箱与控制柜间距大于 10 m；在光伏阵列和逆变器之间的每根引入线上加装防雷器。

在控制器、逆变器内安装防雷元器件；在逆变器与配电柜之间安装低压阀式避雷器或浪涌保护器。

对从低压配电线侵入的雷电浪涌，通过安装在配电盘中的避雷元件应付。在雷雨多发的地域，在交流电源侧安装耐雷变压器更加安全。对供电线路、传输线缆和架空线路，可在线路上安装金属氧化物避雷器，要在每条回路的火线和零线上装设。对架空进入室内的金属管道和线缆的金属外皮要将它们在入口处可靠接地，冲击接地电阻值不得大于 30 Ω。接地最好采用电焊的方式，若做不到电焊也可采用螺栓连接。

（1）简单型独立光伏系统浪涌过电压保护

简易型光伏发电系统以其供电稳定可靠，安装方便，操作、维护简单等特点，已得到越来越广泛的应用。该发电系统多用于城市独立的照明系统、高速公路路牌指示系统等。

对于这种简易光伏发电系统的防雷保护，具体措施后面详细说明。

（2）复杂型独立光伏发电系统的浪涌过电压保护

复杂独立发电系统，光伏阵列发出的直流电经逆变器转换成交流电。复杂型独立光伏发电系统多用于智能建筑物、别墅、工业厂房建筑物。

（3）并网型光伏发电系统的浪涌过电压保护

对于并网型光伏发电系统的防雷保护，具体措施后面详细说明。

3. 电涌保护器

（1）电涌保护器认识

防雷器也称电涌保护器（Surge Protection Device，SPD）。光伏发电系统常用防雷器外形如图 2-63 所示。防雷器内部主要由热感断路器和金属氧化物压敏电阻组成，另外还可以根据需要同 NPE 火花放电间隙模块配合使用。其结构示意图如图 2-64 所示，典型防雷器参数如表 2-19 所示。

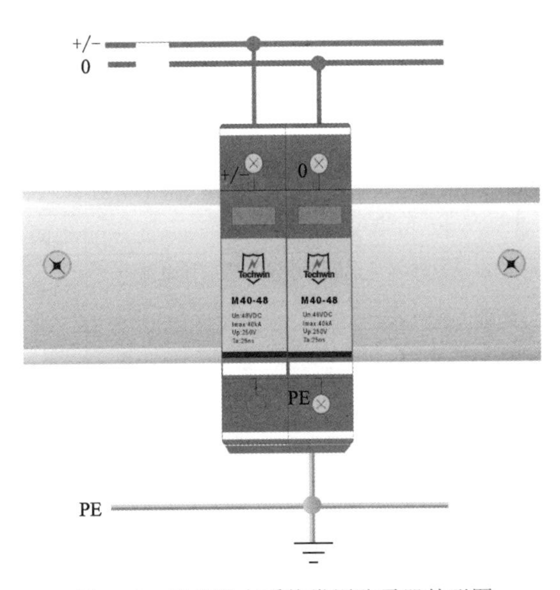

图2-63　光伏发电系统常用防雷器外形图

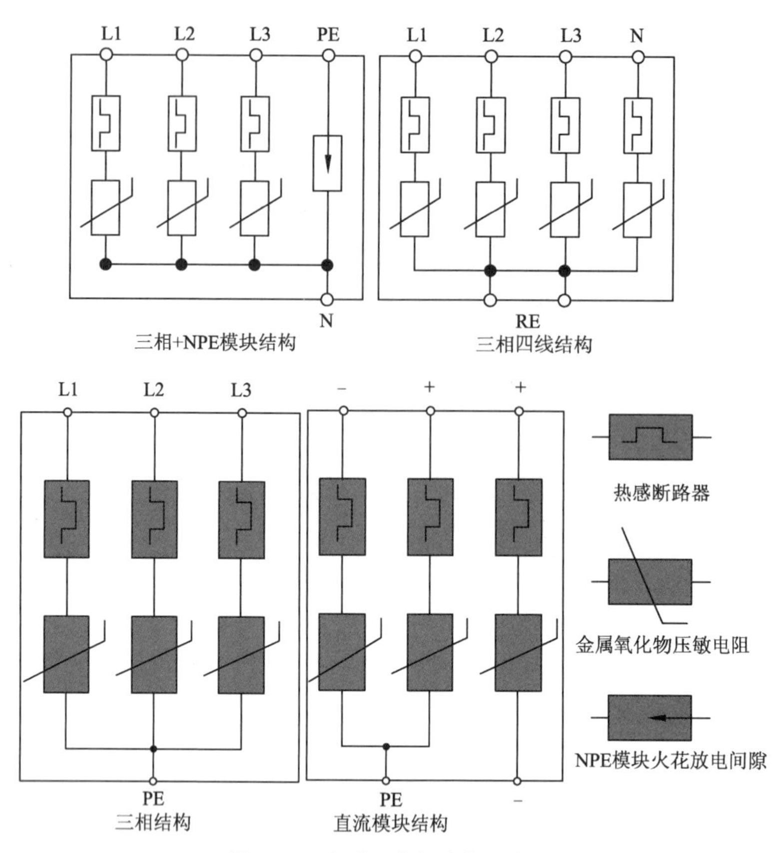

图2-64　防雷器内部结构示意图

表2-19　OBO防雷器型号MCD 50BMCD 125-B/NPE参数

型　　号	MC 125-B/NPE
标称电压U_N	230 V/50-60 Hz
最大持续工作电压U_C	255 V
防雷器等级-按照DIN VDE 0675 PART6（Draft 11.89）A1,A2-按照IEC 60643-1	B类I类
雷电保护区	0－1
绝缘电阻	>100 MΩ
电压保护水平	<2 kV
响应时间	<100 ns
脉冲电流测试（10/350）-根据IEC 62305-1规定的雷电流参数峰值电流电量单位能量	50 kA25AS0．63MJ/Ω
最大串联熔丝（仅在电网中无此熔丝时需）	500AGL/GG
短路耐受能力	25 kA
温度适用范围	-40～+85 ℃
空气湿度	≤95%
IP等级	IP20
连接线截面积单股/多股/多股软线紧固扭矩至多/N·m	10-50/10-35/10-25 mm AWG8-2
轮廓尺寸	100 mm×49.5 mm×35 mm
安装	卡接在35 mm导轨上

（2）防雷器主要技术参数

① 最大持续工作电压（U_e）：该电压值表示可允许加在防雷器两端的最大工频交流电压有效值。在这个电压下，防雷器必须能够正常工作，不可出现故障。同时该电压连续加载在防雷器上，不会改变防雷器的工作特性。

② 额定电压（U_n）：指防雷器正常工作下的电压。这个电压可以用直流电压表示，也可以用正弦交流电压的有效值来表示。

③ 最大冲击通流量（I_{max}）：指防雷器在不发生实质性破坏的前提下，每线或单模块对地，通过规定次数、规定波形的最大限度的电流峰值数。最大冲击通流量一般大于额定放电电流的 2.5 倍。

④ 额定放电电流（I_n）：额定放电电流也称标称放电电流，是指防雷器所能承受的 8/20 μs 雷电流波形的电流峰值。

⑤ 脉冲冲击电流（I_{imp}）：指在模拟自然界直接雷击的波形电流（标准的 10/350 μs 雷电流模拟波形）下，防雷器能承受的雷电流的多次冲击而不发生损坏的电流值。

⑥ 残压（U_{res}）：指雷电放电电流通过防雷器时，其端子间呈现出的电压值。

⑦ 额定频率（f_n）：指防雷器的正常工作频率。

在防雷器的具体选型时，除了各项技术参数要符合设计要求外，还要特别考虑下列几个参数和功能的选择。

⑧ 最大持续工作电压（U_c）的选择：氧化锌压敏电阻防雷器的最大持续工作电压值（U_e），是关系到防雷器运行稳定性的关键参数。在选择防雷器的最大持续工作电压值时，除了符合相关标准要求外，还应考虑到安装电网可能出现的正常波动及可能出现的最高持续故障电压。例如，在三相交流电源系统中，相线对地线的最高持续故障电压有可能达到额定工作电压 220 V 的 1.5 倍，即有可能达到 330 V。因此在电流不稳定的地方，建议选择电源防雷器的最大持续工作电压值大于 330 V 的模块。在直流电源系统中，最大持续工作电压值与正常工作电压的比例，根据经验一般取 1.5 ~ 2 倍。

⑨ 残压 (U_{res}) 的选择：在确定选择防雷器的残压时，单纯考虑残压值越低越好并不全面，并且容易引起误导。首先不同产品标注的残压数值，必须注明测试电流的大小和波形，才能有一个共同比较的基础。一般都是以 20 kA（8/20 μs）的测试电流条件下记录的残压值作为防雷器的标注值，并进行比较。其次，对于压敏电阻防雷器选用残压越低时，将意味着最大持续工作电压也越低。因此，过分强调低残压，需要付出降低最大持续工作电压的代价，其后果是在电压不稳定地区，防雷器容易因长时间持续过电压而频繁损坏。

在压敏电阻类防雷器中，选择最合适的最大持续工作电压和最合适的残压值，就如同天平的两侧，不可倾向任何一边。根据经验，残压在 2 kV 以下 (20 kA、8/20 μs)，就能对用户设备提供足够的保护。

⑩ 报警功能的选择：为了监测防雷器的运行状态，当防雷器出现损坏时，能够通知用户及时更换损坏的防雷器模块，防雷器一般都附带各种方式的损坏指示和报警功能，以适应不同环境的不同要求。

⑪窗口色块指示功能：该功能适合有人值守且天天巡查的场所。所谓窗口色块指示功能

就是在每组防雷器上都有一个指示窗口，防雷器正常时，该窗口是绿色，当防雷器损坏时，该窗口变为红色，提示用户及时更换。

⑫ 声光信号报警功能：该功能适合用在有人值守的环境中使用。声光信号报警装置是用来检查防雷模块工作状况，并通过声光信号显示状态。装有声光报警装置的防雷器始终处于自检测状态，防雷器模块一旦损坏，控制模块立刻发出一个高音高频报警声，监控模块上的状态显示灯由绿色变为闪烁的红灯。当将损坏的模块更换后，状态显示灯显示为绿色，表示防雷模块正常工作，同时报警声音关闭。

⑬ 遥信报警功能：遥信报警装置主要用于对安装在无人值守或难以检查位置的防雷器进行集中监控。带遥信功能的防雷器都装有一个监控模块，持续不断检查所有被连接的防雷模块的工作状况，如果某个防雷模块出现故障，机械装置将向监控模块发出指令，使监控模块内的常开和常闭触点分别转换为常闭和常开，并将此故障开关信息发送到远程有相应的显示或声音装置上，触发这些装置工作。

⑭ 遥信及电压监控报警功能：遥信及电压监控报警装置除了上述功能外，还能在防雷器运行中对加在防雷器上的电压进行监控，当系统出现任意的电源电压下降或防雷器后备保护空气开关（或熔丝）动作以及防雷器模块损坏现象时，远距离信号系统均会立即记录并报告。该装置主要用于三相电源供电系统。

（3）选用和使用 SPD 注意事项

应在不同使用范围内选用不同性能的电涌保护器（SPD）。在选用 SPD 时要考虑当地的雷暴日、当地发电系统环境、是否有遭受过雷电过电压损害的历史、是否有外部防雷保护系统以及设备的额定工作电压、最大工作电压等因素。

在有外部防雷保护的发电系统，LPZ0 与 LPZ1 区交界处的 SPD 必须是经过 10/350 μs 波形冲击试验达标的产品。

SPD 保护必须是多级的。例如，对电子设备电源部分雷电保护而言，至少应采取泄流型 SPD 与限压型 SPD 或者是大通流量高电压保护水平限压型 SPD 与小通流量低电压保护水平限压型 SPD，前后两级进行保护。

对于无人值守的光伏发电系统，应选用带有遥信触点的电源 SPD；对于有人值守的发电系统，可选用带有声光报警的电源 SPD，所有选用的电源 SPD 都具有老化或损坏的视窗显示。电源 SPD 必须是并联在供电线路上，且 SPD 前加装相应的空气开关，以保证任何情况下光伏发电的供电线路不得发生短路状况。在选用 SPD 时，应要求厂家提供相关 SPD 技术参数资料、安装指导意见。正确的安装才能达到预期的效果。SPD 的安装应严格依据厂方提供的安装要求进行。同时厂家必须提供检测 SPD 是否损坏或老化的仪器设备，以便将已经老化或损坏的 SPD 从设备上拆除。SPD 尽可能地采用凯文接线方式，以消除导线上的电压降。当无法做到凯文连接时，则引入线与引出线分开走线，并选择最短的路径，以避免导线上的电压降太高而损坏设备。SPD 的接地线与其他线路分开铺设。地线泄放雷电流时产生的磁场强度较大，分开 50 mm 以上，避免其他线路感应过电压。

随着光伏产业的不断发展，对这一产业的技术要求也越来越高，形式也越来越多样化。科学防雷措施为光伏发电系统正常运转的提供了参考依据。防雷措施需根据所在地区的气象条件、建筑物和光伏方阵的特点进行综合考虑，这需做更多详细的工作。

2.8.4　光伏发电系统常见防雷做法

1. 简易型浪涌过电压保护

① 在设备的外部做简易避雷装置，以保护光伏阵列及用电设备不被直接雷击击中。

② 对设备与光伏阵列之间的供电线路，加装避雷器，型号根据直流负载的工作电压选择。

③ 避雷装置的引下线以及避雷器的接地线都必须良好的接地，以达到快速泄流的目的。简易型装置如图 2–65 所示。

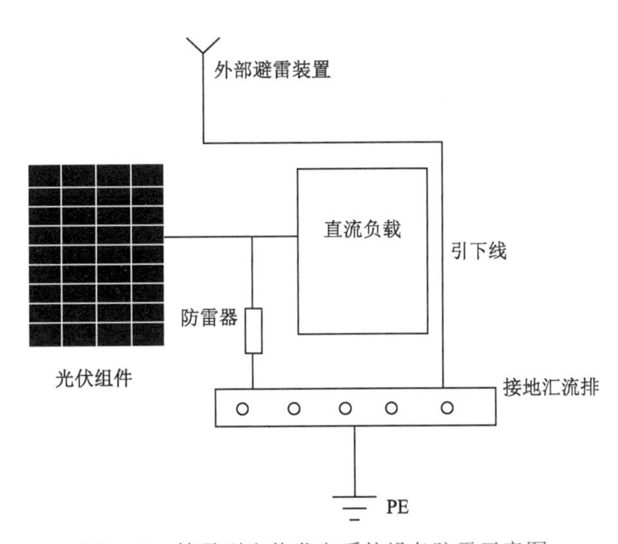

图2–65　简易型光伏发电系统设备防雷示意图

2. 复杂型独立光伏发电系统的浪涌过电压保护

（1）无外部防雷装置的建筑物

无外部防雷装置建筑物的光伏发电系统，多用于民用的自建住宅，或周围有高大建筑物保护其不被直接雷击袭击的建筑物。只需对光伏发电和用电设备防雷保护做如下处理：

① 在光伏阵列和逆变器之间加装第一级防雷器 A，型号根据现场逆变器最大空载电压选择。

② 在逆变器与配电柜之间以及配电柜与负载设备之间加装第二级防雷器 B，型号根据配电柜以及供电设备的工作电压选择。

③ 所有的防雷器必须良好的接地，如图 2–66 所示。

（2）有外部防雷装置保护的建筑物

对于有外部防雷装置建筑物的光伏发电系统，考虑到整个系统可能遭受直击雷的缘故，所以必须首先保证直击雷的防护措施一定要到位。对于光伏发电和用电设备的防雷保护进行如下处理：

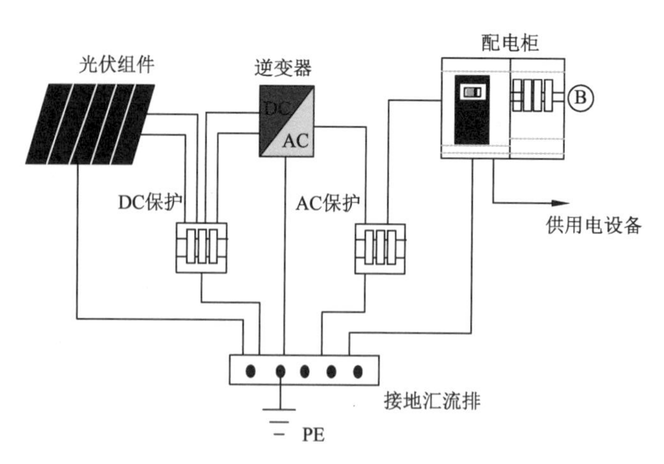

图2-66　无外部防雷装置建筑物独立光伏发电系统防雷示意图

① 屋顶光伏组件如果在保护范围内，在光伏阵列和逆变器之间加装第一级防雷器 A，型号根据现场逆变器最大空载电压选择。

② 在逆变器与配电柜之间以及配电柜与负载设备之间加装第二级防雷器 B，型号根据配电柜以及供电设备的工作电压选择。

③ 所有的防雷器必须良好的接地。如果不在避雷范围内，要将支架与屋顶避雷可靠连接，如图 2−67 所示。

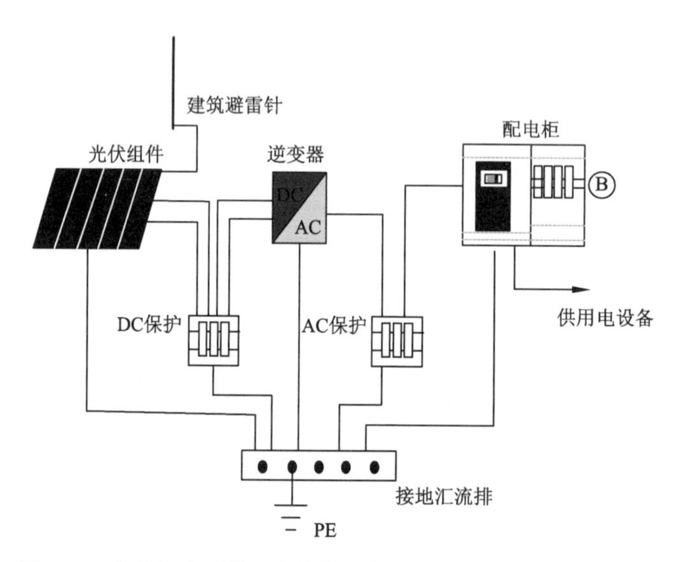

图2-67　有外部防雷装置建筑物独立光伏发电系统防雷示意图

（3）工业厂房建筑物

对于工业厂房建筑物上的光伏发电和用电设备的防雷保护做如下处理：

① 在光伏阵列和逆变器之间加装第一级防雷器 A，型号根据现场逆变器最大空载电压选择。

② 在逆变器与配电柜之间以及配电柜与负载设备之间加装第二级防雷器 B，型号根据配电柜以及供电设备的工作电压选择。

③ 所有的防雷器必须良好的接地，如图 2−68 所示。

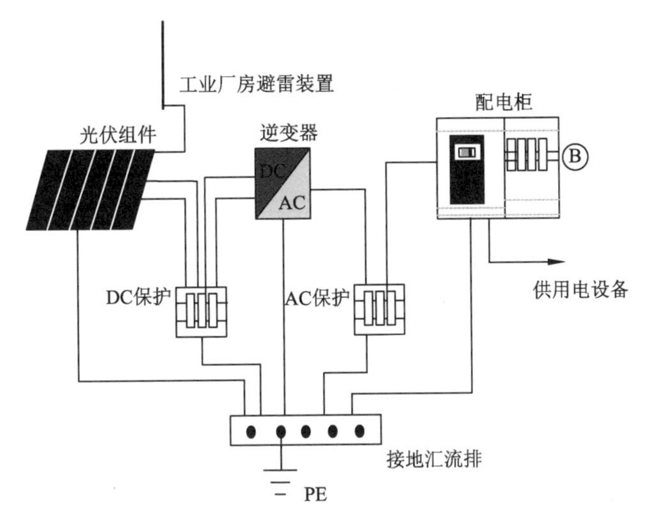

图2-68　工业厂房独立光伏发电系统防雷示意图

（4）大型地面并网型光伏发电系统的防雷保护

① 在光伏组件与逆变器或电源调节器之间加装第一级电源防雷器，进行保护。这是供电线路从室外进入室内的要道，所以必须做好雷电电磁脉冲的防护，具体型号根据现场情况确定。

② 在逆变器到电源分配盘之间加装第二级电源防雷器，进行防护。具体型号根据现场情况确定。

③ 在电源分配盘与负载之间加装第三级电源防雷器，以保护负载设备不被浪涌过电压损坏。具体型号根据现场设备确定。

④ 所有的防雷器件都必须良好的进行接地处理，并且所有的设备的接地都连接到公共地网上，如图 2-69 所示。

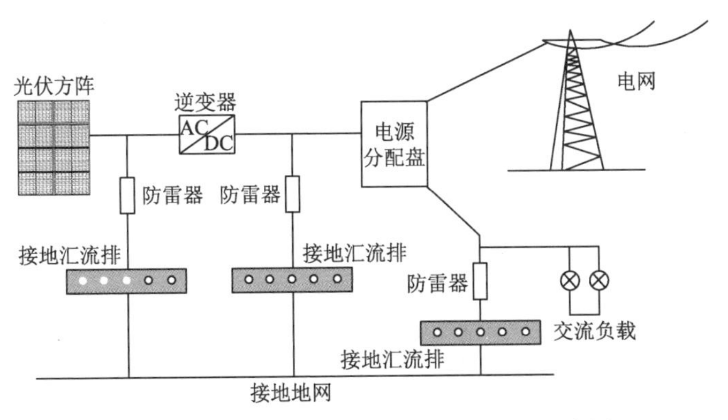

图2-69　并网型光伏发电系统设备防雷示意图

2.9　光伏电站线缆

2.9.1　光伏线缆分类

光伏发电系统线缆有直流线缆及交流线缆，其中组件间串联线缆，及组串间并联为直流线缆占据了一半以上的线缆量，逆变器至并网点使用的均为交流线缆。

1. 直流线缆

光伏发电系统中，直流线缆使用于组件与组件之间的串联线缆；组串之间及其组串至直流配电箱（汇流箱）之间的并联线缆;直流配电箱至逆变器之间线缆。上述线缆均为直流线缆，户外敷设较多，需防潮、防暴晒、耐寒、耐热、抗紫外线，某些特殊的环境下还需防酸碱等化学物质。其中组件与组件之间的连接线缆通常与组件成套供应。

2. 交流线缆

光伏发电系统中，交流线缆使用于逆变器至升压变压器的连接线缆；升压变压器至配电装置的连接线缆；配电装置至电网或用户的连接线缆。此部分线缆为交流负荷线缆，户内环境敷设较多，可按照一般电力线缆选型要求选择。

3. 光伏线缆种类及代号

光伏发电系统线缆种类主要有:光伏专用线缆、动力线缆、控制线缆、通信线缆、射频线缆。线缆产品型号中各部分代号及其含义如表 2-20 所示。

表2-20 线缆型号

符 号	意 义	符 号	意 义	符 号	意 义
A	安装线缆	X	橡胶	P	屏蔽
B	布电线	VZ	阻燃聚氯乙烯	R	软线
K	控制	B	聚丙烯	S	双绞，射（频）
F	氟塑料	V	聚氯乙烯	B	平行（即扁的）
J	交联	L	铝	B	编织套
SB	无线电装置用线	H	橡套	D	不滴流
WDZ	无卤低烟阻燃型	Y	聚乙烯	T	特种
F	分相	ZR	具有阻燃	W	耐气候耐油

（1）光伏专用线缆：PVI−F1 × 4 mm^2

组串到汇流箱的线缆一般用光伏专用线缆 PV1−F 1 × 4 mm^2。

特点：光伏线缆，结构简单，其使用的聚烯烃绝缘材料具有极好的耐热、耐寒、耐油、耐紫外线，可在恶劣的环境条件下使用，具备一定的机械强度。

敷设：可穿管中加以保护，利用组件支架作为线缆敷设的通道和固定，降低环境因素的影响。

（2）动力线缆：ZRC−YJV22

钢带铠装阻燃交联线缆 ZRC−YJV22 广泛应用于汇流箱到直流柜，直流柜到逆变器，逆变器到变压器，变压器到配电装置的连接线缆，配电装置到电网的连接线缆。

光伏发电系统中比较常见的 ZRC−YJV22 线缆标称截面有：2.5 mm^2、4 mm^2、6 mm^2、10 mm^2、16 mm^2、25 mm^2、35 mm^2、50 mm^2、70 mm^2、95 mm^2、120 mm^2、150 mm^2、185 mm^2、240 mm^2、300 mm^2。其特点如下：

① 质地较硬，耐温等级 90 ℃，使用方便，具有介损小、耐化学腐蚀和敷设不受落差限制的特点。

② 具有较高机械强度，耐环境应力好，以及良好的热老化性能和电气性能。

敷设：可直埋，适用于固定敷设，适应不同敷设环境（地下、水中、沟管及隧道）的需要。

（3）动力线缆：NH–VV

NH–VV 铜芯聚氯乙烯绝缘聚氯乙烯护套耐火电力线缆。适合于额定电压 0.6/1 kV。

使用特性：长期允许工作温度为 80 ℃。敷设时允许的弯曲半径：单芯线缆不小于 20 倍线缆外径，多芯线缆不小于 12 倍线缆外径。线缆在敷设时环境温度不低于 0 ℃的条件下，无须预先加热。电压敷设不受落差限制。

敷设：适合于有耐火要求的场合，可敷设在室内、隧道及沟管中。注意不能承受机械外力的作用，可直接埋地敷设。

（4）控制线缆：ZRC–kVVP

ZRC–kVVP 铜芯聚氯乙烯绝缘聚氯乙烯护套编织屏蔽控制线缆，适用于交流额定电压 450/750 V 及以下控制、监控回路及保护线路。

特点：长期允许使用温度为 70 ℃。最小弯曲半径不小于外径的 6 倍。

敷设：一般敷设在室内、线缆沟、管道等要求屏蔽、阻燃的固定场所。

（5）通信线缆：DJYVRP2–22

DJYVRP2–22 聚乙烯绝缘聚氯乙烯护套铜丝编织屏蔽铠装计算机专用软线缆，适用于额定电压 500 V 及以下对于防干扰要求较高的电子计算机和自动化连接线缆。

特点：DJYVRP2–22 线缆具有抗氧化性，绝缘电阻高，耐电压好，介电系数小的特点，在确保使用寿命的同时，还能减少回路间的相互串扰和外部干扰，信号传输质量高。最小弯曲半径不小于线缆外径的 12 倍。

敷设：线缆允许在环境温度 –40 ~ +50 ℃的条件下固定敷设使用。敷设于室内、线缆沟、管道等要求静电屏蔽的场所。

（6）通信线缆：RVVP

铜芯聚氯乙烯绝缘聚氯乙烯护套绝缘屏蔽软线缆 RVVP，又称做电气连接抗干扰软线缆，是适用于报警、安防等需防干扰，安全高效数据传输的通信线缆。

特点：额定工作电压 3.6/6 kV，线缆导线的长期工作温度为 90 ℃，最小允许弯曲半径为线缆外径的 6 倍。主要用来做通信线缆，起到抗干扰的作用。

敷设：RVVP 线缆不能在日光下暴晒，底线芯必须良好接地。如需抑制电气干扰强度的弱电回路通信线缆，敷设于钢制管、盒中。与电力线缆平行敷设时相互间距宜在可能的范围内远离。

（7）射频线缆：SYV

实芯聚乙烯绝缘聚氯乙烯护套射频同轴线缆 SYV。

特点：监控中常用的视频线主要是 SYV75–3 和 SYV75–5 两种。如果要传输视频信号在 200 m 内可以用 SYV75–3，如果在 350 m 范围内就可以用 SYV75–5。

各线缆外观如图 2–70 所示。

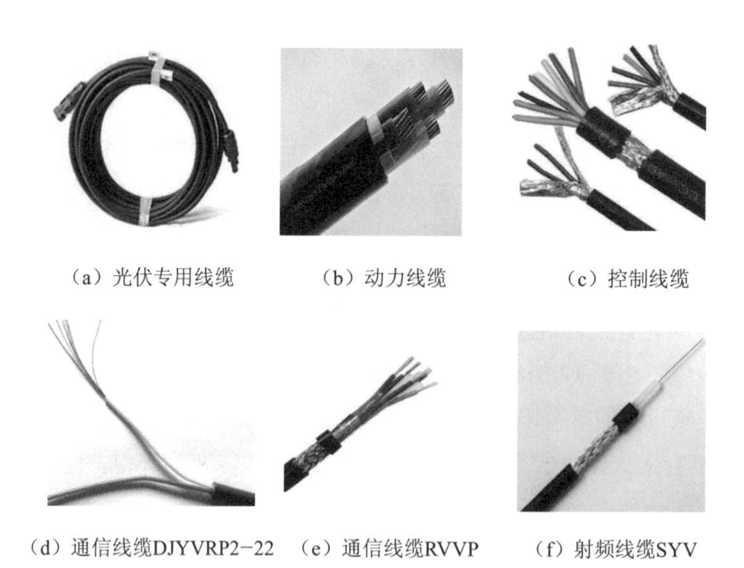

（a）光伏专用线缆　（b）动力线缆　（c）控制线缆

（d）通信线缆DJYVRP2−22　（e）通信线缆RVVP　（f）射频线缆SYV

图2-70　线缆外观

2.9.2　光伏线缆选配考虑因素

光伏发电的线缆选择遵循线缆选择的一般要求，即按照电压等级、满足持续工作允许的电流、短路热稳定性、允许电压降、经济电流密度及敷设环境条件因素等进行选型。同时光伏发电又具有自身的特点，光伏发电系统常常会在恶劣环境条件下使用，如高温、严寒和紫外线辐射。

所以光伏系统中线缆的选择需考虑如下因素：

1. 线缆的绝缘性能

直流回路在运行中常常受到多种不利因素的影响而造成接地，使得系统不能正常运行。如挤压、线缆制造不良、绝缘材料不合格、绝缘性能低、直流系统绝缘老化、存在某些损伤缺陷均可引起接地或成为一种接地隐患。另外，户外环境小动物侵入或撕咬也会造成直流接地故障。

2. 线缆的耐热阻燃性能

光伏电站由于输出高电流、热斑现象或设计不规范等原因，线缆外壳很容易受故障或外部加热燃烧，释放可燃气体，要达到阻燃的目的，必须抑制引起燃烧的三要素，即可燃气体、热量和氧气。因此，光伏阻燃电线线缆一般采用的方法就是在护套材料中添加含有卤素的卤化物和金属氧化物的方法。

从阻燃的角度来评价，这是极好的方法，但是，由于这些材料中含有卤化物，在燃烧时释放大量的烟雾和卤化氢气体，所以，火灾时的能见度低，给人员的安全疏散和消防带来很大的妨碍，而人则更多地为有毒气体窒息致死。所以对线缆的耐热阻燃性能有很高的要求。

3. 线缆的防潮和防光（抗辐射）

光伏发电系统中大量的直流线缆须户外敷设，环境条件恶劣，其线缆材料应根据抗紫外线、臭氧、剧烈温度变化和化学侵蚀情况而定。普通材质线缆在该种环境下长期使用，将导致线缆护套易碎，甚至会分解线缆绝缘层。这些情况会直接损坏线缆系统，同时也会增大线缆短路的风险，从中长期看，发生火灾或人员伤害的可能性也更高，大大影响系统的使用寿命。

4. 线缆的敷设方式

明装、管沟铺设和直埋铺设。

5. 线缆导体的材料（铜芯、铝芯）

线缆导体材料可分为铜芯和铝芯。铜芯线缆具有的抗氧化能力比铝芯线缆要好，寿命长，稳定性能好，压降小和电量损耗小的特点；在施工上由于铜芯柔性好，允许的弯度半径小，所以拐弯方便，穿管容易；而且铜芯抗疲劳、反复折弯不易断裂，所以接线方便；同时铜芯的机械强度高，能承受较大的机械拉力，给施工敷设带来很大便利，也为机械化施工创造了条件。相反铝芯线缆，由于铝材的化学特性，安装接头易出现氧化现象（电化学反应），特别是容易发生蠕变现象，易导致故障的发生。

6. 线缆截面的规格

根据 IEC 287 进行计算，在同等敷设条件下，要想获得同样的载流量，铝芯线缆的截面要大二挡，这样带来线缆敷设通道增大，有可能要采取专用敷设通道，增加投资成本。因此，铜线缆在光伏发电使用中，特别是直埋敷设线缆供电领域，具有突出的优势。

2.9.3 线缆截面计算与选型

线缆截面的选择应满足允许温升、电压损失、机械强度等要求，直流系统线缆按线缆长期允许载流量选择，并按线缆允许压降校验，工程中常采用估算法。

1. 线缆载流量估算口诀1

二点五下乘以九，往上减一顺号走。
三十五乘三点五，双双成组减点五。
条件有变加折算，高温九折铜升级。
穿管根数二三四，八七六折满载流。

本口诀对各种绝缘线（橡皮和塑料绝缘线）的载流量（安全电流）不是直接指出，而是“截面乘上一定的倍数”来表示，通过心算而得。

“二点五下乘以九，往上减一顺号走”说的是 2.5 mm^2 及以下的各种截面铝芯绝缘线，其载流量约为截面数的 9 倍。例如，2.5 mm^2 导线，载流量为 $2.5\times9=22.5$(A)。从 4 mm^2 及以上导线的载流量和截面数的倍数关系是顺着线号往上排，倍数逐次减 1，即 4×8、6×7、10×6、16×5、25×4。

“三十五乘三点五，双双成组减点五”，说的是 35 mm^2 的导线载流量为截面数的 3.5 倍，即 $35\times3.5=122.5$(A)。从 50 mm^2 及以上的导线，其载流量与截面数之间的倍数关系变化。

为两个线号成一组，倍数依次减 0.5，即 50 mm^2、70 mm^2 导线的载流量为截面数的 3 倍；95 mm^2、120 mm^2 导线载流量是其截面积数的 2.5 倍，依次类推如表 2–21 所示。

表2-21 线缆截面尺寸与载流量表

序号	铜芯型号	单心载流量/A（25 ℃）		电压降/（mV/M）	品字型电压降/（mV/M）	紧挨一字型电压降/（mV/M）	间距一字型电降/（mV/M）	两心载流量/A（25 ℃）		电压降/（mV/M）	三心载流量/A（25 ℃）		电压降/（mV/M）	四心载流量/A（25 ℃）		电压降/（mV/M）
					0.95	0.85	0.7									
		VV22	YJV22					VV22	YJV22		VV22	YJV22		VV22	YJV22	
1	1.5 mm²/c	20	25	30.9	26.73	26.73	26.73	16	16		13	18	30.86	13	13	30.86
2	2.5 mm²/c	28	35	18.9	18.9	18.9	18.9	23	35	18.9	18	22	18.9	18	30	18.9
3	4 mm²/c	38	50	11.8	11.76	11.76	11.76	29	45	11.76	24	32	11.76	25	32	11.76
4	6 mm²/c	48	60	7.86	7.86	7.86	7.86	38	58	7.86	32	41	7.86	33	42	7.86
5	10 mm²/c	65	85	4.67	4.04	4.04	4.05	53	82	4.67	45	55	4.67	47	56	4.67
6	16 mm²/c	88	110	2.95	2.55	2.56	2.55	72	111	2.9	61	75	2.6	65	80	2.6
7	25 mm²/c	113	157	1.87	1.62	1.62	1.63	97	145	1.9	85	105	1.6	86	108	1.6
8	35 mm²/c	142	192	1.35	1.17	1.17	1.19	120	180	1.3	105	130	1.2	108	130	1.2
9	50 mm²/c	171	232	1.01	0.87	0.88	0.9	140	220	1	124	155	0.87	137	165	0.87
10	70 mm²/c	218	294	0.71	0.61	0.62	0.65	180	285	0.7	160	205	0.61	176	220	0.61
11	90 mm²/c	265	355	0.52	0.45	0.45	0.5	250	350	0.52	201	248	0.45	217	265	0.45
12	120 mm²/c	305	410	0.43	0.37	0.38	0.42	270	425	0.42	235	292	0.36	253	310	0.36
13	150 mm²/c	355	478	0.36	0.32	0.33	0.37	310	485	0.35	275	343	0.3	290	360	0.3
14	185 mm²/c	410	550	0.3	0.26	0.28	0.33	360	580	0.29	323	400	0.25	333	415	0.25
15	240 mm²/c	490	660	0.25	0.22	0.24	0.29	430	650	0.24	381	480	0.21	400	495	0.21
16	300 mm²/c	560	750	0.22	0.2	0.21	0.28	500	700	0.21	440	540	0.19	467	580	0.19
17	400 mm²/c	650	880	0.2	0.17	0.2	0.26	600	820	0.19						
18	500 mm²/c	750	1 000	0.19	0.16	0.18	0.25									
19	630 mm²/c	880	1 100	0.18	0.15	0.17	0.25									
20	800 mm²/c	1 100	1 300	0.17	0.15	0.17	0.24									
21	1 000 mm²/c	1 300	1 400	0.16	0.14	0.16	0.24									

“条件有变加折算，高温九折铜升级”。上述口诀是铝芯绝缘线、明敷在环境温度 25 ℃的条件下而定的。若铝芯绝缘线明敷在环境温度长期高于 25 ℃的地区，导线载流量可按上述口诀计算方法算出，然后再打九折即可；当使用的不是铝线而是铜芯绝缘线，它的载流量要比同规格铝线略大一些，可按上述口诀方法算出比铝线加大一个线号的载流量。例如，16 mm^2 铜线的载流量，可按 25 mm^2 铝线计算。

导线的载流量与导线截面有关，也与导线的材料、型号、敷设方法以及环境温度等有关，影响的因素较多，计算也较复杂。各种导线的载流量通常可以从手册中查找。但利用口诀再配合一些简单的心算，便可直接算出，不必查表。

2. 线缆载流量估算口诀2

10 下五，100 上二。

25、35，四、三界。

70、95，两倍半。

穿管、温度，八、九折。

裸线加一半。

铜线升级算。

本口诀对各种截面的载流量（A）不是直接指出的，而是用截面乘上一定的倍数来表示。为此将我国常用导线标称截面（mm^2）排列如下：

1、1.5、2.5、4、6、10、16、25、35、50、70、95、120、150、185……

第一句口诀指出铝芯绝缘线载流量（A）可按截面的倍数来计算。口诀中的阿拉伯数码表示导线截面（mm^2），汉字数字表示倍数。把口诀的截面与倍数关系排列起来如表 2–22 所示。由表 2–22 可以看出，倍数随截面的增大而减小。

表2–22　截面与倍数关系表

截面尺寸	1.5～10	16、25	35、50	70、95	120以上
倍数	五倍	四倍	三倍	二倍半	二倍

现在再和口诀对照就更清楚了，口诀“10 下五”是指截面在 10 以下，载流量都是截面数值的五倍。“100 上二”（读百上二）是指截面 100 以上的载流量是截面数值的二倍。截面为 25 与 35 是四倍和三倍的分界处。这就是口诀“25、35，四三界”。而截面 70、95 则为二点五倍。从上面的排列可以看出：除 10 以下及 100 以上之外，中间的导线截面是每两种规格属同一种倍数。

例如，铝芯绝缘线，环境温度为不大于 25 ℃时的载流量的计算：

当截面为 6 mm^2 时，算得载流量为 30 A；

当截面为 150 mm^2 时，算得载流量为 300 A；

当截面为 70 mm^2 时，算得载流量为 175 A。

从上面的排列还可以看出：倍数随截面的增大而减小，在倍数转变的交界处，误差稍大些。例如，截面 25 与 35 是四倍与三倍的分界处，25 属四倍的范围，它按口诀算为 100 A，但按手册为 97 A；而 35 则相反，按口诀算为 105 A，但查表为 117 A。不过这对使用的影响并不大。当然若能“胸中有数”，在选择导线截面时，25 的不让它满到 100 A，35 的则可略为超过 105 A 便更准确。

同样，2.5 mm^2 的导线位置在五倍的始端，实际便不止五倍（最大可达到 20 A 以上），不过为了减少导线内的电能损耗，通常电流都不用到这么大，手册中一般只标 12 A。

后面三句口诀便是对条件改变的处理。“穿管、温度，八、九折”是指：若穿管敷设（包括槽板等敷设即导线加有保护套层，不明露的），计算后，再打八折；若环境温度超过 25 ℃，计算后再打九折，若穿管敷设，温度超过 25 ℃，则打八折后再打九折，或简单按一次打七折计算。

关于环境温度，按规定是指夏天最热月的平均最高温度。实际上，温度是变动的，一般情况下，它影响导线载流并不是很大。因此，只对某些温车间或较热地区超过 25 ℃较多时，才考虑打折扣。

例如，对铝芯绝缘线在不同条件下载流量的计算：当截面为 10 mm^2 穿管时，则载流量为 $10 \times 5 \times 0.8=40$（A）；若为高温，则载流量为 $10 \times 5 \times 0.9=45$（A）；若穿管又高温，则载流量为 $10 \times 5 \times 0.7=35$（A）。

3. 线缆选择与敷设总体要求

（1）光伏发电站线缆选择与敷设，应符合现行国家标准《电力工程线缆设计规范》（GB 50217—2018）的规定，线缆截面应进行技术经济比较后选择确定。

（2）集中敷设与沟道、槽盒中的线缆宜选用 C 类阻燃线缆。

（3）光伏组件之间及组件与汇流箱之间的线缆应有固定措施和防晒措施。

（4）线缆敷设可采用直埋、线缆沟、线缆桥架、线缆线槽等方式，动力线缆和控制线缆宜分开排列。

（5）线缆沟不得作为排水通道。

（6）远距离传输时，网络线缆宜采用光纤线缆。

图 2-71 所示为光伏电站线缆沟敷设方式。

图2-71　线缆沟敷设

2.10 光伏电站监控系统

2.10.1 监控系统结构与布局

1. 光伏并网监控系统的结构设计

光伏并网监控系统主要由现场监控、本地上下位机监控和远程监控三大部分组成。现场监控是通过 LCD 显示屏和应急启停按键实现对设备的监控，每隔一段时间就读取各监控参数的值。下位机主要包括汇流箱、并网逆变器、环境采集仪等设备。本地上位机监控指本地监控计算机、Web 服务器以及部署在上述服务器中的应用软件。远程监控指通过以太网与本地监控服务器相连，电力调度中心的操作人员可以随时随地通过互联网和 IE 浏览器实施远程监控。图 2–72 所示为 10 MW 并网光伏发电系统监视结构设计图。

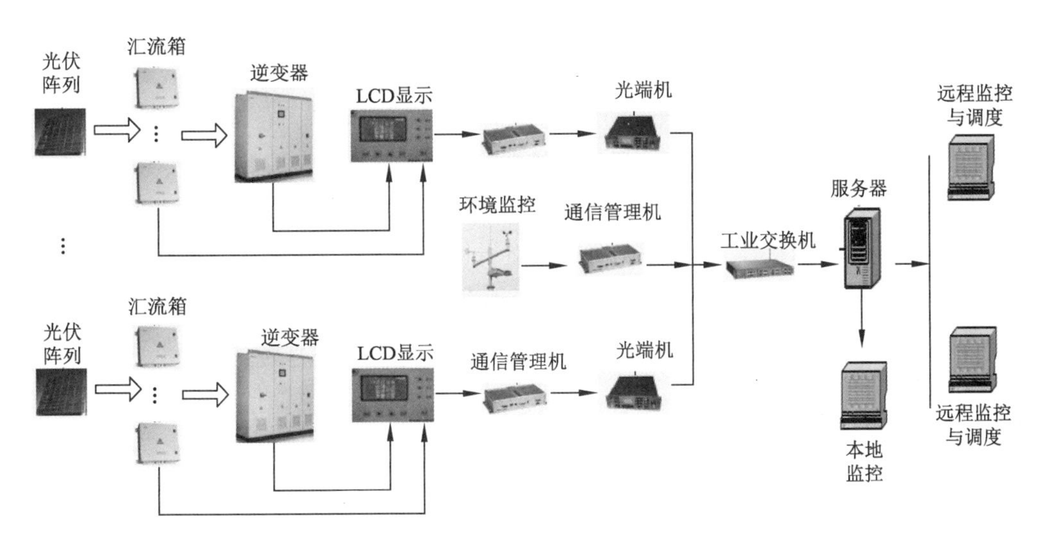

图2–72 10 MW光伏系统监控结构

2. 光伏并网监控系统的功能设计

光伏并网发电系统需要监测的状态量有：电网电压、电网频率、锁相、直流电压、直流电流、驱动电流、驱动电压、设备温度等。当这些状态量都正常时，表明系统是处于正常工作状态。光伏并网发电系统需要采集的数据有：光伏阵列瞬时输出电流、并网各相电压、并网各相电流、系统的启停状态、电网频率、光伏并网系统当日发电量、光伏并网系统累计发电量、风向、风速、日照强度、环境温度，这些数据有的是采集来的原始量，有的是经过原始量计算得来的。

现场监控能够反映受监控设备的实时工作状态和设定的参数，同时可以对设备的启停进行控制，它不仅能实现监测，还可供维修人员操作界面控制现场设备。根据实际需要，现场监控具备以下功能：

（1）数据显示

在现场及时显示电站的运行状况，实时显示光伏阵列的输出电压电流、并网电压电流、

逆变电压电流、并网功率、总功率因数、电网频率、逆变效率、环境温度等。

（2）故障监测

实时监测光伏并网发电站的运行状态，当电站有故障时，监控系统立即发出报警信号，及时通知电站管理人员进行处理。

（3）数据管理

将光伏发电站的运行数据存储起来，当光伏电站发生故障时，可将存储的电站运行数据传送给远程监控中心，方便管理人员进行故障分析，做出相应的处理。此外还包括历史数据存储、数据导出等。

（4）密码管理

操作人员在进行参数设置和起停控制等命令时需输入用户名和密码。

本地监控是在电站的监控室中，监控的功能除了数据显示、故障检测，还包括实时曲线绘制、数据管理、报警信息显示、报表功能等，为设备的状态和工作效率的分析提供有力的数据支持。

上位机监控是在电站的本地监控室中，在本地监控计算机上采用 C/S 模式，实现对各个设备的监控，包括实时显示并统计各直流侧电压电流、瞬时功率、每日发电量、总发电量、CO_2 减排量、故障记录、报警及断路器状态等参数和状态量；实时监测升压变压器和汇流箱的电压、电流及其运行状况；实时监测逆变器的所有运行参数和发电参数，监测其故障信息；可对逆变器进行启停和参数设定等操作，并对各并网逆变器进行入网功率管理控制；可以绘制每天的太阳辐射强度曲线、风速变化曲线、光伏组件发电参数曲线、逆变器的电压－电流曲线、功率－时间曲线；具有参数设置、系统分析、电量累计及打印各类参数曲线的功能；实时监测并显示现场环境的数据，通过环境采集仪可采集气象数据，如环境温度、组件温度、光照强度、风速、雨量等有关数据。

3. 光伏监控系统主要监控内容

（1）升压站的监控

光伏电站数字化监控系统建立在 IEC 61850 通信技术规范基础上，按分层、分布式来实现数字化发电厂内智能电气设备间的信息共享和互操作性。从整体上分为三层：站控层、间隔层、过程层。站控层与间隔层保护测控装置之间以及间隔层与过程层合并器设备之间采用 IEC 61850 通信协议，间隔层与过程层智能接口设备之间采用 GOOSE 通信协议。

站控层是整个并网光伏电站设备监视、测量、控制、管理的中心，通过用屏蔽双绞线、同轴线缆或光缆与升压站控制间隔层及各光伏并网逆变器相连。升压站控制间隔层按照不同的电压等级和电气间隔单元分布在各配电室或主控制室内。在站控层及网络失效的情况下，间隔层（包括逆变器）仍能独立完成间隔层的监测以及断路器的保护控制功能。

计算机监控系统（NCS）的主控站可有两个以上，即一个当地监控主站和一个以上远方调度站，实现就地和远方（电网调度）对光伏电站的监视控制，其控制操作需互相闭锁。

升压站 110 kV 系统采用电子式互感器以及就地智能化开关设备，输出的数字式电流、电压信号直接通过光纤送入电气设备室的各间隔合并单元内，大大提高精度以及避免互相的干扰。

各智能化开关设备接入过程层网络，通过光纤传送断路器机械电气状态信息和分合命令，实现断路器智能控制策略。

110 kV 系统各开关柜上就地安装相应的智能保护测控装置，相关信息通过 10 kV 配电室内的网络交换机接入监控系统。

直流系统、UPS 系统、电度表屏、小电流接地选线装置、备用发电机 ATS 切换装置以及火灾报警系统等公用设备的信息通过通信管理机接入监控系统。

站控层设备包括后台监控主站、微机防误闭锁装量、打印机、GPS 对时装置及网络设备等。间隔层设备由电气设备测控单元、电气微机保护装置通信单元、逆变器控制器、汇流箱组串电流监测器、网络通信单元、网络系统等构成。过程层设备主要由 110 kV 系统以及主变的各就地智能单元构成。

（2）光伏发电单元的监控

根据场地条件，电站工程的光伏发电单元（方阵）采用就地分散布置，同一个单元（方阵）内采用集中布置的方式。每个单元的光伏阵列温度、直流配电箱（汇流箱）组串电流等检测信号须汇集至集中型逆变器。在就地安装的集中型逆变器机柜面板上的 LCD 液晶显示屏上，可以观察到逆变器及光伏发电单元各组串的详细运行状态。各光伏发电单元的运行参数(包括直流输入电压和电流、交流输出电压和电流、功率、电网频率及故障代码和信息等，光伏组件工作温度、区域辐照度、环境温度以及光伏组件串电流等)，通过集中型逆变器的通信控制器，采用以太网或无线传输方式通过相应的通信管理机上传至全站计算机监控系统网络，在升压站主控制室内通过计算机监控系统操作员站实现上述运行参数的监视、报警、历史数据储存，并可在大屏幕上显示。

在全站计算机监控系统操作员站上，可以单独对每台逆变器进行参数设置，可以根据实际的天气情况设置逆变器系统的启动和关断顺序，以使整个发电站运行达到最优性能和最大的发电能力。

4. 监控软件

本地监控软件的功能可以分成以下几个部分：

(1) 启动同时系统自检，显示制造商的相关信息。登录后，主界面上显示电站的主要运行参数、窗口信息等。

(2) 作为本地监控计算机，主要面向的是维护人员。维护人员能够修改控制参数，能够对比修改控制参数后运行参数的理论值和电站的实际值。为了让维护人员更加方便快捷地调试，在主界面和调试界面给出了主要的运行参数值。

(3) 由于用户误操作修改控制参数会导致光伏电站设备发生故障，为了避免这种情况，需要设置系统的管理权限。另外，在未登录的情况下，是不能查看系统信息和用户参数等电站内部信息的。

(4) 监控系统的实时曲线界面是比较重要的界面，要求可以实时显示光伏电站的运行参数及环境参数，如并网三相电压电流、环境温度、并网功率等。

(5) 能够记录电站的历史运行参数，并能够选择曲线类型和时间，以备以后统计分析。

(6) 对于故障信息、报警信号能够及时以图像和声音的形式显示在本地监控计算机上。

本地监控软件功能如图 2-73 所示。

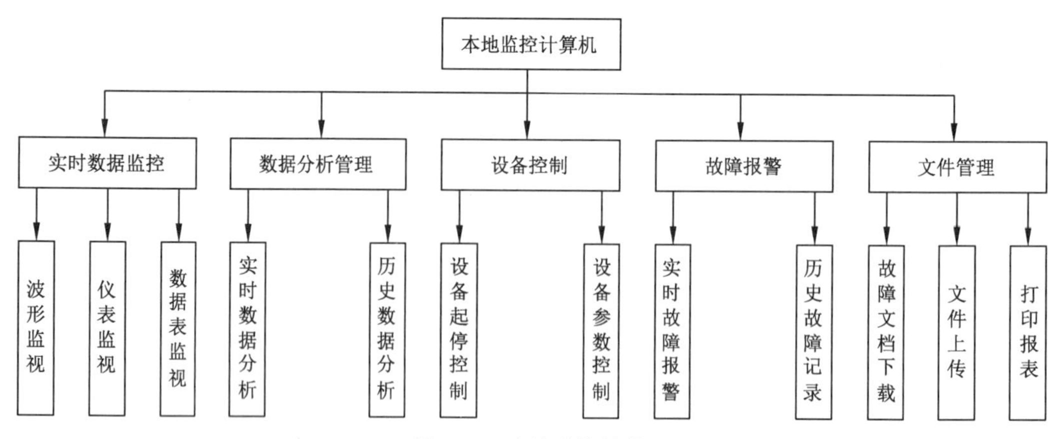

图2-73　本地监控软件

远程监控部分还融入了企业管理的理念，具有密码保护、用户权限分级的功能，加入人员岗位工资管理模块和效益管理功能模块等，更方便电站的管理，为电站的高层管理人员提供所需信息，使高层管理人员随时随地对自己所应负责的各种计划、监测和控制活动等做出及时、有效的决策。

5. 远程监控系统实现方式

目前，远程监控系统有三种常见的实现方式，分别是：

(1) 通过 485 总线进行数据采集后，与本地主控计算机直接通信，本地主控计算机又接入互联网，从而实现异地的监控。

(2) 将采集到的数据通过 Modem 的调制作用变为模拟信号，在公用电话网上传输，异地接收，再通过 Modem 的解调作用将模拟信号变为数字信号，使异地计算机能够对数据进行识别处理。

(3) 利用 GSM/GPRS 的无线远程监控系统，通过申请移动通信 GSM/GPRS 的数据通信业务完成数据的传输，从而实现对光伏电站的远程监控。

2.10.2　监控设备选型与配置

1. 现场监控设备选型与配置

现场监控是通过 LCD 显示屏和应急启停按键实现对设备的监控，每隔一段时间就读取各监控参数的值。

现场监控就是在现场设备逆变器上装有人性化的 LCD 人机界面，实现对现场故障应急启停控制，并可实时显示各项运行数据、故障数据、一定时间内的历史故障数据、总发电量数据和一定时间内的历史发电量数据等，使现场巡查人员方便、及时掌握该设备的整体信息。在光伏发电系统中，现场监控一般集成在逆变器中。

现场监控设备的选型与配置主要对逆变器显示功能的选配。

对于现场监控显示屏主界面上显示信息包括运行信息、故障记录、启停控制和参量设置。运行信息中显示电网电压、并网电流、输出功率、电网频率、机内温度、当天发电量、月发电量、年发电量、总发电量、运行时间等信息。图 2–74 所示为逆变器显示情况。

例如，现场监控选择液晶显示器，它是一款带中文字库的图形点阵模块，采用动态驱动方式驱动 128 × 64 点阵显示。模块组件内部主要由显示屏、驱动器（SEGMENT DRIVER）和负压产生电路构成。它显示该逆变器出现故障的频率、次数和内容，操作简易。

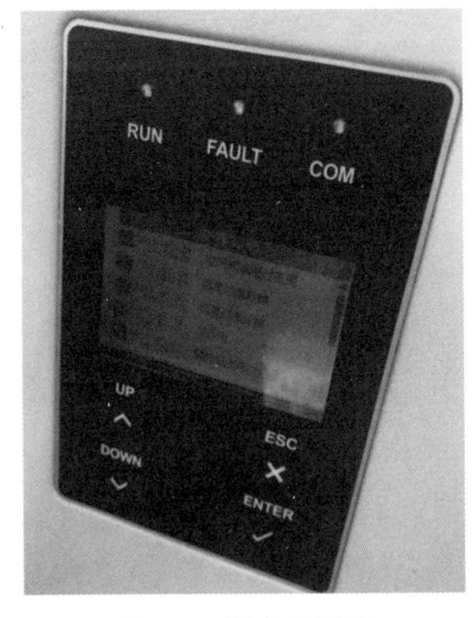

图2–74 逆变器显示

2. 下位机设备选型与配置

光伏监控系统下位机主要包括汇流箱、并网逆变器、环境采集仪等设备。

（1）下位机汇流箱选配

在光伏发电系统中，汇流箱主要实现光伏组件串、并联的汇流功能。为了较好地识别光伏电站的运行情况，需要对每组光伏阵列的输出电压、电流进行数据采集和检测。所以智能汇流箱必须包含数据采集及显示功能。图 2–75 所示为智能汇流箱的数据采集监控模块。

下位机汇流箱要具备如下技术特点：

① 具有每路电流监控，电流检测范围：0.1 ～ 15 A。

② 具有电流状态显示，显示每支路实际电流值，电流值需精确至小数点后 1 位。

③ 具有电压监控，电压检测范围：DC50 ～ DC1 200 V。

④ 具有电压状态显示，所测电压值需精确至个位。

⑤ 具有 485 通信功能，可采用具有 Modbus 的通信协议。

⑥ 具有下位机地址设置，可采用 8421 码编码开关设置，可设置 1 ～ 254 组网地址。

⑦ 具有通信波特率设置。

（2）环境监测仪

在光伏电站内配置一套环境监测仪，实时监测日照强度、风速、风向、温度等参数。该装置由风速传感器、风向传感器、日照辐射表、测温探头、控制盒及支架组成。可测量环境温度、风速、风向和辐射强度等参量，其通信接口可接入并网监控装置的监测系统，实时记录环境数据。图 2–76 所示为环境监测仪。

（3）光伏阵列温度测量仪

光伏阵列温度测量仪主要实现光伏组件温度检测，采集的基础数据为温度，通信接口可接入并网监控装置的监测系统，实时记录环境数据。图 2–77 所示为光伏阵列温度测量仪。

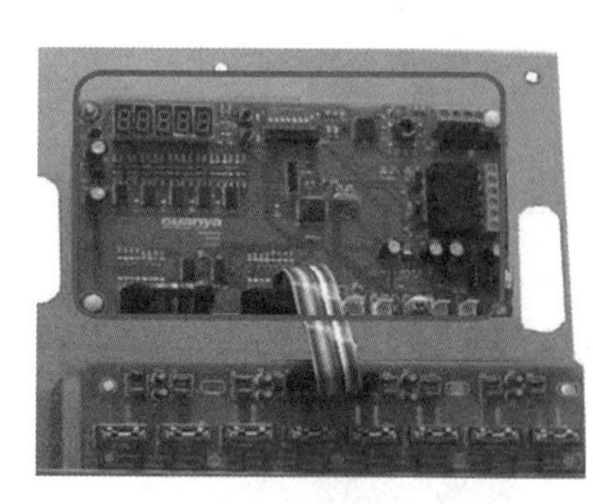

图2-75　汇流箱采集监控模块

图2-76　环境监测仪图

图2-77　温度测量仪

（4）视频监控仪

视频监控仪主要实现光伏电站站区的监测和控制，采集的基础数据为影像，控制内容云台的放大、缩小、转向，枪机放大、缩小。通信接口可接入并网监控装置的监测系统，实时记录站区图像数据。

（5）其他下位机功能要求说明

表2–23所示为直流配电柜监控、交流配电柜监控、升压变压器监控参数指标要求。

表2–23　监控指标

序　号	部　件	要　求
1	直流配电柜	① 进线相电压 ② 进线相电流 ③ 母线开关状态 ④ 防雷器状态 ⑤ 支路电流等
2	交流配电柜监控	① 光伏发电总输出有功功率、无功功率 ② 功率因数、电压、电流 ③ 断路器故障信息、防雷器状态信息等
3	升压变压器监控	① 高压保护动作信号、保护装置故障信号 ② 变压器重瓦斯跳闸 ③ 超温跳闸、变压器油温高报警信号 ④ 压力释放掉闸信号 ⑤ 低压电源控制信号 ⑥ 断路器故障跳闸信号 ⑦ 熔断器熔断信号 ⑧ 负载开关合闸信号、负载开关分闸信号 ⑨ 接地刀位置等

3. 上位机设备选型与配置

本地上位机监控指本地监控计算机、Web服务器以及部署在上述服务器中的应用软件。

（1）计算机监控系统的控制功能

计算机监控系统的控制功能覆盖范围包括光伏发电单元和升压站系统，其监控功能主要包括以下几点：

① 数据采集与显示光伏阵列、并网逆变器和升压站运行的实时数据和设备运行状态，并通过当地或远方的显示器以数据和画面反映运行工况。

② 通过安全监视功能对采集的模拟量、状态量及保护信息进行自动监视，当被测量越限、保护动作、非正常状变化、设备异常时，能及时在当地或远方发出音响，推出报警画面，显示异常区域。事故信息应可存储和打印记录，供事后分析故障原因使用。

③ 事件顺序记录功能。当光伏电站系统或设备发生故障时，应对异常状态变化的时间顺序自动记录、存储、远传，事件记录分辨率应小于 1 ms。

④ 电能计算。可实现有功和无功电度的计算和电度量分时统计、运行参数的统计分析。

⑤ 控制操作。可实现对升压站断路器的合、跳控制，主变中性点隔离开关的拉合控制，并具有防误操作功能及主变有载调压开关的升压、降压、急停控制功能。可以单独对每台光伏并网逆变器进行参数以及启停设置。

⑥ 与保护装置遥信、交换数据。向升压站保护装置发出对时、召唤数据的命令，传送新的保护定值；保护装置向监控系统报告保护动作参数（动作时间、动作性质、动作值、动作名称等）。

（2）监控应用软件

① 前台人机交互界面。设计适合客户要求的交互界面；标准图元库，方便调用组合；实时数据采集和显示；数据信息的自动逻辑计算和处理；设备参数远程更改设定；合、分闸状态显示和强制操作。

② 曲线及报表管理设置。客户要求的电参量的趋势曲线；正反向有功和无功电度的历史趋势；设计满足客户需求的各种报表；自动生成电能计量的日、月、年报表；可根据常用的 MS Excel 设置模板并生成相应报表，使用户轻松使用；查询任意时刻报表、显示并打印。

③ 后台数据库管理。应用广泛的数据库软件如Access、MSSQL 建立开放式、网络化数据库；存储指定年限或所有的数据信息；软件系统实现的动态链接库；实时数据信息更新安全可靠；支持 C/S、B/S 方式，实现数据远传。

④ 多级权限用户管理。密码登录后台，保证设置安全；高权限对低权限管理，分级操作，各权限均具修改密码功能。

⑤ 通信管理设置。各串口自主配置，操作方便；不同设备的通信协议选择；通信波特率自主选择；系统根据选择结果自动对该前置机某端口所连各设备进行统一的遥控配置。

⑥ 网络功能。网络功能支持双机热备功能（使用互为备份的两台服务器共同执行同一服务），支持双机、双网、双设备工作等，并采用热备份的形式确保系统稳定可靠的运行，配置简单、方便。网络上任意一台机器可指定为 I/O 服务器（即前置机），网络上的其他机器可方便地从该机器上获取数据。图 2–78 所示为低压配电室电能报表，图 2–79 所示为变压器进线柜报表。

（3）控制室布置与配置

① 主控制室区域的布置。主控制室布置在升压站区域的配电室的建筑内，主控制室面积按需酌定。控制室侧还布置有电气设备室、通信室、交接班休息室等。其中，主控制室内布置有计算机监控系统操作员站、记录打印机、大屏幕显示器、全站工业电视屏幕显示器、火灾报警控制盘和围墙安防系统报警控制盘等。具体布置由设计单位提供“主控室及电气设备

室平面图”。

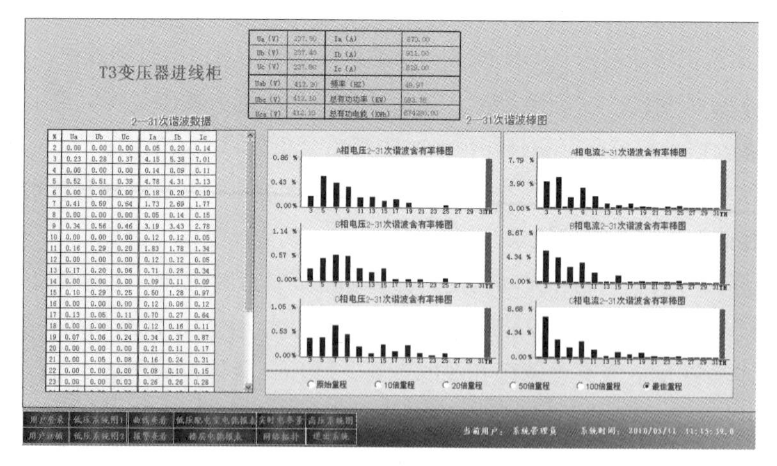

图2-78　低压配电室电能报表

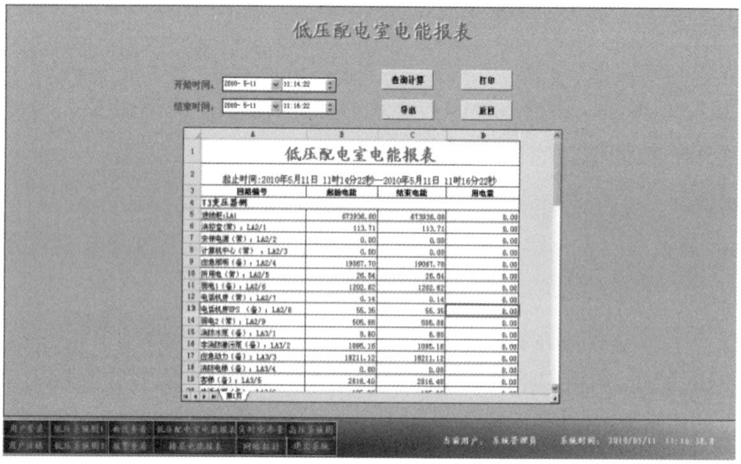

图2-79　变压器进线柜报表

② 主控制室及电气设备室室内布置。主控制室内操作台可采用直线布置方式，操作台上设有多台彩色显示器，分辨率应大于 1 280×1 024 像素，分别作为操作员站（主／从）、五防工作站、远动工作站、闭路电视及围墙防盗系统显示终端使用。主控制室内可设置多块壁挂式大屏幕显示器，分别作为监控系统和闭路电视系统的一部分，用来显示光伏发电单元的主要运行数据或其他需要监视的画面。

电气设备室室内布置有网络设备机柜、主变保护测控机柜、高压线路保护测控屏、高压母线保护屏、蓄电池装置、馈线屏、UPS 电源及闭路电视机柜等综合自动化设备。

（4）线缆主通道

汇流箱内的组串电流监测装置的通信线缆通过各汇流箱之间串接后最终接至逆变器；光伏组件下方的温度信号线缆沿支架敷设、光伏组件之间采用穿管敷设方式，最终沿光伏方阵外的线缆桥架进入逆变器；各逆变器室至升压站的通信线缆沿线缆桥架敷设。

主控制室、电气设备室和通信机房均采用防静电地板层，与通向升压站配电装置的线缆沟相连。

（5）控制室上位机设备选型

上位机系统及主要设备位于控制室内。表 2–24 所示为某个 100 MW 光伏电站控制室及上位机设备选型表。

表2–24　控制室上位机设备

<table>
<tr><th>名　称</th><th colspan="2">型　号</th><th>单　位</th><th>备　注</th></tr>
<tr><td>监控主机</td><td colspan="2">IPC610H/PIV2.8G/1G/120G/166x DVD/KB+MS/D–Link530+外设</td><td>台</td><td rowspan="11"></td></tr>
<tr><td rowspan="2">显示器</td><td colspan="2">三星19寸液晶显示器</td><td>台</td></tr>
<tr><td colspan="2">三星22寸液晶显示器</td><td>台</td></tr>
<tr><td rowspan="2">打印机</td><td colspan="2">HP LaserJet 1020 A4</td><td>台</td></tr>
<tr><td colspan="2">EPSON–LQ1600KIIIH A3</td><td>台</td></tr>
<tr><td rowspan="2">UPS电源</td><td colspan="2">山特C1KS</td><td>台</td></tr>
<tr><td colspan="2">山特C2KS</td><td>台</td></tr>
<tr><td rowspan="3">通信线缆</td><td colspan="2">五类线</td><td>米</td></tr>
<tr><td colspan="2">屏蔽双绞线RVVP 2×1.0</td><td>米</td></tr>
<tr><td colspan="2">光纤（多模）</td><td>米</td></tr>
<tr><td rowspan="2">通信机柜</td><td colspan="2">1 200×600×600</td><td>面</td></tr>
<tr><td colspan="2">2 200×600×600</td><td>面</td></tr>
<tr><td rowspan="5">光电转换</td><td colspan="2">HTB–1000</td><td>只</td><td rowspan="5">远距离传输</td></tr>
<tr><td colspan="2">终端盒</td><td>只</td></tr>
<tr><td colspan="2">尾纤</td><td>面</td></tr>
<tr><td colspan="2">耦合器</td><td>面</td></tr>
<tr><td colspan="2">熔接点</td><td>个</td></tr>
<tr><td rowspan="7">通信转换</td><td colspan="2">扩展卡ACRNET–PCI/4</td><td>块</td><td>扩展卡</td></tr>
<tr><td colspan="2">串口服务器ACRNET–PORT(2口)</td><td>只</td><td rowspan="2">串口服务器</td></tr>
<tr><td colspan="2">串口服务器ACRNET–PORT(4口)</td><td>只</td></tr>
<tr><td colspan="2">通信前置机ACRNET–UC02(2口)</td><td>只</td><td rowspan="3">通信前置机</td></tr>
<tr><td colspan="2">通信前置机ACRNET–UC04(4口)</td><td>只</td></tr>
<tr><td colspan="2">通信前置机ACRNET–UC08(8口)</td><td>只</td></tr>
<tr><td colspan="2">通信管理机ACRHMI</td><td>台</td><td>人机界面</td></tr>
<tr><td rowspan="2">组网设备</td><td colspan="2">网络交换机EDS–208</td><td>台</td><td rowspan="2">局域组网</td></tr>
<tr><td colspan="2">网络交换机EDS–408</td><td>台</td></tr>
<tr><td rowspan="8">监控软件</td><td rowspan="5">Acrel监控组态软件V6.0</td><td rowspan="5">系统组态软件
图形组态软件
电能管理软件
数据库软件</td><td rowspan="5">套</td><td>设备数量1～10</td></tr>
<tr><td>设备数量11～20</td></tr>
<tr><td>设备数量21～40</td></tr>
<tr><td>设备数量41～80</td></tr>
<tr><td>设备数量80以上</td></tr>
<tr><td>双机版</td><td></td><td>套</td><td></td></tr>
<tr><td>数据转发</td><td>每+1用户</td><td>套</td><td></td></tr>
<tr><td>Web发布</td><td>每+1用户（总用户数≤5）</td><td>套</td><td></td></tr>
</table>

续表

名　称	型　号	单　位	备　注
电力仪表	ACR330ELH	台	
	ACR220ELH	台	
	ACR120ELH	台	
导轨式安装电表	DTSD1352	台	
	DTSF1352	台	
	DDSF1352	台	

2.10.3　自动监控系统辅助设备

1. 电源

（1）直流系统

站内应设置免维护铅酸蓄电池成套直流电源系统。该直流系统能对计算机监控系统、断路器、通信设备及事故照明提供可靠的直流电源。该套直流装置由免维护蓄电池、直流馈线屏、充电设备等装置组成。充电设备能够自动根据蓄电池的放电容量进行浮充电、均衡充电，并且能长期稳定运行。该直流系统装置布置在主控制室内，并采用通信方式在计算机监控系统中进行监控。

（2）交流不停电电源

本工程全站拟装设一套交流不停电电源，向监控主机、五防主机、网络设备、火灾报警系统、闭路电视系统等设备提供交流工作电源。

2. 火灾报警系统

可考虑在 10 kV/110 kV 升压站区域及各逆变器室设置一套小型火灾报警系统，包括探测装置（点式或缆式探测器、手动报警器）、集中报警装置、电源装置和联动信号装置等。其集中报警装置布置在升压站主控制室内，探测点直接汇接至集中报警装置上。

在 10 kV/110 kV 升压站区域内设备和房间及各逆变器室发生火警后，集中报警装置立即发出声光信号，并记录下火警地址和时间，经确认后可人工启动相应的消防设施组织灭火。拟采用联动控制方式对升压站内主控室、配电室的通风机、空调等进行联动控制，并监控其反馈信号。

3. 闭路电视和围墙安防系统及其主要功能

（1）闭路电视和围墙安防系统

根据大型并网光伏电站占地面积大、布置分散、站区边界范围广等特点，可在升压站、光伏阵列、逆变器场地等重要部位和围墙等处设置闭路电视监视点，根据不同监视对象的范围或特点选用定焦或变焦监视镜头；并在站区围墙处设置对射式红外报警围墙安防系统。各闭路电视监视点的视频信号通过图像宽带网，将视频信号处理、分配、传送至主控室内的监视器终端，并联网组成一个统一的覆盖本工程范围的闭路电视监视系统，并预留以后扩建工程的接口。

设置的红外报警围墙安防系统可与闭路电视监视系统实现报警联动：当围墙安防系统报警时，主控室的闭路电视监视器终端将自动切换为报警位置或区域的监视图像，并实现声响报警同时显示报警位置的名称。

（2）闭路电视系统主要功能

光伏电站设置的闭路电视系统中，通过编程，可实现如下主要功能：

① 系统正常巡视。

② 分割画面监视。

③ 报警监视。

④ 可实现对整个流程的自动化、智能化跟踪等。

各监视器均可按预先设定的程序，成组或单独自动巡视各监视点；或手动定点监视各重要部位，系统预留控制接口，可接收 NCS 系统控制信号，实现系统运行自动切换、跟踪并提供输出接口以驱动长延时录像机等设备。

（3）围墙安防报警系统主要功能

围墙安防报警系统通过红外线对射探测方式监控，防止无关人员的进入，以确保设备安全。当主控室收到主动红外对射报警时，可确定报警位置，并通过安装在附近的闭路电视摄像头观测报警情况，判断是否为误报和确认报警区域的现场状况，实现报警点的定位、跟踪和确认。

2.11 光伏电站继电保护和自动控制系统

2.11.1 继电保护概念

1. 继电保护

（1）基本任务

当电力系统发送故障时，自动地、迅速准确将故障设备从电力系统中切除，减少对故障设备的损坏，保证其余部分快速恢复，确保电力系统安全；当发生不正常工作情况时，发送警告信号或者经过一定的延时切除相关继续运行会引起故障的电气设备。

（2）继电保护装置

当电力系统中电器元件（如发电机、线路等）或电力系统本身发生故障危及电力系统安全运行时，能够向运行值班人员及时发送出警告信号，或者直接向所控的断路器发出跳闸命令来终止事件发展的一种自动化措施和设备。

（3）继电保护分类

继电保护主要有线路保护、母线保护、变压器保护、后备保护、差动保护、电压保护、接地变保护、备自投保护、常规过流、速断、零序保护等。

2. 继电保护的保护原则

分布式电源接入配电网时，配电网的继电保护要满足“可靠性、选择性、灵敏性、速动性”的要求，在规划设计阶段充分考虑继电保护适应新要求。

（1）可靠性

可靠性指须动作时不拒动，不须要动作时不误动，这是继电保护装置正确工作的基础。保护装置的无动作是造成正常情况下停电、事故情况下扩大事故的直接根源。

影响可靠性的因素有内因和外因：内因是装置本身质量，包括元件好坏、结构设计的合理性、制造工艺水平、内外接线简明、触点多少等；外因是运维水平、调试是否正确等。

（2）选择性

可以通过正确的整定电气量的动作值和上下级保护时限来达到互相配合。实现在电力系统发生故障时，保护装置选择性将故障元件切除，而使非故障元件仍能正常运行，以缩小故障范围。

（3）灵敏性

灵敏性指继电保护对其保护范围内故障的反应能力。要求保护装置处于良好状态，随时准备动作。

（4）速动性

快速切除故障，可以把故障部分控制在尽可能轻微的状态，减少系统电压因短路故障而降低的时间，提高电力系统运行的稳定性，减少故障元件的损坏程度，避免故障进一步扩大。

在设计变、配电站选择开关电器和确定继电保护装置整定值时，根据电力系统不同运行方式下的短路电流值来计算和校验所选用电器的稳定度和继电保护装置的灵敏度。

最大运行方式：系统具有最小的短路阻抗值，发生短路后产生的短路电流最大的一种运行方式。一般根据系统最大运行方式的短路电流值来校验所选的开关电气的稳定性。

最小运行方式：系统具有最大的短路阻抗值，发生短路后产生的短路电流最小的一种运行方式。一般根据系统最小运行方式的短路电流值来校验继电保护装置的灵敏度。

上述四个基本要求是分析研究继电保护性能的基础，它们之间既有统一的一面，又有在一定条件下矛盾的一面。

继电保护的四性在整定计算中非常重要，在制定保护系统方案中常常很难同时满足四个基本要求，整定计算工作很重要的一部分就是对四性进行统一协调。

① 可靠性和选择性、灵敏性、速动性存在矛盾，例如，保护装置的环节越少、回路越简单，可靠性越高。但简单的保护很难满足选择性、快速性、灵敏性的要求。

② 选择性与灵敏性存在矛盾，例如，对电流保护、提高整定值可以保证选择性，降低整定值才能保证灵敏性，尤其是大、小方式相差较大时，很难同时满足二者的要求。

③ 选择性和速动性存在矛盾，时间越长越容易保证选择性，但无法满足速动性要求。

2.11.2 光伏电站继电保护

光伏发电系统等分布式电源的并网，使配电系统从单系放射状网络变为分布有中、小型系统的有源网络，改变系统的潮流分布，使得原来电网中继电保护中短路电流增大、电流方向改变，易导致短路故障时可能引起保护的误动或拒动，进而影响配电网继电保护的合理性，对配电系统的继电保护造成影响。

并网光伏发电主要对电网继电保护造成了三方面的影响。第一，影响电流保护；运行灵活多变的并网光伏发电无法与灵敏度高、速度快的传统电网保护相兼容，一旦接入系统的光伏电站容量足够大时，原有继电保护设备的运转将会受到影响。光伏电源既能助长故障电流，又能使其分流，这就会影响流经保护装置的故障电流，一旦故障电流的大小发生改变，那么继电保护装置的保护范围、灵敏程度及配合度都会被影响。第二，影响自动重合闸；若光伏系统未解列，继电保护出现故障导致跳闸就会形成电力孤岛，虽然电力孤岛能够使功率和电压在额定值内运行，但仍然会影响自动重合闸。第三，影响变电站备用电源自投装置；一般情况下，在双电源供电系统中，若主供线路跳闸，10 kV 母线和 110 kV 母线因孤岛效应依然带有电压，这使得备用电源自投装置无法达到检验母线无压的条件，因此备用线路不会运行，这会使地区负荷在较长一段时间内失去电压，并对非同期合闸造成影响。

1. 110 kV 系统保护

接入系统采用架空线路由光伏电站接入系统，线路的保护配置应符合电力公司《光伏电站接入系统设计报告评审意见》的批复要求。为保证系统稳定和电站的安全，并网线路保护应能快速切除本线故障，线路保护应配置一套全线速动保护作为主保护。其后备保护采用远后备方式，可装设阶段式相间和接地距离保护，并辅之用于切除经电阻接地故障的一段零序电流保护。根据光伏电站接入电网相关规定，光伏电站的 110 kV 专用并网线路配置一套光纤纵联电流差动保护装置，保护装置除光纤纵联电流差动主保护外还应具备阶段式相间和接地距离保护、零序电流保护作为后备保护及重合闸。

为能快速切除光伏电站 110 kV 母线故障，110 kV 母线需配置一套母线差动保护。

为保证电站与系统的安全稳定，光伏电站 110 kV 并网线应配置一套低周低压解列装置，当系统故障导致低周低压时将电站与系统解开。

主变压器作为光伏电站传递电能的主要设备之一，应配置反映各类故障及异常运行状态的异常。

（1）纵联差动保护

作为主变压器内部及引出线短路故障的主保护；保护装置应具有躲避励磁涌流和外部短路时所产生的不平衡电流的能力；纵联差动保护均瞬时动作于主变两侧断路器跳闸。

（2）高压侧复合电压起动过流

作为当外部相间短路引起的过电流保护，同时作为变压器的后备保护；保护延时动作于主变两侧断路器跳闸。

（3）零序电流保护

作为主变压器高压侧及 110 kV 线路单相接地故障的后备保护；保护延时动作于主变压器两侧断路器跳闸。

（4）间隙零序电流保护

当电力网单相接地且失去中性点时，间隙零序电流瞬时动作于主变压器两侧断路器跳闸。

（5）主变过负荷

用于变压器过负荷发报警信号。

（6）瓦斯保护

主变本体和有载调压开关均设有该保护，轻瓦斯动作发信号，重瓦斯瞬间动作与主变两侧断路器跳闸。

（7）主变压力释放保护

保护瞬间动作于主变两侧断路器跳闸。

（8）温度保护

温度超过规定值时动作于主变压器两侧断路器跳闸，温度高但未超过规定值动作于信号。

110 kV 线路、主变压器、母线的继电保护应参照《继电保护和安全自动装置技术规程》(GB 14285—2016）进行配置。

2. 35 kV系统保护

为了保证 35 kV 母线故障时保护的选择性和灵敏性、简化 35 kV 各元件保护配合，35 kV 母线作为多电源母线应配置母差保护。

35 kV 集电线路应配置电流速断、过电流保护、单相接地保护。保护应对集电线路的单相故障应快速切除，快速段应对线路末端有灵敏度。在进行保护整定时，过电流保护要与箱变保护用高压限流全范围熔断器的熔断曲线相配合。

站用及备用变压器均配置电流速断、过电流保护、过负荷保护、无功补偿装置保护装置，由于无功补偿装置成套产品本身具有失压、过压、过流等保护功能。在其电源侧只需设置电流速断、过流保护、接地保护，作为连接线缆的相间和接地故障时的保护及 SVG 装置变压器的后备保护。根据《电力系统安全稳定导则》(DL775—2001) 要求，110 kV 及以下变电站，电容补偿量应按主变容量的 15% ~ 25% 配置。 SVG 降压变压器容量较大，如果 SVG 装置本身保护功能不能保护降压变压器，则需增加变压器差动保护，保护 SVG 降压变压器，接地变的电源侧设置电流速断、过流保护作为接地变压器内部相间故障时的主保护和后备保护。接地变的中性点上还应装设零序电流保护，作为接地变的单相接地故障的主保护和系统各元件的总后备保护。

含有光伏电源的馈线发生短路故障时，保护不需要跳开馈线上的所有分布式电源，而是通过修改保护定值或加装设备实现电力孤岛或微电网运行。

3. 并网光伏电站继电保护改善措施

（1）并网光伏电站线路保护原则

当光伏电源连接到公用电网使用 380/220 V 时，公共连接点和并联电源之间的断路器应当能够在短路时迅速离断，若碰到低压状况则实施闭锁，在失压情况时及时跳闸保护，及具有延时保护等功能。如果电压等级为 35/10 kV，光伏电源应使用“T”连接访问用户分配网络，并采用专线连接到用户变电站。

（2）并网光伏电站母线保护原则

向母线系统接入光伏电源时，可根据光伏电源本身是否自带母线决定有没有必要设专用的母线保护。校验系统侧变电站和开关站侧的母线保护之后，如果二者不符合要求，那么应配置保护装置，确保母线出现的故障能够迅速被切除。

（3）并网光伏电站同期装置保护原则

同步装置的配置在设计并网光伏电站接入时应为分布式电源。但如果分布式电源通过同步电动机，与并网光伏电站的配电网直接相连接，则应设置同期装置进行保护；如果为变流器类型，则不需要使用同期装置。

（4）并网光伏电站安全自动装置保护原则

当分布式电源接入 35/10 kV 电压等级系统时，连接到并网光伏电站配电网的电源必须配备有安全自动装置，使得在紧急发生电压异常等情况时能够及时对并网光伏电站进行控制，并跳开断路器，减少风险。但如果分布式电源接入 380/220 V 电压时，则不需要配备单独的安全自动装置进行保护。

4. 分布式光伏并网对配电网继电保护影响的改善措施

（1）完善技术标准与规范

针对光伏电站并网，需要对其技术标准和相关规范进行全面完善，电力企业要结合光伏发电的技术参数、控制功能、运行特点和抗干扰性能进行综合分析，从而确定光伏电站并网的规模大小、接线结构、布设数量等，同时，对电能质量、无功配置、电压等级等进行科学设定，使得光伏电站的并网操作有据可循。此外，对于光伏电站，还要加强无功补偿装置和无功发生器的改进和完善，提升分布式光伏发电系统运行的规范性和标准性，减少对配电网原有运行状态的影响。

（2）加强并网检测和运行评估

在光伏电站接入配电网后，电力企业要根据相关文件积极开展配电网和光伏电网的安全检测工作，严格根据《分布式电源接入电网安全规定》执行对光伏电站的验电和故障排除工作。在实际工作中，电力企业要加强对光伏电站主要性能的重点检测，例如，低电压穿越、电网适应性、有功功率输出特性、SVG 性能、电能质量等方面的检测。同时根据接入配电网的技术规定，做好光伏电站接入设备的验收和评估工作，主要从以下几个方面开展评估实验：光功率预测系统建设和预测能力、全站涉网保护定值与低电压穿越的逻辑关系和低电压穿越能力等。

（3）加强无功补偿研究

一方面，要针对自动电压控制（Automatic Voltage Control，AVC）和无功设备容量进行全面研究和设置，使得光伏电站并网后能够与配电网形成统一的无功控制系统，同时要对电容和电抗器等无功设备之间进行协调控制；另一方面，有效利用光伏电站对配电网的无功配置能力，可以与相关科研单位和设备制造厂家进行深入研究，充分发掘光伏发电中的无功调节能力，确保配网的区域电压能够稳定，使得整个电力系统的输配电质量获得进一步提升。

2.11.3 综合自动控制系统

专线接入时，分布式光伏发电系统采用专用线路接入变电站或开关站 10 kV 母线，此时

需在变电站或开关站侧单侧配置方向过流保护或距离保护；有特殊要求时，可配置纵联电流差动保护。分布式光伏发电采用T接线路接入系统时，需在分布式光伏发电系统侧配置过流保护。

分布式光伏发电系统逆变器应具备快速检测孤岛且检测到孤岛后立即断开与电网连接的能力，其防孤岛方案应与继电保护配置、频率电压异常紧急控制装置配置和低电压穿越等相配合，时限上互相匹配。

接入用户内部电网后经专线（或T接）接入10 kV公共电网并网，公共连接点（用户进线开关）应装设防逆流保护装置。

并网接口装置可实现失压跳闸及低压闭锁合闸功能，可以按UN实现解列。

有计划性孤岛要求下，并网接口装置在孤岛内出现电压、频率异常时，可对发电系统进行控制。

光伏电站的继电保护的配置与该电站的容量有关，一般情况下分为35 kV电压等级和110 kV电压等级，对于30 MW及其以下，一般不设立主变，直接将光伏发出的电输送到附近的光伏汇集站上。所以微机保护的配置也会有所不同。

（1）箱变测控

光伏箱变测控装置安装在箱变中，对箱变起到测量和保护作用。同时有4～20 mA的模拟输入口，用于接相变温控器。当然通信功能也是必不可少，一般用Modbus规约进行通信。然而有的电站用的是通信管理机与箱变测控一体设备。

（2）35 kV开关柜室

对于光伏来讲，箱变的高压侧是35 kV，通过线缆输送到升压站。35 kV开关柜使用的保护为通用型线路保护。同时根据电站的不同还会有SVG开关柜。如果该站没有升压变压器，直接将35 kV电压等级的电输送到对侧，那么需加设线路光差保护。

（3）继电保护室

继电保护室二次设备比较多，主要设备如下：

① 交直流系统。室内安装有交直流屏，交直流屏的规格根据电站的情况而定。

② 主变屏（根据电站的情况可有可无）。

③ 通信屏，一般含有通信管理机和其他通信设备。

④ 公用测控屏。

⑤ 母差保护屏。

⑥ 线路保护屏。

⑦ 功率优化屏。

⑧ 光功率预测屏。

⑨ 数据网柜。

除上述设备之外，根据各省的要求还会有二次安防屏、PMU同步相量检测和故障信息子站等。

（4）监控室

监控室一般会有监控台、主备监控机、五防机、与调度连接的VPN计算机、光功率预测主机和功率控制主机等。

习　题

1. 简要概述晶硅光伏组件制作工艺流程？

2. 如何避免热斑效应？

3. 阐述充放电控制器的区别，并谈一谈充放电控制器在离网光伏发电系统中的选配方法与作用？

4. 概述蓄电池的性能参数，描述蓄电池组的容量设计方法？

5. 结合自己家庭用电情况与气象条件，设计 3 kW 离网光伏发电系统所需蓄电池的容量？

6. 描述逆变器的功能，并阐述离网与并网逆变器在选型过程中各需注意哪些事项？

7. 阐述交直流汇流箱、交直流配电柜的工作原理，选配方法，并结合所学知识谈一谈交直流汇流箱各适用于哪些场合？

8. 阐述逆变器的选配方法及注意事项？

9. 请问屋顶光伏电站与地面光伏电站哪些器件需要安装防雷接地，两种电站防雷接地的异同点有哪些？

10. 根据第 5 题中 3 kW 离网光伏发电系统装机情况，核算所需线缆截面积并对线缆进行选型？

第3章 光伏电站选址勘察

拓展知识3
土地综合利用

学习目标

（1）熟悉太阳基本知识，掌握高度角、方位角、大气质量等概念。

（2）掌握我国光资源分布情况，能够熟练进行年总辐射量、峰值平均日照时数当量之间换算。

（3）掌握气象条件对光伏发电效率的影响。

（4）能够合理进行光伏电站选址。

3.1 光资源概述

3.1.1 太阳基本知识

太阳是距地球最近的一颗恒星，其直径为 139×10^4 km、质量为 2.2×10^{30} kg 的炽热的等离子气体球，离地球的平均距离为 1.496×10^8 km。组成太阳的物质大多是些普通的气体，其中氢约占 71.3%，氦约占 27%，其他元素占 2%。一般认为太阳是处于高温高压下的一个大火球。太阳从中心向外可分为核反应区、辐射层、对流层、大气层。太阳的大气层，像地球的大气层一样，可按不同的高度和不同的性质分成各个圈层，即从内向外分为光球、色球和日冕三层。我们平常看到的太阳表面，是太阳大气的最底层（光球层），温度约是 6 000 ℃。太阳结构如图 3-1 所示。

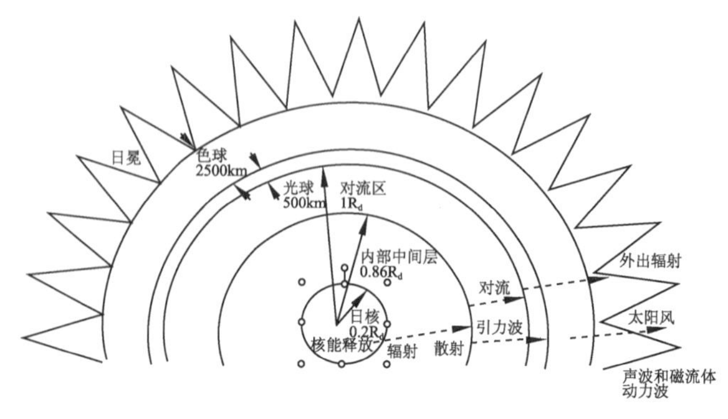

图3-1　太阳结构示意图

（1）太阳热核反应区

温度高达数千万摄氏度，压强高达数亿个大气压，物质以离子态存在，以对流和辐射的形式向外释放伽马射线。

（2）辐射层

温度约 70×10^4 ℃，压强数十万个大气压，对伽马射线的吸收、再发射，实现能量传递，是一个漫长的过程，高能伽马射线经过 X 射线、极紫外线、紫外线，逐渐变为可见光和其他形式的辐射。

（3）对流层

温度、压力和密度变化梯度很大，物质处于剧烈上下对流状态，对流产生的低频声波，可通过光球层传输到太阳的外层大气。

（4）光球层

厚度约为 500 km，表面温度接近 6 000 ℃，这是太阳的平均有效温度，光球内温度梯度较大，几乎全部可见光从光球层发射出去，对地球气候和生态影响较大。

（5）色球层

光球层以外，厚度 2 000 km，温度从底层的数千摄氏度上升到顶部的数万摄氏度。玫瑰红色舌状气体称为日珥，可高于光球几十万公里。

（6）日冕

位于色球层外是伸入太空的银白色日冕，由各种微粒构成：太阳尘埃质点、电离粒子和电子，温度高于 100 万摄氏度。

3.1.2 太阳辐射基本概念

太阳辐射能来源于高温高压下进行的热核聚变反应："碳－氮循环""质子－质子循环"。整个过程中，12C 和重氢 2D（氘，氢的同位素）并未消耗，只起触媒作用，最终结果也是 4 个氢核聚变变成 1 个氦核。

太阳辐射可用以下六类参数来表示，分别如下：

1. 赤纬角

太阳中心和地心连线与赤道平面的夹角，用符号 δ 表示，以年为周期的变化量，并规定以北纬为正值。地球公转一周形成四季，地球绕太阳运行形成四季，如图 3–2 所示。四季的形成主要是由赤纬角的变化引起的，四季的重要特征有两点：一是气温高低不同，二是昼夜长短互异。由于地球的倾角永远保持不变致使赤纬角随时都在变化。太阳的赤纬角随季节在南纬 23°27′ 与北纬 23°27′ 之间来回变动，在地理纬度上将南北纬 23°27′ 的两条纬线称为南北回归线。

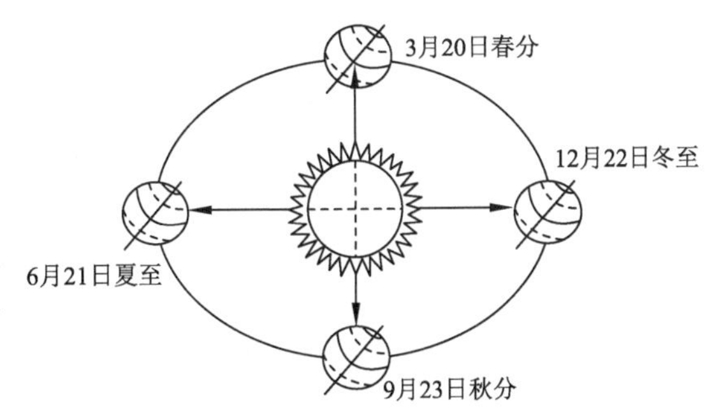

图3–2 地球绕太阳运行图

2. 太阳高度角

太阳高度角（h，$0° \leqslant h \leqslant 90°$）为太阳光线与地表水平面之间的夹角，它随地区、季节和每日时刻的不同而改变。可用下式计算：

$$\sin h=\sin\phi\sin\delta+\cos\phi\cos\delta\cos\omega$$

式中：ϕ——观测点纬度；

δ——赤纬角；

ω——时角。

ω 是用角度表示的时间，每 15° 为 1 h，其中正午时分 ω 等于零，上午时 ω 大于零，下午时 ω 小于零。正午时刻 h 的计算公式如下：

$$h_{\text{正午}}=90°-\phi+\delta$$

3. 太阳方位角

太阳方位角（α）为太阳光线在水平面上的投影和当地子午线的夹角。

$$\cos\alpha=\frac{\sin h\sin\phi-\sin\delta}{\cos h\cos\phi}$$

其中正南方位时 α 等于 0，正南以西时 α 大于 0，正南以东时 α 小于 0。高度角与方位角如图 3–3 所示。

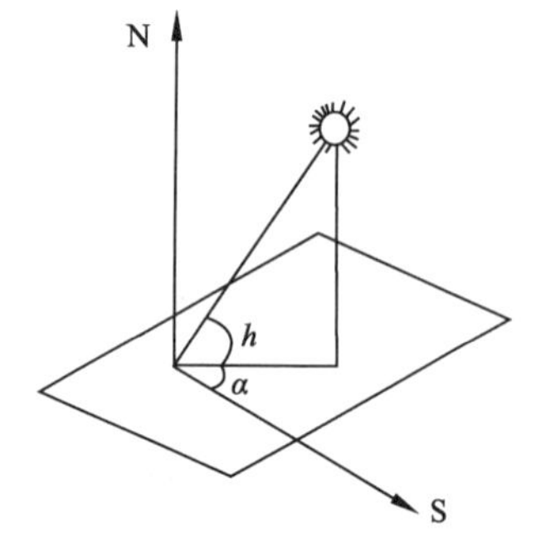

图3-3 高度角和方位角

4. 辐照度

辐照度定义为照射到物体表面单位面积上的辐射功率，通常用符号 E 表示，单位为 W/m^2。

5. 太阳常数

由于太阳和地球距离的变化，在地球大气层上垂直于太阳辐射方向的单位面积上接收到的功率在 132.8 ~ 141.8 mW /cm^2 之间。这种辐射的波长从 0.1 μm 至几百 μm。为了统一标准，定义在平均日地距离处，垂直于太阳辐射方向的单位面积上接收到的太阳总辐照度为太阳常数，其数值为 1 367 $W/m^2 \pm 7\ W/m^2$。

6. 大气质量

这里所说的大气质量是指大气光学质量，定义为来自天体的光线穿过大气层到达海平面的路径长度与整层大气的垂直距离之比。假定在一个标准大气压和温度 0℃时，海平面上太阳光线垂直入射时大气质量 m=1，记为 AM1.0。在地球大气层外接收到的太阳辐射，未受到地球大气层的发射和吸收，称为大气质量为零，以 AM0 表示。大气质量越大，说明光线经过大气层的路程越长，产生的衰减也越多，达到地面的能量也就越少。大气质量的示意图如图 3–4 所示。

地面上的大气质量计算公式为

$$m=\sec\theta_z=\frac{1}{\sin\alpha_s}$$

式中：θ_z——太阳天顶角；

α_s——太阳高度角。

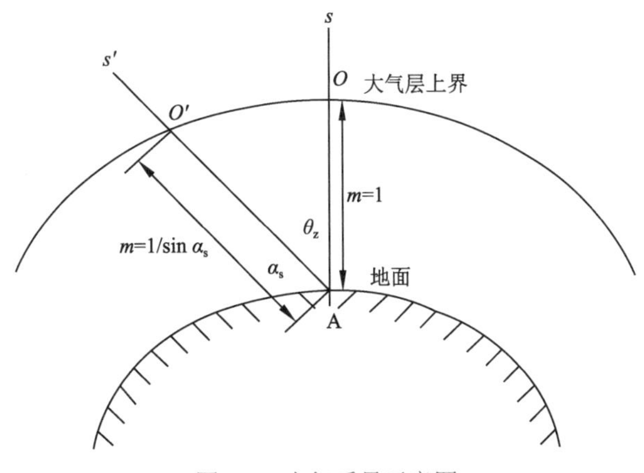

图3-4　大气质量示意图

3.1.3　地面太阳辐射

到达地面太阳辐射，是经过大气吸收、反射、散射等综合作用的结果。它包括直接辐射和漫射辐射两部分。直接太阳辐射是指被地球表面接收到、方向不变的太阳辐射；而漫射辐射是指经大气吸收、散射或经地面反射已改变方向的辐射。漫射辐射包括由太阳辐射经大气吸收、散射后间接到达的天空辐射，以及由地面物体吸收或反射的地面辐射。到达地球水平面上的太阳直接辐射和漫射辐射的总和称为太阳总辐射。

地球表面上接收到的太阳辐射变化很大。地球运行轨道有 ±3% 的误差，即地球与太阳的距离随季节的变化会影响地面的太阳辐射；大气的吸收、散射和天空云层的反射与吸收影响太阳辐射到达地面的强度。

1. 大气透明度

阳光经过大气层时，其强度按指数规律衰减，也就是说，经过大气层距离的衰减梯度与本身辐射强度成正比，即

$$I_x=I_0 \cdot \exp(-K \cdot x)$$

式中：I_0——距离大气层上边界 x，在与阳光相垂直的表面上（即太阳法线方向）太阳直射辐射强度，W/m^2；

K——比例常数，单位为 m^{-1}。从公式可以明显看出，K 值越大，辐射强度的衰减就越迅速，因此，K 值也称消光系数，其值大小与大气成分、云量多少等有关，影响因素比较复杂；

x——阳光道路，即阳光穿过大气层的距离。其数值完全可以根据太阳在空间的位置，按几何关系准确计算得出。

对于到达地面的阳光来说，当太阳位于天顶时，阳光道路 $x=l$；太阳位于其他位置时，阳光道路 $x=l'$，l' 与 l 之比称为大气质量，用符号 m 表示，即 $m=l'/l$。

不言而喻，太阳在天顶时的大气质量为 1。太阳位于天顶时，到达地面的法向太阳直射辐射强度为：

$$\frac{I_l}{I_0} = p = \exp(-K \cdot l)$$

其中，p 称为大气透明率或大气透明系数，是衡量大气透明程度的标志。p 值越接近 1，表明大气越清澈，阳光通过大气层时被吸收去的能量越少。但是，必须注意到，p 值不是实际存在的一个物理参数，而是一个综合反映了大气层厚度、消光系数等难以确定的多种因素对太阳辐射的一个减弱系数。所以，不能由实测直接得到，需要根据实测数据的统计整理，才能得到某地区某时的大气透明率 p 值。在实际计算中，对于一个月份的晴天来说，可以采用同一个 p 值。

2. 地面的太阳辐射

太阳辐射通过大气层到达地球表面的过程中，要不断地与大气中的空气分子、水蒸气分子、臭氧分子、二氧化碳分子以及尘埃等相互作用，受到反射、吸收和散射，所以到达地面上的太阳辐射发生了显著的衰减，且其光谱分布也发生了一定的变化。例如，太阳辐射中的 X 射线及其他波长更短的辐射，因而在电离层就被氮、氧及其他大气分子强烈地吸收而不能到达地面；大部分紫外线则被臭氧分子所吸收。至于在可见光范围内的衰减，主要是由于大气分子、水蒸气分子以及尘埃和烟雾的强烈散射所引起的；而近红外范围内的衰减，则主要是水蒸气分子的选择性吸收的结果。波长超过 2.5 μm 的远红外辐射，在大气层上的边界处的辐照度就已经相当低，再加上二氧化碳分子和水蒸气分子的强烈吸收，所以到达地面上的辐照度微乎其微了。

因此，在地面上利用太阳能，主要考虑波长在 0.28 ~ 2.5 μm 范围内的太阳辐射即可。一般来说，太阳辐射中约有 43% 因反射和散射而折回宇宙空间，另有 14% 被大气所吸收，只有 43% 能够到达地面。

到达地面的太阳辐射，是经过大气吸收、反射、散射等综合作用的结果。它包括直接辐射和漫射辐射两部分。透过大气层到达地面的太阳辐射中，一部分是方向未经改变的，即普通所谓“太阳直射辐射”，另一部分由于被气体分子、液体或固体颗粒反射，达到地球表面时并无特定方向的，被称为“太阳散射辐射”。

3.1.4 全国光资源分布情况

熟悉我国光资源的空间分布特征，分析其变化趋势、变化原因及掌握资源本身特点对于我国更加合理利用太阳能、因地制宜、提高太阳能的利用效率以及节能减排等都具有突出的意义。

1. 太阳能资源分区

气候、地形、天气等各种因素对太阳能都有着直接的影响，太阳能资源有着明显的地区差异和季节特征，统计学家根据地域的不同，依据太阳年辐射量及全年日照时数将全国太阳能资源分布分为以下五个区域。

（1）极度优质地区

全年日照时数为 3 300 ～ 3 500 h，年辐射量达 9 250 MJ/m^2，主要包括西藏西部和青海西部地区。

（2）优质地区

全年日照时数为 3 200 ～ 3 300 h，年辐射量在 7 550 ～ 9 250 MJ/m^2，相当于 225 ～ 285 kg 标准煤燃烧所发出的热量。主要包括青藏高原、甘肃北部、宁夏北部和新疆南部等地。

（3）良好地区

全年日照时数为 3 000 ～ 3 200 h，辐射量在 5 850 ～ 7 550 MJ/m^2，相当于 200 ～ 225 kg 标准煤燃烧所发出的热量。主要包括河北西北部、山西北部、内蒙古南部、宁夏南部、甘肃中部、青海东部、西藏东南部和新疆南部等地。此区为我国太阳能资源较丰富区。

（4）一般地区

太阳能较丰富区域全年日照时数为 2 200 ～ 3 000 h，辐射量在 5 000 ～ 5 850 MJ/m^2，相当于 170 ～ 200 kg 标准煤燃烧所发出的热量。主要包括山东、河南、河北东南部、山西南部、新疆北部、吉林、辽宁、云南、陕西北部、甘肃东南部、广东南部、福建南部、江苏中北部和安徽北部等地。一般地区太阳能贫乏地区：全年日照时数为 1 400 ～ 2 200 h，辐射量在 4 150 ～ 5 000 MJ/m^2，相当于 140 ～ 170 kg 标准煤燃烧所发出的热量。主要是长江中下游、福建、浙江和广东一部分地区，春夏多阴雨，秋冬季太阳能资源还可以。

（5）贫乏地区

全年日照时数 1 000 ～ 1 400 h，辐射量在 3 350 ～ 4 150 MJ/m^2，相当于 115 ～ 140 kg 标准煤燃烧所发出的热量。主要包括四川、贵州两省。此区是我国太阳能资源最少的地区。

总体看来，我国太阳能资源分布具有以下特点：

① 太阳能的高值中心和低值中心都处在北纬 22° ～ 35° 这一带，青藏高原是高值中心，四川盆地是低值中心。

② 太阳年辐射总量，西部地区高于东部地区，而且除西藏和新疆两个自治区外，基本上是南部低于北部。

③ 由于南方多数地区云多、雨多，在北纬 30° ～ 40° 地区，太阳能的分布情况与一般的太阳能随纬度而变化的规律相反，太阳能不是随着纬度的升高而减少，而是随着纬度的升高而增多。

从太阳能资源的本身潜力来看，最适合大规模开发利用的地域是在西藏西部和青海西部，资源非常丰富，且当地的云少、气稀、气温低等气候环境条件也满足光伏发电的环境要求。优质地区、良好地区、一般地区具有宽广的分布范围，使其在今后进一步开发太阳能资源方面具有相当大的优势。较贫区与贫乏区主要集中与我国东南部小部、华中北部、四川盆地，虽然面积较广，但太阳能资源各量化因子的数值低，资源本身利用潜力不足，部分地区适合小范围开发，从整体上来说，不适合规模性开发。表 3-1 所示为我国太阳能资源表。

表3-1　我国太阳能资源表

年总辐射量/（MJ/m^2）	峰值平均日照时数/h	地　　区
6 680～8 400	5.08～6.39	宁夏北部、甘肃北部、新疆东南部、青海西部和西藏西部
5 852～6 680	4.45～5.08	河北西北部、山西北部、内蒙古南部、宁夏南部、甘肃中部、青海东部、西藏东南部和新疆南部
5 016～5 852	3.82～4.45	山东东南部、河南东南部、河北东南部、山西南部、新疆北部、吉林、辽宁、云南、陕西北部、甘肃东南部、广东南部、福建南部、江苏北部、安徽北部、天津、北京和台湾西南部
4 190～5 016	3.19～3.82	湖南、湖北、广西、江西、浙江、福建北部、广东北部、陕西南部、江苏南部、安徽南部以及黑龙江、台湾东北部
3 344～4 190	2.54～3.19	四川、贵州、重庆

2. 辐射量单位及换算

太阳能辐射量单位有卡（cal）、焦耳（J）、瓦(W)等。其关系如下：

1 卡(cal)=4.1868 焦(J)=1.16278 毫瓦时(mW · h)；

1 千瓦时(kW · h)=3.6 兆焦(MJ)；

1 千瓦时 / 米 ^{2} (kW · h/m^2)=3.6 兆焦 / 米 ^{2}(MJ/m^2)=0.36 千焦 / 厘米 ^{2}(kJ/cm^2)；

100 毫瓦时 / 厘米 ^{2} (mW · h/cm^2)=85.98 卡 / 厘米 ^{2}(cal/cm^2)；

1 兆焦 / 米 ^{2} (MJ/m^2)=23.889 卡 / 厘米 ^{2}(cal/cm^2)=27.8 毫瓦时 / 厘米 ^{2}(mW · h/cm^2)。

3. 峰值日照时数

峰值日照是在晴天时地球表面的大多数地点能够得到的最大太阳辐射照度 1 000 W/m^2。一个小时的峰值日照就称为峰值日照小时。峰值日照小时数是一个描述太阳辐射的单位（瓦每平方米每天，W/m^2 · d），也称为做太阳日照率或者简称日照率。日照率用来比较不同地区的太阳能资源。例如，在我国太阳能资源极丰富带——青海，年辐射总量大于 170 kW · h/m^2，则峰值日照时数为年总辐射量 /365。

3.2　大气环境对发电效率的影响

3.2.1　空气因素影响

1. 空气透明度

空气透明度是表征大气对于太阳光线透过程度的一个参数。在晴朗无云的天气，空气透明度高，到达地面的太阳辐射能就多。天空云雾很多或无风沙灰尘很大时，空气透明度很低，到达地面的太阳辐射能就较少。

空气透明度对光伏电站选址因素有可能存在以下影响：当地日照辐射总量中因空气透明度低而导致反射光和散射光占日照辐射总量的比例较大，从而影响光伏发电组件种类的选择，如不考虑此因素，则易导致晶体硅和非晶硅组件选择的不合理，从而增加了投资与收益的比率，降低了投资的经济性，从而造成资源和设备浪费。

2. 尘埃量

空气中的尘埃量影响该光伏发电系统在设计时是否需要考虑清洗用水，清洗频率。尘埃的物理特性影响组件在运行的过程中是否容易在表面沉积难以清洗的高黏度灰尘层，一旦形成此类灰尘层，组件接收到的光照总量将大幅度降低，从而影响今后长期的系统发电量。

3. 盐雾

空气中的盐雾对光伏发电系统有两种负面影响：第一，对金属支架系统有腐蚀性，容易减少支架的使用寿命，设计时需要充分考虑防腐措施；第二，盐雾极易导致组件表面沉积固体盐分，降低光对组件表面的穿透特性，影响发电量。盐雾在沿海地区常见，在此类地区进行光伏发电选址，需要考虑盐雾的应对措施。

3.2.2 其他气象因素

1. 温度

光伏组件的工作温度是由环境温度、封装组件特性、照射在组件上的日光照度以及风速等因素决定的。当风速一定时，随着照射强度的渐增，组件温度与环境温度的差值增大。晶硅光伏组件输出功率随温度升高而降低，温度每升高 1 ℃，光伏组件的峰值功率损失率为 0.35% ~ 0.45%。

选址时应该尽量选择低气温地区，通常选择地表空旷，时常有气流流动的地方，尤其是中午太阳照射强度大的时候必须确保尽可能多的空气流经组件的背面，这样可以增加组件与空气的对流传输，防止组件温度过高。图 3-5 所示为温度对光伏发电影响曲线。

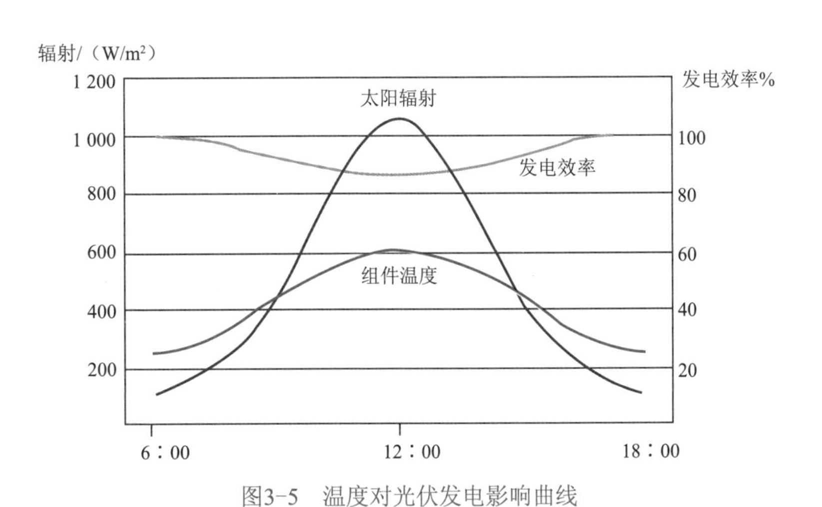

图3-5　温度对光伏发电影响曲线

2. 风向、风速

风对光伏电站的影响，主要体现在对组件温度、物理损坏和磨蚀与降尘的影响。光伏组件工作温度对风速、风向非常敏感。因为光伏组件在北半球基本都朝南方向架设，所以最佳的风向是东西向。这样气流可以顺着光伏组件陈列的巷道通过，对阵列构架的物理损坏比较小，且能够使气流顺利流通，起到降低温度的作用。

3. 降尘及沙尘暴

降尘对光伏发电影响很大。飘浮在空中的沙尘会使到达地面的太阳辐射量减少。沉积在光伏组件表面的沙尘对组件性能的影响很大。附着在光伏组件上的沙尘会反射部分到达组件表面的太阳辐射，降低组件的转化率，还会引起跟光装置失效。

降尘对组件开路电流、最大输出功率、填充因子都表现出不良影响。细颗粒尘埃对电池性能降低程度比粗颗粒尘埃大很多。尘埃沉积在光伏组件上的量越多，电池的性能降低越多，而且不同类型的尘埃对电池的影响也不同。

尘埃沉积量随风速增加而增加，而沙尘暴对电站的影响就更大了，不仅会产生大量的降尘，还会对光伏组件产生磨蚀，对电池板物理损坏非常严重，还会对其他光伏组件产生物理损坏。在选址时，应调查当地浮尘、扬沙和沙尘暴等天气情况以及年降尘量，选择降尘危害较小的地区。

4. 阴影

光伏组件的阴影是由周围物体（树木、电线杆、建筑物）投射到组件平面上，飞鸟粪便和树叶等因素也会产生阴影。研究发现，光伏组件输出功率减小的原因很多，但最重要的是最高功率不匹配和阴影作用。如果一个光伏组件部分被物体挡住，那么阳光被挡住的这些电池就会异于无阴影的电池。在电池串中，阴影电池减少了通过正常电池的电流，往往导致正常电池产生较高的电压，使阴影电池反偏运行。

能量在阴影电池上的消耗导致电池PN结局部击穿。在很小的区域会产生很大的能量消耗，导致局部过热，或者称为“热点”，这会对组件产生破坏性结果。研究还发现，组件中的一个单独的电池片被完全处于阴影作用下，输出功率减少30%，电量的损失是由组件完全被阴影阻挡的面积决定的，而不是被阻挡电池个数所决定。

故在选址时，应避免电站周围有高大建筑物、树木、电线杆等遮蔽物；如果附近经常有鸟类活动，也应设置驱赶鸟群的装置；还需保持地面干净，避免地面杂物被风吹上组件。

3.3 光伏电站站址选择

3.3.1 光伏电站站址用地

光伏发电产业的发展势头良好，世界各地越来越多的光伏电站正在建设和筹划。除光伏发电技术本身外，光伏电站位置的合理选择对光伏发电的产出也显得尤为重要。光伏电站选址不合理会直接造成电站发电量损失和维修费用增加，整体效益和运行寿命降低，并且还可能对周围环境造成不良影响。因此，光伏电站的选址问题是光伏发电系统建设首要考虑的问题。

与火电、核电以及水电相比，光伏发电的特点是需要较大安装面积，输入能量完全依赖自然条件，因此其选址工作对自然条件和基础设施条件有较大依赖性，既要考虑项目建设的交通和电力等基础设施条件，又要考虑日照辐射资源、其他气象条件以及土地资源。

因此在选址阶段需要与各职能部门充分沟通，同时还要进行一定的直接测量和自然资源数据的收集分析等工作。确定选址的原则是使项目建设在各类条件上都具备可行性，考虑合理的能量回收期以及投资收益，使得项目既取得符合可再生能源发展初衷所要求的环保、社会效益，又为项目的投资经济性提供优越条件，这也是有利于可再生能源长久发展的重要推动因素。

1. 地面光伏电站土地利用规划分类体系

根据土地用途分为：农用地、建设用地和未利用地。农用地是指直接用于农业生产的土地，包括耕地、林地、草地、农田水利用地、养殖水面等；建设用地是指建造建筑物、构筑物的土地，包括城乡住宅和公共设施用地、工矿用地、交通水利设施用地、旅游用地、军事设施用地等；未利用地是指农用地和建设用地以外的土地。

中华人民共和国国家质量监督检验检疫总局和中国国家标准化管理委员会于 2017 年 11 月 1 日联合发布《土地利用现状分类》。《土地利用现状分类》国家标准采用一级、二级两个层次的分类体系，共分 12 个一级类、73 个二级类。农用地、建设用地、未利用地分类如表 3-2 所示。

表3-2　农用地、建设用地、未利用地分类

三大类	土地利用现状分类			
	一级类		二级类	
	编码	名称	编号	名称
农用地	01	耕地	0101	水田
			0102	水浇地
			0103	旱地
	02	园地	0201	果园
			0202	茶园
			0203	橡胶园
			0204	其他园林
	03	林地	0301	乔木林地
			0302	竹林地
			0303	红树林地
			0304	森林沼泽
			0305	灌木林地
			0306	灌丛沼泽
			0307	其他林地
	04	草地	0401	天然牧草地
			0402	沼泽草地
			0403	人工牧草地
	10	交通运输用地	1006	农村道路
	11	水域及水利设施用地	1103	水库水面
			1104	坑塘水面
			1107	沟渠
	12	其他土地	1202	设施农用地
			1203	田坎

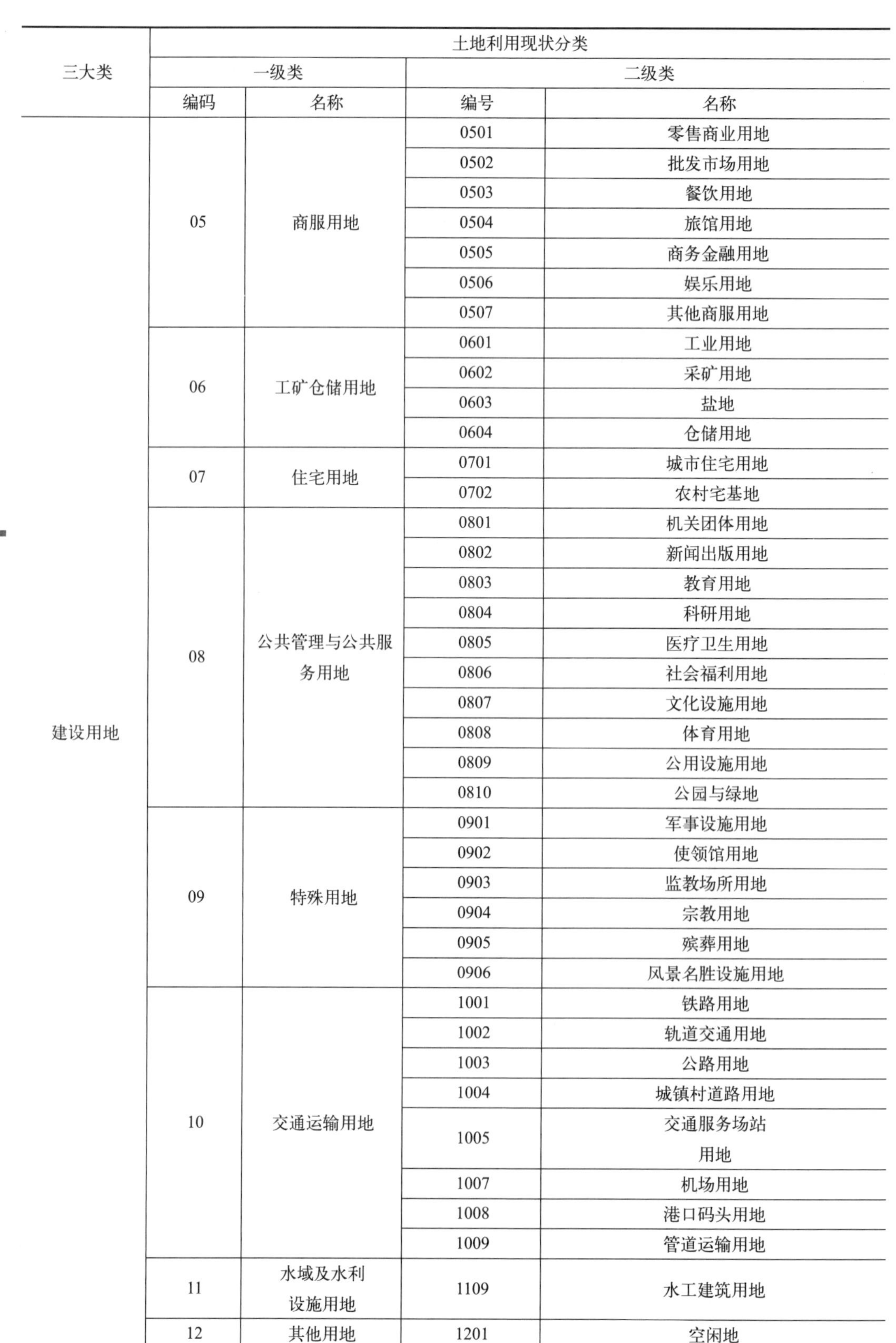

三大类	土地利用现状分类			
	一级类		二级类	
	编码	名称	编号	名称
建设用地	05	商服用地	0501	零售商业用地
			0502	批发市场用地
			0503	餐饮用地
			0504	旅馆用地
			0505	商务金融用地
			0506	娱乐用地
			0507	其他商服用地
	06	工矿仓储用地	0601	工业用地
			0602	采矿用地
			0603	盐地
			0604	仓储用地
	07	住宅用地	0701	城市住宅用地
			0702	农村宅基地
	08	公共管理与公共服务用地	0801	机关团体用地
			0802	新闻出版用地
			0803	教育用地
			0804	科研用地
			0805	医疗卫生用地
			0806	社会福利用地
			0807	文化设施用地
			0808	体育用地
			0809	公用设施用地
			0810	公园与绿地
	09	特殊用地	0901	军事设施用地
			0902	使领馆用地
			0903	监教场所用地
			0904	宗教用地
			0905	殡葬用地
			0906	风景名胜设施用地
	10	交通运输用地	1001	铁路用地
			1002	轨道交通用地
			1003	公路用地
			1004	城镇村道路用地
			1005	交通服务场站用地
			1007	机场用地
			1008	港口码头用地
			1009	管道运输用地
	11	水域及水利设施用地	1109	水工建筑用地
	12	其他用地	1201	空闲地

三大类	土地利用现状分类			
	一级类		二级类	
	编码	名称	编号	名称
未利用地	04	草地	0404	其他草地
	11	水域及水利设施用地	1101	河流水面
			1102	湖泊水面
			1105	沿海滩涂
			1106	内陆滩涂
			1108	沼泽地
			1110	冰川及永久积雪
	12	其他用地	1204	盐碱地
			1205	沙地
			1206	裸土地
			1207	裸岩石砾地

（1）农用地

按照《土地利用现状分类》(GB/T 21010—2017) 的规定，农用地是指用于农业生产的土地，可分为耕地、园地、林地、草地、交通运输用地等。

① 耕地。按照规定，耕地是指种植农作物的土地，包括熟地、新开发整理复垦地、休闲地、轮歇地、草田轮作地。以种植农作物为主，间有零星果树、桑树或其他树木的土地；平均每年能保证收获一季的已垦滩地和海涂。耕地中还包括南方宽小于一米，北方宽小于 2 m 的沟、渠、路和田埂。耕地又可分为三种：水田、水浇地、旱地。

水田，指有水源保证和灌溉设施，在一般年景能正常灌溉，用于种植水生作物的耕地，包括灌溉的水旱轮作地。

水浇地，指水田、菜地以外，有水源保证和灌溉设施，在一般年景能正常灌溉的耕地。

旱地，指无灌溉设施，靠天然降水种植旱作物的耕地，包括没有灌溉设施，仅靠引洪淤灌的耕地。

② 基本农田。基本农田是指按照一定时期人口和社会经济发展对农产品的需求，依据土地利用总体规划确定的不得占用的耕地。与之相对应的是一般农用地。

基本农田是耕地的一部分，而且主要是高产优质的那一部分耕地。一般来说，划入基本农田保护区的耕地都是基本农田。

农用地的范围要大于耕地，耕地大于基本农田。基本农田仅指受国家特别保护的耕地。

农用地经法定程序可以转为建设用地；而基本农田经依法确定后，任何单位和个人不得改变或占用，除非是国家能源、交通、水利、军事设施等重点建设项目选址确实无法避开基本农田保护区的，必须经国务院批准，才能占用。

③ 农用地转用。农用地转用是指将土地利用现状调查确定的农用地依据土地利用总体规划、土地利用年度计划以及国家规定的审批权限报批后转变为建设用地的行为。

（2）建设用地

建设用地是指建造建筑物、构筑物的土地，是城乡住宅和公共设施用地，工矿用地，能源、交通、水利、通信等基础设施用地，旅游用地，军事用地等。建设用地是付出一定投资（土地开发建设费用)，通过工程手段，为各项建设提供的土地，是利用土地的承载能力或建筑空间，不以取得生物产品为主要目的的用地。

（3）其他用地

未利用地是指农用地（直接用于农业生产的土地，包括耕地、林地、草地、农田交通、水利用地、养殖水面等）和建设用地（建造建筑物、构筑物的土地，包括城乡住宅和公共设施用地、工矿用地、交通水利设施用地、旅游用地、军事设施用地等）以外的土地，主要包括荒草地、盐碱地、沼泽地、沙地、裸土地、裸岩等。

2. 光伏电站站区用地

光伏电站站区用地由两部分组成。一部分为临时占地，即光伏组件、支架、箱式变电站等临时性设施所占用的土地；另外部分为永久性占地，即升压站、集控中心、汇集站、输电线塔等永久性建筑的占地。

临时占地的土地性质一般为未利用地，包括滩涂、沼泽、荒山、沙地、盐碱地等。2014年国家能源局发布《关于进一步落实分布式光伏发电有关政策的通知》，通知中提到“因地制宜利用废弃土地、荒山荒坡、农业大棚、滩涂、鱼塘、湖泊等建设就地消纳的分布式光伏电站。”文件中提到的“滩涂、湖泊、荒山荒坡”属于未利用地，“鱼塘、农业大棚”属于农用地范畴，包括坑塘水面、沟渠等。图3-6所示为丘陵地面电站和农光互补光伏电站。

（a）丘陵地面电站

（b）农光互补光伏电站

图3-6 光伏电站

3. 光伏电站用地勘测与审批

光伏电站永久性占地的土地性质为建设用地，需要办理土地证。因此，光伏电站项目土地预审分为两条路线，一条为临时用地的预审；一条为建设用地的征用和相关手续的办理。无论哪条路线，都需要首先进行勘测定界。

所谓勘测定界，是根据土地利用需要，由各级国土部门组织，由资质单位承担的，进行实地界定土地使用范围、测定界址位置、调绘土地利用现状，计算用地面积而进行的技术服务性工作，为国土资源行政主管部门用地审批和地籍管理等提供科学、准确的基础资料，主要为勘测定界图、规划图等。

勘测定界工作，大体先通过用地单位委托申请，资质单位组织队伍和仪器，同相关方一起到现场作业，完成土地预审所需要的图件资料，提交国土局审核验收。

综上所述，土地为国有资源，开发光伏电站，必须了解相关的土地政策，前期必须落实清楚土地性质、土地规划、建设规划、土地权属、土地用途以及地上附属物等，否则，一旦项目实施后，出现土地问题，将造成巨大的损失。

4. 屋顶分布式光伏电站选址

屋顶分布式光伏电站跟地面电站选址有较大的差异。其主要与建筑物高度、屋顶可用面积、屋顶类型、承载力和使用年限等因素相关。

（1）建筑物的高度

屋顶光伏电站所处的建筑物高度不宜过高。主要原因，其一，光伏组件单体面积大，越高风荷载越大；其二，楼层过高，施工难度大，二次搬运费用高；其三，由于光伏电站的日常维护需要进行检修、清洗、更换设备等工作，楼层过高相对运行维护费用高。基于以上三个原因，不建议在高层建筑上安装光伏电站。

（2）屋顶的可利用面积

综合考虑光伏电站项目的投资规模效益、后期运维、收益分享模式等因素，光伏电站建设（容量）要具有一定的规模性，过小容量的光伏电站当前还不具备投资性（随着国家对分布式光伏电站的推广及融资业务的发展，屋顶、户用光伏电站越来越受到人们的关注）。所以屋顶可利用面积直接决定了光伏电站项目的收益。

屋顶光伏电站可利用面积主要由屋顶的女儿墙高度、屋顶构筑物、设备等因素相关。像女儿墙过高，周边的广告牌、中央空调、太阳能热水器较多的屋顶相对可利用面积较少，不宜安装光伏电站。一般情况下，年份较久的屋顶，可利用面积的比例也越少。

（3）屋顶的类型与承载力

常见屋顶类型为混凝土和彩钢瓦类型，对于不同类型屋顶的光伏电站的技术方案也不同。

由于采用不同的基础形式和安装方式，屋顶所承受的恒荷载和活荷载的计算方法也是不一样的。对于屋顶的恒荷载包括结构自重、附着在楼板上下表面的装饰构造层的重量等，由建筑、结构确定。屋顶的活荷载则包括人员、设备、家具、可搬动的摆设等的质量，由建筑功能确定，或者由甲方指定。

另外，混凝土屋顶需要考虑原有的防水措施，彩钢瓦屋顶要考虑瓦型、朝向等因素，彩钢瓦的朝向最好以南北方向为主。

表 3–3 为不同屋顶类型结构的光伏电站特性。

表3–3　不同屋顶类型的光伏电站特性

屋顶类型 / 内容	混凝土屋顶	彩钢瓦屋顶
基础形式	压块或整体框架式	卡件
组件倾斜	最佳倾角或略低	屋顶倾角
间距	按阴影遮挡计算	只留走线和检修通道
装机容量	安装容量小，满发小时数高	安装容量大，满发小时数低

（4）屋顶的使用年限

混凝土屋顶的使用年限较长，一般情况下能保证光伏电站 25 年的运营期；而彩钢瓦的使用年限一般在 15 年左右。

（5）接入方式和电压等级

接入方式分单点接入和多点接入；电压等级一般分 380 V、10 kV 和 35 kV。对于不同接入方式、电压等级，电网公司的管理规定是不一样的，例如，电网公司接收接入申请受理到告知业主接入系统方案确认单的时间为：单点并网项目 20 个工作日、多点并网项目 30 个工作日。以 380 V 接入的项目，接收到电网公司的接入系统方案等同于接入电网意见函；以

35 kV、10 kV 接入的项目，则要分别获得接入系统方案确认单、接入电网意见函，根据接入电网意见函开展项目备案和工程设计等工作，并在接入系统工程施工前，要将接入系统工程设计相关资料提交客户服务中心，根据其答复意见开展工程建设等后续工作。

对于屋顶分布式光伏电站一般以 380 V 方式接入。

（6）建筑物的产权

光伏电站投资者的屋顶使用成本一般体现为两种方式：一种是以租用屋顶的方式，每年付给产权人一定的租金；一种是合同能源管理模式，给电量消费者一个较低的电费，如现有电费的 90%。其中，合同能源管理模式应用比较广泛。

使用者如果拥有建筑物的产权，则谈判相对简单；若使用者只是承租人，并不拥有产权，是未来光伏电量的消费者。这种情况，就需要跟产权人和消费者分别进行协商，谈判成本和收益分享计划就相对较复杂。

（7）建筑物的用途

屋顶的来源有多种可能：工业厂房、商业建筑、行政办公楼、医院、学校、居民住宅。不同用途的建筑建设光伏发电系统具有如下特点，如表 3–4 所示。

表3-4　不同用途建筑光伏电站特性

用途种类	优　点	缺　点
工业厂房	① 面积大，可建设规模大； ② 用电负荷大、稳定，且用电负荷曲线与光伏出力特点相匹配，可实现自发自用为主； ③ 用电价格高，项目预期收益高	部分业主积极性不高
商业建筑	① 用电价格最高，项目预期收益高； ② 用电负载稳定，且用电负载曲线与光伏输出特点相匹配，可实现自发自用为主	单体建筑面积较少，大规模开发协调成本高
行政办公楼	① 政府所有，容易协调； ② 用电负载与光伏输出特点基本匹配，可实现自发自用为主	① 单体面积较少； ② 用电价格低、负载低，项目预期收益较低
医院	① 对光伏发电接受程度高，协调成本低； ② 用电负载大、稳定，且用电负载曲线与光伏出力特点相匹配，可实现自发自用为主	部分屋顶装有太阳能热水器，单体可用面积有限
学校	① 对光伏发电接受程度高，协调成本低； ② 单体面积较大	① 用电负载曲线与光伏出力特点不匹配，自发自用率低； ② 用电价格低，项目预期收益较低
居民住宅	可利用面积最大	① 热水器普及率较高，可选择小区不多； ② 项目涉及用户较多，协调成本高； ③ 用电价格低，项目预期收益较低； ④ 用电负载曲线与光伏出力特点不匹配，自发自用率低

从表 3–4 可见，现阶段工业厂房、集中连片的商业建筑或医院适合建设屋顶光伏发电系统。

（8）负载曲线

光伏电站的选址除了要考虑建筑物的可利用面积以外，还要考量负载曲线。负载曲线图的横坐标是时间，纵坐标一般是有功功率，因此通常的负载曲线是有功功率负载曲线。对于光伏功率输出特性与负载曲线趋势一致的分布式电站效益相对较优。图 3–7 所示为某建筑用电负载曲线和光伏功率输出特性曲线的关系。从图中可以看出，光伏发电曲线与负载曲线啮合好，可有效缓解波峰用电压力。

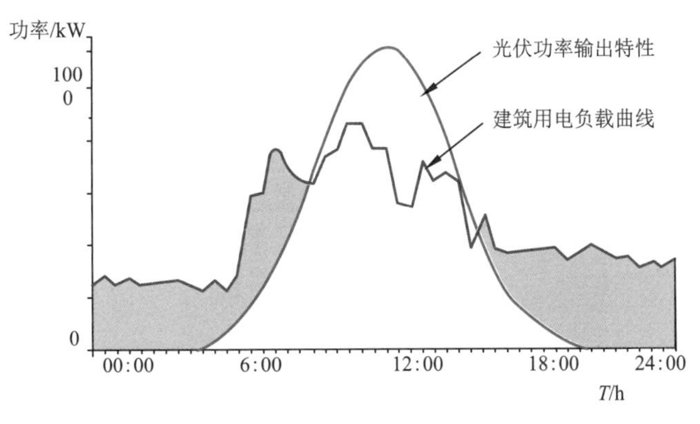

图3-7　某建筑用电负载曲线与光伏功率输出特性曲线

屋顶光伏电站属于分布式光伏电站，享受分布式光伏电站的电价补贴政策，相对来讲，分布式电价补贴比集中并网电价补贴略高。例如，浙江省集中并网的光伏电站享受国家 0.55 元 /kW · h 的标杆电价补贴，而分布式光伏电站电价除本身自己消耗以外，还享受国家 0.10 元 /kW · h 的补贴，总电价收益至少高于集中并网电价的 18%。所以对屋顶光伏电站尽量以自发自用为主，减少对电网电能的输送。因此，用户的用电负载曲线与光伏功率输出特性一致的站址选择效益相对较优。

（9）户用电价

屋顶分布式光伏电站基本以自发自用为主，收益与负载用电价格密切相关，电价高的负载建设光伏发电系统方案较优。表 3–5 所示为我国部分地区电网销售电价。

表3–5　电网销售电价

部分省、市工商业用电（小于1 000 V）平均电价（元/kW·h）	
省、市	工商用电现行电度平均电价
北京市	0.859 7
上海市	0.858
浙江省	0.809 6
河北省	0.672 4
福建省	0.705 4
广东省	0.802 6
山东省	0.733 5
海南省	0.719 9

3.3.2　地质与输送条件勘察

光伏电站选址的地理和地质情况因素包括：选址地形的朝向、坡度起伏程度、岩壁及沟壑等地表形态面积占可选址总面积的比例、地质灾害隐患、冬季冻土深度、一定深度地表的岩层结构以及土质的化学特性等。为保证选址的有效性，需对选址进行初步地质勘测。

（1）山体地面光伏电站宜选择在地势平坦的地区或北高南低的坡度地区。坡屋面光伏发电站的建筑主要朝向宜为南向或接近南向，宜避开周边障碍物对光伏组件的遮挡，如图 3–8 所示。

(a)山体光伏电站

(b)屋顶光伏电站

图3-8　光伏阵列朝向

(2)地表形态、基本地质条件影响支架基础的施工方案，增加土建的施工难度和成本。例如，土层不厚、岩石较多的山体不宜安装光伏电站。选择光伏电站站址时，应避开危岩、泥石流、岩溶发育、滑坡的地段和地震断裂地带等地质灾害易发区。

(3)当光伏电站站址选择在采空区及其影响范围内时，应进行地质灾害危险性评估，综合评价地质灾害危险性的程度，提出建设站址适宜性的评价意见，并应采取相应的防范措施；光伏电站宜建在地震烈度为 9 度及以下地区。在地震烈度为 9 度以上地区建站时，应进行地震安全性评价；光伏电站站址应避让重点保护的文化遗址，站址地下深层压有文物、矿藏时，除应取得文物、矿藏有关部门同意的文件外，还应对站址在文物开挖后的安全性进行评估；另外，光伏电站选址不应设在有开采价值的露天矿藏或地下浅层矿区上。

(4)选择光伏电站站址时，应避开空气经常受悬浮物严重污染的地区。

(5)光伏电站站址选择应利用非可耕地和劣地，不应破坏原有水系，做好植被保护，减少土石方开挖量，并应节约用地，减少房屋拆迁和人口迁移。

(6)条件合适时，可在风电场内建设光伏发电站。

3.3.3　水文条件

拟选址地的水文条件包括：短时最大降雨量、积水深度、洪水水位、排水条件等。上述因素直接影响光伏电站的支架系统、支架基础的设计以及电气设备安装高度。例如，积水深度高，则组件以及其他电气设备的安装高度就要高；洪水水位影响支架基础的安全；排水条件差，则导致基础金属支架长期浸水。

光伏电站防洪设计应符合下列要求：

(1)按不同规划容量，光伏电站防洪等级和防洪标准应符合表 3-6 所示的规定。对于站内地面低于上述高水位的区域，应有防洪措施。防排洪措施宜在首期工程中按规划容量统一规划，分期实施。

表3-6　光伏电站防洪等级和防洪标准

防洪等级	规划容量/MW	防洪标准(重现期)
Ⅰ	>500	≥100年一遇的高水(潮)位
Ⅱ	30～500	≥50年一遇的高水(潮)位
Ⅲ	<30	≥30年一遇的高水(潮)位

(2)位于海滨的光伏发电站设置防洪堤(或防浪堤)时，其堤顶标高应依据表 3-6 中防

洪标准（重现期）的要求，按照重现期为 50 年波列累计频率 1% 的浪爬高（是波浪沿斜面爬升的垂直高度，也称为波浪爬坡高度）加上 0.5 m 的安全超高确定。

（3）位于江、河、湖旁的光伏发电站设置防洪堤时，其堤顶标高应按表 3–6 中防洪标准（重现期）的要求，加 0.5 m 的安全超高确定；当受风、浪、潮影响较大时，应再加重现期为 50 年的浪爬高。

（4）在以内涝为主的地区建站并设置防洪堤时，其堤顶标高应按 50 年一遇的设计内涝水位加 0.5 m 的安全超高确定；难以确定时，可采用历史最高内涝水位加 0.5 m 的安全超高确定。如有排涝设施时，则应按设计内涝水位加 0.5 m 的安全超高确定。

（5）对位于山区的光伏发电站，应设防山洪和排山洪的措施，防排设施应按频率为 2% 的山洪设计。

（6）当光伏电站站区不设防洪堤时，站区设备基础顶标高和建筑物室外地坪标高不应低于表 3–6 中防洪标准（重现期）或 50 年一遇最高内涝水位的要求。图 3–9 所示为位于江河旁边未建造防洪堤被洪水冲垮的光伏电站。

图3-9　被洪水冲垮的光伏电站

3.3.4　交通运输条件和电力输送

1. 交通运输条件

在对光伏电站进行选址时，我们还需要考虑施工阶段大型施工设备的进出场地的交通运输条件。例如，光伏发电系统中的大型设备——大功率逆变器、升压变压器等。当大型设备无法运输，必须要新修满足大型运输机械进出要求的便道，并分析此修路的费用是否决定项目整体投资经济性的可行性。

2. 电力输送条件

大规模地面光伏电站选址地点通常比较偏僻，因此必须考虑该光伏电站的电力输送条件：电力送出和厂用电线路。如项目选址离可以用来接入电力系统的变电站较远，则对电站项目投资经济性产生负面影响的因素有：输电线路造价高和输电线路沿线的电量损失。而接入电力系统电压等级与上述因素直接相关。因此在选址工作期间，需要与当地电网公司（或供电公司）充分沟通，对列入选址备选地点周边可用于接入系统的变电站的容量、预留间隔和电压等级等进行详细了解，为将来进行项目的接入系统设计提供详细的输入条件。

习　题

1. 结合太阳基本知识，掌握高度角、方位角、大气质量等概念。

2. 请说明我国光资源的分类，各类地区年辐射量约为多少？并就这些地区年总辐射量、峰值平均日照时数展开当量换算。

3. 请说明风速、温度、灰尘对光伏电站发电效率会产生哪些影响，在实际光伏电站设计、施工、运维过程中如何减弱不利影响？

4. 结合所居住的环境，请查看家庭所在地、就读高中与大学、体育馆等场地是否符合建设光伏电站，并说明理由？

第4章 离网光伏发电系统设计

拓展知识4
离网系统

学习目标

(1) 掌握离网光伏发电系统的设计流程。

(2) 能够熟练设计光伏路灯。

(3) 能够熟练设计家用离网光伏发电系统。

(4) 能够绘制各类离网光伏发电系统设计图纸。

4.1 离网光伏路灯系统设计

离网光伏路灯系统因其稳定性、节能性、安全性、方便性、长寿命性、智能性等优点，在实际生活中被广泛应用于农村等偏远地区照明和城市道路节能改造。路灯利用光伏组件接收太阳光，并转换为电能，通过控制器存储到蓄电池中，当夜晚来临时（或天空亮度不够时）控制器再控制蓄电池给光源供电，实现环境照明。离网光伏路灯系统由光伏组件、用电负载、控制器、蓄电池、支架系统及其各种配件组成，如图 4–1 所示。

在离网光伏路灯系统设计时，应当根据负载的要求和当地光伏资源及气象地理条件，依照能量守恒（包含各部分损耗），综合考虑各种因素和技术条件，合理设置组件容量，达到负载用电需求。离网光伏发电系统容量设计步骤如图 4–2 所示。

前期用电量需求分析和气象资源的收集主要如下：

1. 经度和纬度

通过地理位置可以了解并掌握当地的气象资源，比如月（年）平均太阳能辐照情况、平均气温、风力资源等，根据这些条件可以确定当地的太阳能标准峰值时数（h）和光伏组件的倾角与方位角。

2. 光源的参数

工作电压和功率。这两个参数的大小直接影响着整个系统的参数。

3. 工作时间（H）

这是决定光伏路灯系统中组件大小的核心参数，通过确定工作时间，可以初步计算负载每天的功耗和与之相应的光伏组件的充电电流。

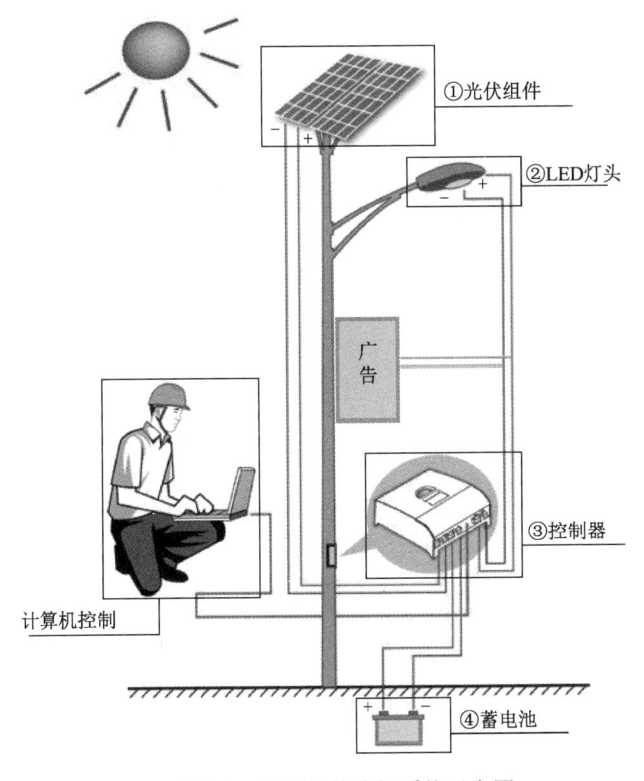

图4-1　离网光伏路灯系统示意图

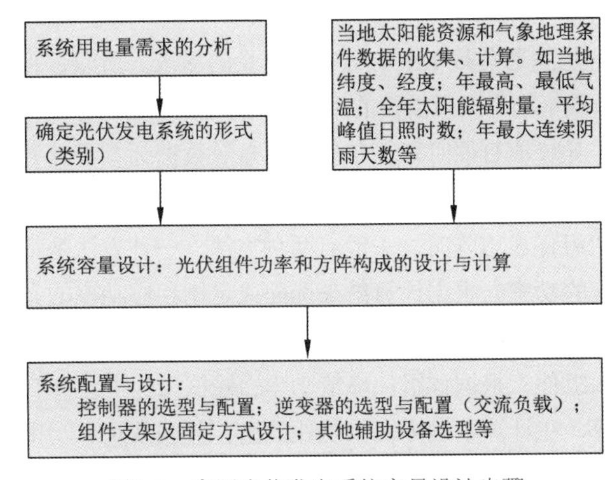

图4-2　离网光伏发电系统容量设计步骤

4. 需要保持的连续阴雨天数（d）

这个参数决定了蓄电池容量的大小及阴雨天过后恢复电池容量所需要的光伏组件功率。

5. 两个连续阴雨天之间的间隔天数（D）

这是决定系统在一个连续阴雨天过后充满蓄电池所需要的光伏组件功率。

4.1.1 离网路灯系统容量设计

1. 设计原则

如果忽略光伏系统各部件的能量损耗，离网光伏系统中光伏组件的容量理论上是光伏组件的全年发电量等于负载全年用电量。

实际工程设计中，容量设计考虑因素很多，因为每天光伏辐射量有高有低，因此设计离网光伏发电系统电池组件容量需满足光照最差、光伏辐射量最小季节的需要。如果只按平均值去设计，势必造成全年超过 1/3 时间的光照最差季节蓄电池的连续亏电。蓄电池长时间处于亏电状态将造成蓄电池的极板硫化，使蓄电池的使用寿命和性能受到很大影响，整个系统的后续运行费用也将大幅度增加。

设计容量时也不能考虑为了给蓄电池尽可能快地充满电而将光伏组件设计得过大，这样在一年中的绝大部分时间里光伏组件的发电量会远远大于负载的用电量，造成光伏组件的浪费和系统整体成本的过高。因此，光伏组件设计的最好办法就是使光伏组件能基本满足光照最差季节的需要，就是在光照最差的季节蓄电池也能够基本上天天充满电。

有些地区最差季节的光照度远远低于全年平均值，如果还按最差情况设计光伏组件的功率，那么在一年中的其他时间发电量就会远远超过实际所需，造成浪费。这时只能考虑适当加大蓄电池的设计容量，增加电能储存，使蓄电池处于浅放电状态，弥补光照最差季节发电量的不足对蓄电池造成的伤害。有条件的地方还可以考虑采取风力发电与光伏发电互相补充（简称风光互补）及市电互补等措施，达到系统整体综合成本效益的最佳。

2. 光伏组件及方阵容量计算方法

光伏组件的设计就是满足负载年平均每日用电量的需求。所以，设计和计算光伏组件大小的基本方法就是用负载平均每天所需要的用电量（单位：A·h 或 W·h）为基本数据，以当地光伏辐射资源参数，如峰值日照时数、年辐射总量等数据为参照，并结合一些相关因素数据或系数综合计算而得出。

在设计和计算光伏组件或方阵时，一般有两种方法。一种方法是根据上述各种数据直接计算出光伏组件或方阵的功率，根据计算结果选配或定制相应功率的光伏组件，进而得到外形尺寸和安装尺寸等。这种方法一般适用于中小型光伏发电系统的设计。另一种方法是先选定尺寸符合要求的光伏组件，根据该组件峰值功率、峰值工作电流和日发电量等数据，结合上述数据进行设计计算，在计算中确定光伏组件的串、并联数及总功率。这种方法适用于中大型光伏发电系统的设计。光伏路灯是小型光伏发电系统，下面就以第一种方法为例，介绍光伏组件容量的设计计算公式和方法。

（1）以峰值日照时数为依据的简易计算方法

式（4–1）是一个常用的简单计算公式，常用于小型独立光伏发电系统的快速设计与计算，也可以用于对其他计算方法的验算。其主要参照的光伏辐射参数是当地峰值日照时数。

$$\text{光伏组件功率}\ P=\frac{\text{用电器功率}\times\text{用电时间}}{\text{当地有效峰值日照时数}}\times\text{损耗系数} \tag{4–1}$$

在式（4–1）中，光伏组件功率 P、用电器功率的单位都是瓦（W）；用电时间和当地峰值日照时数的单位都是小时（h）。

【例 4-1】某地安装一套光伏庭院灯，使用两只 9 W/12 V 节能灯做光源，每日工作 4 h。已知当地的有效峰值日照时数是 4.46 h，求光伏组件总功率。

【解】

$$P=\frac{18\ \text{W}\times 4\ \text{h}}{4.46\ \text{h}}\times 2=32.28\ \text{W}$$

（2）以年辐射总量为依据的计算方法

式（4–2）是一个以年辐射总量为依据的计算公式，与式（4–1）相似。

$$P=\frac{K\times(\text{用电器工作电压}\times\text{用电器工作电流}\times\text{用电时间})}{\text{当地年总辐射量}} \tag{4–2}$$

式（4–2）中，光伏组件功率的单位是瓦 (W)、用电器工作电压单位是伏特 (V)；用电器工作电流单位是安培 (A)；用电时间单位是小时 (h); 年辐射总量单位是千焦 / 平方厘米 (kJ/cm^2)。式（4–2）中 K 为辐射量修正数，单位是千焦 / 平方厘米 · 小时 ($kJ/cm^2\cdot h$)，对于不同的运行情况，K 可以适当调整，当光伏发电系统处于有人维护和一般使用状态时，K 取 230；当系统处于无人维护且要求可靠时，K 取 251；当系统处于无法维护、环境恶劣、要求非常可靠时，K 取 276。

【例 4-2】某地安装一套光伏庭院灯，使用两只 9 W/12 V 节能灯做光源，每日工作 4 h。已知当地的全年辐射总量是 580kJ/cm^2，求光伏电池总功率。

【解】先计算用电器工作电流 = 18 W/12 V=1.5 A

带入式（4–2）求光伏组件功率 P，则

$$P=\frac{18\ \text{W}\times 4\ \text{h}}{580\ \text{kJ/cm}^2}\times 276\ \text{kJ/cm}^2\cdot\text{h}=34.26\ \text{W}$$

（3）以斜面年辐射总量为依据的计算方法

常用于独立光伏发电系统的快速设计与计算，也可以用于对其他计算方法的验算。其主要参照的光伏辐射参数是当地年辐射总量和斜面修正系数。

首先根据各用电器的额定功率和每日平均工作的小时数，计算出总用电量：

$$\text{负载总用电量}\ (\text{W}\cdot\text{h})=\sum\text{用电器功率}\times\text{日平均工作时间}$$

$$P=\frac{5\,618\times\text{安全系数}\times\text{负载总用电量}}{\text{斜面修正系数}\times\text{水平面平均辐射量}} \tag{4–3}$$

为方便计算，式（4–3）中 5 618 是将充放电效率系数、光伏组件衰降系数等因素，经过单位换算及简化处理后，得出的系数值。安全系数是根据使用环境、有无备用电源、是否有人值守等因素确定。一般在 1.1 ~ 1.3 之间选取。水平面年平均辐射量的单位是 kJ/（$m^2\cdot d$）。

【例 4-3】北京地区一套光伏庭院灯带有两个灯头，一个是 11 W/12 V 节能灯，每天工作 5 h，另一个是 3 W/12 V 的 LED 球泡灯，每天工作 12 h，试计算光伏组件功率和蓄电池容量。

【解】通过参数表查得北京的斜面修正系数为 1.097 6，水平面年平均日辐射量为 15 261[kJ/（$m^2\cdot d$）]，安全系数取 1.2。

负载总用电量（W · h）=11 W × 5 h+3 W × 12 h=91 W · h

$$组件功率 = \left[\frac{5\ 618 \times 1.2 \times 91}{1.097\ 6 \times 15\ 261}\right] W=36.6\ W$$

4.1.2 方阵设计与光伏组件选配

1. 光伏组件或方阵倾角设计

设计离网光伏发电系统时当然要掌握当地的光资源情况，分析时需要的基本数据如下：

（1）现场的地理位置

包括地点、纬度、经度、海拔等。

（2）安装地点的气象资料

包括逐月太阳总辐射量，直接辐射及散射量（或日照百分比），年平均气温，最长连续阴雨天，最大风速及冰雹、降雪等特殊气候情况。

这些资料从当地的气象部门查询，一般只有水平面上的太阳辐射量，要设法换算到倾斜面上的辐射量。光伏方阵的入射能量，包括直接辐射、散射辐射和地面反射量三部分。设水平面全天太阳总辐射量为 I_H，它由直接辐射量 I_{HO} 和水平面散射辐射量 I_{HS} 组成。那么，与地平面成倾角 θ 设置的光伏组件倾斜面总太阳辐射量 I_t，由式（4–4）得到

$$I_t \approx I_{HO}[\cos\theta + \sin\theta \coth_0 \cos(\varphi - \phi)] + I_{HO}\frac{1+\cos\theta}{2} + \rho I_H \frac{1-\cos\theta}{2} \qquad (4-4)$$

式（4–4）右边第一项是直射分量，第二项是散射分量，第三项是地面反射分量。ρ 为地面反射率，不同的地表状态的反射率由表 4–1 可得。工程计算中，取 ρ 的平均值 0.2，有雪覆盖地面时 ρ 取 0.7。φ 为太阳方位角，ϕ 为光伏组件方位角。

表4–1　地面反射率

地 表 状 态	地面反射率	地 表 状 态	地面反射率
沙漠	24～28	湿砂地	9
干裸地	10～20	干草地	15～25
湿裸地	8～10	湿草地	14～26
干黑土	14	新雪	81
湿黑土	8	残雪	46～70
干砂地	18	冰面	69

从水平面上的太阳辐射量计算光伏方阵倾斜面所接收到的太阳辐射量，工作量较大。如若采用计算机辅助设计软件，应预先进行方阵倾角的优化设计，要求全年总辐射量尽可能大，而在冬天和夏天辐射量的差异尽可能小，两者统筹兼顾。这一点对高纬度地区尤为重要。这是因为高纬度地区冬季和夏季水平面太阳辐射量差异非常大。

只有权衡考虑，选择最佳倾角，光伏方阵面上的冬夏季辐射量之差就会减小，蓄电池容量设计可以减少，系统造价降低，设计较为合理。一般来讲，固定倾角光伏方阵面上的辐射量要比水平面辐射量高 5% ~ 15%，直射分量越大、纬度越高，倾斜面比水平面增加的辐射量越大。

在小型离网光伏发电系统的设计中，设置固定方阵的倾角和方位角时，处于北半球的中国，方位角应正南设置。但是，由于某种限制不能正南，只要在正南 ±20°之内，方阵输出功率不会降低多少。非正南设置时，功率输出大致按照一个余弦函数减少。至于方阵倾角，一般都按当地纬度的整数固定设置。如果考虑为了冬季能多发电，方阵倾角可适当比当地纬度加大一些，一般在 5° ~ 15°之内。

对于离网光伏发电系统，倾角宜使光伏方阵的最低辐射量月份倾斜面上受到较大的辐射量。表 4–2 所示为 2012—2015 年浙江杭州辐射量最差 1 月份不同倾角的平均辐射量（平均日照时数 h）。当倾角为 47°时，倾斜面可获得最大峰值日照时数。所以最佳倾角是 47°。

表4–2　杭州1月份不同倾角辐射量

倾角/（°）	10°	20°	30°	40°	45°	46°	47°	48°
平均日照时数/h	2.40	2.59	2.72	2.79	2.80	2.81	2.81	2.81
倾角/（°）	49°	50°	51°	52°	53°	54°	55°	
平均日照时数/h	2.80	2.80	2.80	2.80	2.79	2.79	2.78	

2. 光伏组件选型与配置

（1）光伏组件选型原则

光伏组件应根据类型、峰值功率、转换效率、温度系数、组件尺寸、质量、功率辐照度特性等技术条件进行选择。光伏组件依据太阳辐射量、气候特性、场地面积等因素，经技术经济比较确定。光伏辐射量较高、直射分量较大的场地宜采用晶体硅光伏组件或聚光光伏组件。光伏辐射量较低、散射分量较大、环境温度较高的地区宜采用薄膜光伏组件。

（2）光伏组件容量及串并联分析

在进行光伏组件的设计与计算时，还要考虑季节变化对系统发电量的影响。因为在设计和计算得出组件容量时，一般都是以当地光伏辐射资源的参数如峰值日照时数、年辐射总量等数据为参照数据，这些数据都是全年平均数据，参照这些数据计算出的结果，在春、夏、秋季一般都没有问题，冬季可能就会有点欠缺。因此，在有条件时或设计比较重要的光伏发电系统时，最好以当地全年每个月的光伏辐射资源参数分别计算各个月的发电量，其中的最大值就是一年中所需要的光伏组件的数量。例如，某地计算出冬季需要的光伏组件数量是 8 块，但在夏季可能只要 5 块，为了保证该系统全年的正常运行，要按照冬季的数量确定系统的容量。

计算光伏组件数的基本方法是用负载平均每天所消耗的电量（A · h）除以选定的光伏组件在一天中的平均发电量（A · h），这样就算出了整个系统需要并联的光伏组件数。但是实际计算时，还要考虑到各种因素影响，如蓄电池的充电效率系数、组件损耗系数、逆变器效率系数等，综合考虑以上因素，得出式（4–5）计算公式：

$$\text{光伏组件并联数}=\frac{\text{负载日平均用电量（A}\cdot\text{h）}}{\text{组件日平均发电量（A}\cdot\text{h）}\times\text{充电效率系数}\times\text{组件损耗系数}\times\text{逆变器效率系数}} \tag{4-5}$$

在式（4–5）中，组件日平均发电量 = 组件峰值工作电流（A）× 峰值日照时数（h）；负载日平均用电量 = 工作电流（A）× 工作时数（h）。

再将系统的工作电压除以光伏组件的峰值工作电压，就可以算出光伏组件的串联数量。这些光伏组件串联后就可以产生系统负载所需要的工作电压或蓄电池组充电电压。具体公式为：

$$\text{光伏组件串联数}=\frac{\text{系统工作电压（V）}\times\text{系数}1.43}{\text{组件峰值工作电压（V）}} \tag{4-6}$$

系数 1.43 是光伏组件峰值工作电压与系统工作电压的比值。例如，为工作电压 12 V 的系统供电或充电的光伏组件的峰值电压是 17 ~ 17.5 V；为工作电压 24 V 的系统供电或充电的峰值电压为 34 ~ 34.5 V 等。因此，为方便计算，用系统工作电压乘以 1.43 就是该组件或整个方阵的峰值电压近似值。

【例 4-4】某地建设一个移动通信基站的光伏供电系统，该系统采用直流负载，负载工作电压 48 V，用电量为每天 150 A · h，该地区最低的光照辐射是 1 月份，其倾斜面峰值日照时数是 3.5 h，选定 125 W 光伏组件，其主要参数：峰值功率 125 W、峰值工作电压 34.2 V、峰值工作电流 3.65 A，计算光伏组件使用数量及光伏方阵的组合设计。

【解】根据上述条件，并确定组件损耗系数为 0.9，充电效率系数也为 0.9。因该系统是直流系统，所以不考虑逆变器的转换效率系数。

$$\text{光伏组件串联数}=\frac{150\ \text{A}\cdot\text{h}}{(3.65\ \text{A}\times 3.5\ \text{h})\times 0.9\times 0.9}=14.49$$

$$\text{光伏组件串联数}=\frac{48\ \text{V}\times 1.43}{34.2\ \text{V}}=2$$

根据以上计算数据，按照就高不就低的原则，确定光伏组件并联数是 15 路，串联数是 2 块。也就是说，每 2 块光伏组件串联连接，15 串光伏组件再并联连接，共需要 125 W 光伏组件 30 块构成光伏方阵，连接示意图如图 4–3 所示。

该光伏方阵总功率 =15 × 2 × 125 W=3750 W。

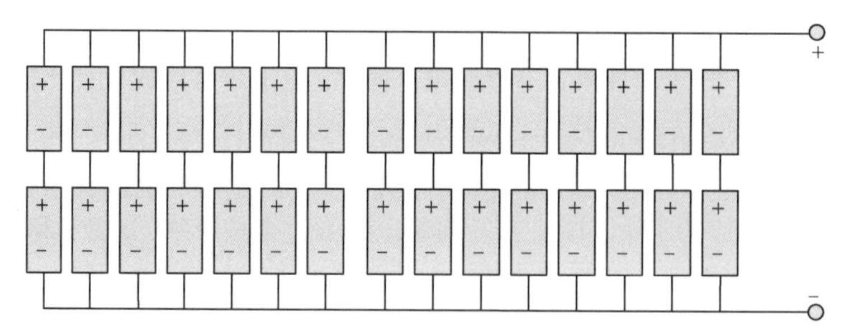

图4–3　光伏方阵串并联示意图

4.1.3　蓄电池选型与配置

1. 基本容量设计方法

蓄电池容量是指其蓄电的能力，通常用该蓄电池放电至终了电压时所放出的电量大小来度量。确定离网光伏系统蓄电池容量最佳值，必须综合考虑光伏方阵发电量、负荷容量及直交变换装置（逆变器）的效率等。蓄电池容量的计算方法一般可通过下式求出：

$$C=\frac{D\times F\times P_0}{L\times U\times K_\alpha} \tag{4-7}$$

式中：C——蓄电池容量，kW · h（A · h）；

D——最长无日期间用电时数，h；

F——蓄电池放电效率的修正系数；

P_0——平均负荷容量，kW；

L——蓄电池的维修保养率；

U——蓄电池的放电深度；

K_α——包括逆变器等交流回路的损耗率。

2. 放电率对蓄电池容量影响

放电率也就是放电时间和放电电流与蓄电池容量的比率，一般分为 20 小时率（20 h）、10 小时率（10 h）、5 小时率（5 h）、3 小时率（3 h）、1 小时率（1 h）、0.5 小时率（0.5 h）等。

大电流放电时，放电时间短，蓄电池容量会比标称容量小；小电流放电，放电时间长，实际放电容量会比标称容量增加。例如，容量 100 A · h 的蓄电池用 2 A 的电流放电能放 50 h，但要用 50 A 电流放电就肯定放不了 2 h。实际容量就不够 100 A · h。蓄电池的容量随着放电率的改变而改变，这样就会对容量设计产生影响。当系统负载放电电流大时，蓄电池的实际容量会比设计容量小，会造成系统供电量不足；而系统负载工作电流小时，蓄电池的实际容量就会比设计容量大，会造成系统成本的无谓增加。特别是在光伏发电系统中应用的蓄电池，放电率一般都较慢，差不多都在 50 小时率以上，而生产厂家提供的蓄电池标称容量是 10 小时率下的容量。因此，在设计时要考虑到光伏系统中蓄电池放电率对容量的影响因素，并计算光伏系统的实际平均放电率，根据生产厂家提供的该型号蓄电池在不同放电速率下的容量，就可以对蓄电池的容量进行校对和修正。当手头没有详细的容量—放电速率资料时，也可对慢放电率 50 ～ 200 小时率光伏系统蓄电池的容量进行估算，一般相对应的比蓄电池的标准容量提高 5% ～ 20%，相应的放电率修正系数为 0.8 ～ 0.95。光伏系统的平均放电率计算公式为：

$$\text{平均放电率（小时率）}=\frac{\text{负载工作时间}\times\text{连续阴雨天数}}{\text{最大放电深度}} \tag{4-8}$$

对于有多路不同负载的光伏系统，负载工作时间需要用加权平均法进行计算，加权平均负载工作时间的计算方法为：

$$\text{负载工作时间}=\frac{\sum\text{（负载功率}\times\text{负载工作时间）}}{\sum\text{负载功率}} \tag{4-9}$$

据式（4–8）、式（4–9）两个公式就可以计算出光伏系统的实际平均放电率，根据蓄电池生产厂商提供的该型号蓄电池在不同放电速率下的蓄电池容量，就可以对蓄电池的容量进行修正。

3. 温度对蓄电池容量的影响

蓄电池的容量会随着蓄电池温度的变化而变化，当蓄电池的温度下降时，蓄电池的容量会下降，温度低于 0℃时，蓄电池容量会急剧下降。温度升高时，蓄电池容量略有升高。蓄

电池的标称容量一般都是在环境温度25℃时标定的，随着温度的降低，0℃时的容量下降到标称容量的90%～95%，−10℃时下降到标称容量的80%～90%，−20℃时下降到标称容量的70%～80%，所以必须考虑蓄电池的使用环境温度对其容量的影响。当最低气温过低时，还要对蓄电池采取相应的保温措施，如地埋、移入房间，或者改用价格更高的胶体铅酸蓄电池等。环境温度对畜电池容量的影响如图4−4所示。

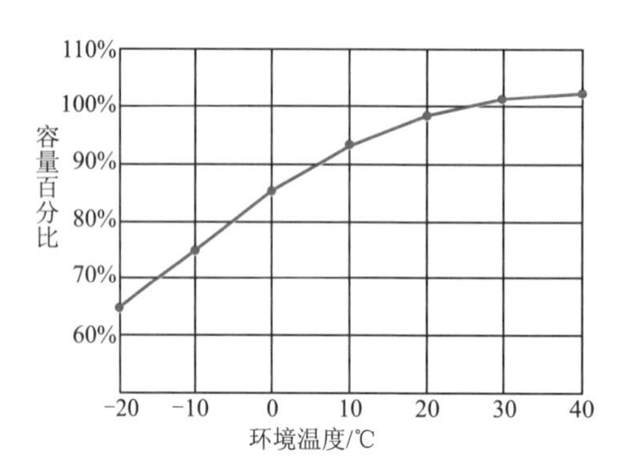

图4-4　环境温度对蓄电池容量的影响

4. 蓄电池容量设计方法

在考虑到各种因素的影响后，蓄电池实际容量设计公式如下所示：

$$蓄电池容量=\frac{负载日平均用电量（Ah）\times 连续阴雨天数\times 放电率修正系数}{最大放电深度\times 低温修正系数} \tag{4-10}$$

确定了所需的蓄电池容量后，就要进行蓄电池组的串并联设计。下面介绍蓄电池组串并联组合的计算方法。

蓄电池都有标称电压和标称容量，如2 V、6 V、12 V和50 A · h、300 A · h、1 200 A · h等。为了达到系统的工作电压，需要把蓄电池串联起来给系统和负载供电，需要串联的蓄电池个数就是系统的工作电压除以所选蓄电池的标称电压。需要并联的蓄电池数就是蓄电池组的总容量除以所选定蓄电池单体的标称容量。蓄电池单体的标称容量可以有多种选择，例如，假如计算出来的蓄电池容量为600 A · h，那么可以选择1个600 A · h的单体蓄电池，也可以选择2个300 A · h的蓄电池并联，还可以选择3个200 A · h或6个100 A · h的蓄电池并联。从理论上讲，这些选择都没有问题，但是在实际应用当中，要尽量选择大容量的蓄电池以减少并联的数目。这样做的目的是尽量减少蓄电池之间的不平衡所造成的影响。并联的组数越多，发生蓄电池不平衡的可能性就越大。一般要求并联的蓄电池数量不得超过4组。蓄电池串、并联数的计算公式为：

$$蓄电池串联数=\frac{系统工作电压}{蓄电池标称电压}$$

$$蓄电池并联数=\frac{蓄电池总容量}{蓄电池标称容量}$$

【例4-5】某地建设一个移动通信基站的光伏供电系统，该系统采用直流负载，负载工作电压48 V，该系统有两套设备负载，一套设备工作电流为1.5 A，每天工作24 h；另一套设备工作电流 4.5 A，每天工作 12 h。该地区的最低气温是 −20 ℃，最大连续阴雨天数为 6 天，选用深循环型蓄电池，计算蓄电池组的容量和串并联数量及连接方式。

根据上述条件，并确定最大放电深度系数为 0.6，低温修正系数为 0.7。

【解】 为求得放电率修正系数，先计算该系统的平均放电率。

$$\text{加权平均负载工作时间}=\frac{(1.5\ \text{A}\times 24\ \text{h})+(4.5\ \text{A}\times 12\ \text{h})}{1.5\ \text{A}+4.5\ \text{A}}=15\ \text{h}$$

$$\text{平均放电率}=6\times\frac{15\ \text{h}}{0.6}=150\ \text{小时率}$$

150 小时率属于慢放电率，在此可以根据蓄电池生产厂商提供的资料查出的该型号蓄电池在 150 h 放电速率下的蓄电池容量进行修正。也可以按照经验进行估算，150 h 放电率下的蓄电池容量会比标称容量增加 15% 左右，在此确定放电率修正系数为 0.85。带入公式计算，先计算负载日平均用电量：

$$\text{负载日平均用电量}=(1.5\ \text{A}\times 24\ \text{h})+(4.5\ \text{A}\times 12\ \text{h})=90\ \text{A}\cdot\text{h}$$

$$\text{蓄电池容量}=\frac{90\ \text{A}\cdot\text{h}\times 6\times 0.85}{0.6\times 0.7}=1\ 092.86\ \text{A}\cdot\text{h}$$

根据计算结果和蓄电池手册参数资料，可选择 2 V/600 A·h 蓄电池或 2 V/1 200 A·h 蓄电池，这里选择 2 V/600 A · h 型。

$$\text{蓄电池串联数}=48\ \text{V}/2\ \text{V}=24$$

$$\text{蓄电池并联数}=1\ 092.86\ \text{A}\cdot\text{h}/600\ \text{A}\cdot\text{h}=1.82=2$$

$$\text{蓄电池组总块数}=24\times 2=48$$

根据以上计算结果，共需要 2 V/600 A·h 蓄电池 48 块构成蓄电池组，其中每 24 块串联后，2 串并联，如图 4–5 所示。

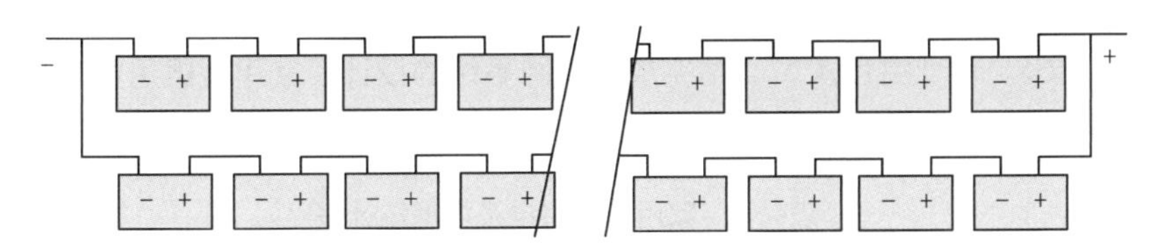

图4–5 光伏电池方阵串并联示意图

目前很多光伏发电系统都采用两组蓄电池并联模式，目的是以防有一组蓄电池有故障不能正常工作时，就可以将该组蓄电池断开进行维修，而另一组蓄电池还能维持系统正常工作一段时间。总之，蓄电池组的并联设计需要根据不同的实际情况进行选择。

4.1.4 光伏控制器选配

光伏控制器（简称控制器）设计要素主要考虑系统工作电压、额定输入电流等。

1. 系统工作电压

系统工作电压，即额定工作电压，是指光伏发电系统中的蓄电池或蓄电池组的工作电压。这个电压要根据直流负载的工作电压或离网逆变器的配置选型确定，一般为 12 V、24 V，中、大功率控制器也有 48 V、110 V、200 V 等。

2. 额定输入电流

控制器的额定输入电流取决于光伏组件或方阵的输出电流，选型时控制器的额定输入电流应等于或大于光伏组件或方阵的输出电流。

【例 4-6】某离网路灯系统负载工作电压为 24 V，本设计光伏组件功率为 80 W，峰值电压 34.2 V，请选配控制器的工作电压和输入电流。

【解】本项目负载工作电压为 24 V，所以光伏发电系统蓄电池的工作电压也为 24 V，控制器的工作电压也应为 24 V。组件最大输出电流为 80 W/34.2 V=2.3 A，因此选大于 3 A 的专用控制器完全能满足要求。

除上述主要技术数据要满足设计要求以外，使用环境温度、海拔高度、防护等级、外形尺寸等参数以及生产厂家、品牌也是控制器配置选型时要考虑的因素。

4.2 家用离网光伏发电系统设计

为解决高原、海岛、牧区、边防哨所等边远无电地区的用电需要，采用离网光伏发电系统是最方便快捷的方式之一，下面以一个偏远地区户用电站为例，介绍家用离网系统的设计。主要工作包括家用离网光伏系统容量设计、光伏组件与方阵设计、蓄电池容量选配、光伏控制器选型及离网逆变器选型。

以某家用离网光伏设计为例，该地区最低的光照辐射是 1 月份，倾斜面峰值日照时数为 4.0，组件损耗系数取 0.9，离网逆变器工作效率为 0.9，其他线路损失 0.95；蓄电池充放电损耗 10%，蓄电池放电效率的修正系数取 1.05，蓄电池的放电深度取 0.5，蓄电池维修保证率 0.85，连续阴雨天数取 5，最低温度 5 ℃。请完成该离网系统的设计，家用负载用电及类型统计表如表 4–3 所示。

表4–3　家用负载用电及类型统计表

负载电器名称	规格型号	耗电功率/W	数　　量	每日工作时间/h	日耗电量/W·h
照明	节能灯	11	8	6	528
计算机	液晶显示	150	2	8	1 000
电冰箱	150 L	100	1	24	800
洗衣机		550	1	1	550
微波炉		1 000	1	2	2 000
空调	1.5 P	1 200	1	4	4 800
卫星天线		50	1	6	300
彩色电视	21 LCD	150	1	6	900
水泵		400	1	2	800
总计		3 838			11 678

备注：计算总耗电功率时，节能灯为 11×8，液晶显示为 150×2。

4.2.1 家用离网光伏系统容量设计

1. 负载总用电计算

由于项目耗电量 1 1678 W · h，功率较大，蓄电池的工作电压不能选择 12 V，而是选择 48 V，根据前面光伏路灯设计可知，光伏组件的峰值电压应为蓄电池工作电压的 1.43 倍，因此，光伏组件阵列输出的峰值电压应达 68.64 V 左右。

2. 光伏系统容量设计

根据基本设计原则：组件对蓄电池的充电功率 × 峰值日照时间 × 损耗系数要大于等于负载日总耗电量。可得出组件容量的计算公式：(组件峰值功率 /1.43) × 峰值日照时间 × 损耗系数 = 负载日总耗电量。

$$Pp=1.43\times\frac{\text{负载日总耗电量}}{\text{峰值日照时间}\times\text{损耗系数}}$$

由于系数 $K=K_1\times K_2\times K_3\times K_4\times K_5\times K_6$，$K_1$ 为库仑系数，即蓄电池的自损失；K_2 为逆变器的转换效率；K_3 为灰尘系数；K_4 为温度补偿系数；K_5 为组件损失；K_6 为其他损失。

4.2.2 光伏组件或方阵设计

1. 倾角设计

倾角设计同 4.1.2 小节方阵设计与光伏组件选配。

2. 电池组件选配

家用离网系统负载为交流负载，每天消耗电能 11 678W · h，则逆变器输入端提供电能为 14 597.5 W · h，系统电压选取 48 V，所以蓄电池每天提供 304 A · h。根据：

$$\text{组件并联数}=\frac{\text{负载日用电量（A·h）}}{\text{组件日平均发电量（A·h）}\times\text{充电效率系数}\times\text{组件损耗系数}\times\text{逆变器效率系数}}$$

$$\text{组件串联数}=\frac{\text{系统工作电压（V）}\times\text{系数 1.43}}{\text{组件峰值工作电压（V）}}$$

可计算出表 4–4 所示的组件选型配置方法。

表4–4 组件选配

型 号	功率/W	峰值电压/V	峰值电流/A	串联数/块	并联数/串	总功率/W
1	100	34.2	2.92	2	33	6 600
2	125	34.2	3.65	2	26	6 500
3	180	17.1	10.53	4	9	6 480
4	245	34.2	7.16	2	14	6 860
5	300	34.2	8.77	2	11	6 600

光伏方阵输出电压 68.4 V（17.1 × 4）、输出电流 94.77 A，可见选择 180 W 的组件最经济，组件选配示意图如图 4–6 所示。

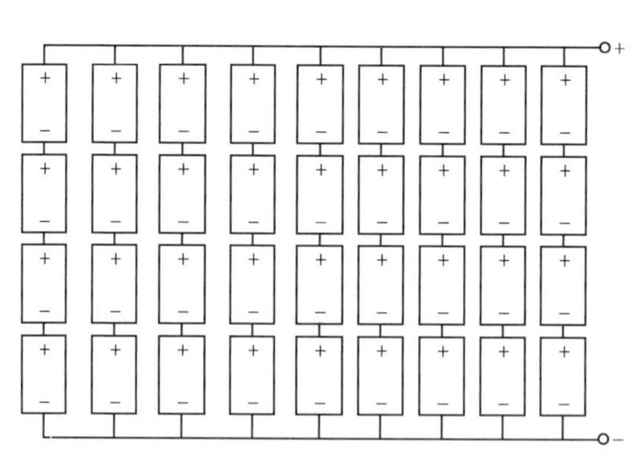

图4-6　电池组件选配示意图

4.2.3　离网系统蓄电池选型与配置

1. 蓄电池容量选择

该地区最大连续阴雨天 5 天，则蓄电池放电容量为 304 A · h × 5=1 520 A · h。

根据公式（4−7）得

$$C=\frac{D\times F\times P_0}{L\times U\times K_a}=\frac{1\ 520\times 1.05}{0.8\times 0.9\times 0.5\times 0.95}=4\ 925.9\ \text{A}\cdot\text{h}$$

可得：C=4 925.9 A · h。表 4−5 所示为各类蓄电池选型与配置情况。

选用 12 V 蓄电池，折算后蓄电池容量 = 4 925.9 A · h，选用 12 V 铅酸蓄电池由于系统工作电压为 48 V，因此蓄电池采用 4 块串联，并联的连接方式，如表 4−5 所示。

表4−5　蓄电池选型与配置情况

电 池 类 型	额定电压/V	10h放电容量	串联数/个	并联数/串
6GFM−400	12	420−500	4	3
6GFM−600	12	660−690	4	2
6GFM−1500	12	1700−1720	4	1

本项目选用 6GFM−400 蓄电池 12 个采用 4 串 3 并的连接，如图 4−7 所示。

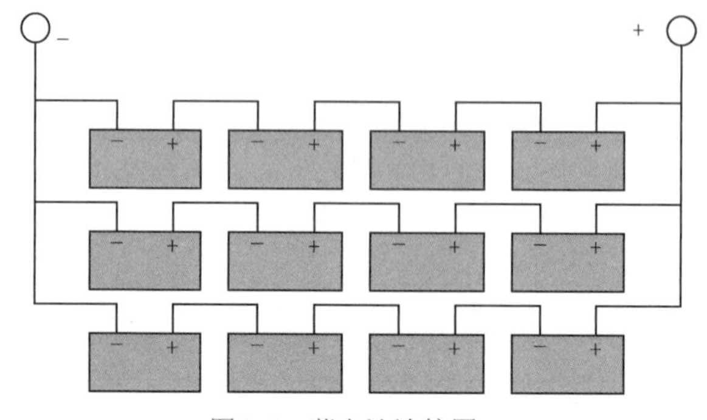

图4−7　蓄电池连接图

4.2.4　光伏控制器选择

根据上述分析，蓄电池通过控制器每天提供 304 A · h，工作电压为 48 V，则平均流过控制器的电流为 12.7 A，可选择表 4–6 所示的光伏控制器参数。

表4–6　光伏控制器参数

额定工作电流	100 A	额定工作电压	48 V
光伏组件电压	<100 V	浮充电压	54.8 V
欠压保护	42.8 V	欠压恢复	50.4 V

4.2.5　光伏逆变器选择

在该系统中电视机、电冰箱均为 220 V 交流用电器，系统离网逆变器输入电压 48 V，输出 220 V 交流电，从负载工作表 4–3 可知，负载最大功率总和为 3 838 W，则可以采用 48 V 转 220 V 的 5 kW 纯正弦波光伏逆变器。表 4–7 所示为离网逆变器选配参数。微波炉、洗衣机、空调功率较大，且均为感应负载，启动时有 3~5 倍的冲击电流；不宜同时启动。

表4–7　离网逆变器选配

输出电压	220 V AC	工作电压	48 V DC
功率	5 000 W	瞬间功率	5 500 W
输出波形	纯正弦波	输出频率	50 Hz/60 Hz
空载损耗	<28 W	效率	>90%
输入电压	40～60 V	熔丝	35 A

因此选择 48 V、5 kW 逆变器已能满足系统设计要求。

习　　题

1. 结合本地气象参数，设计一个 20 W、每天工作 6 h 的光伏路灯，并绘制工作原理图。
2. 结合自家用电情况，设计一个离网光伏发电系统，能够满足自家用电需求。

第5章 并网光伏发电系统设计

学习目标

拓展知识5 园区源网荷储、光伏助力乡村振兴

(1)掌握并网光伏发电系统设计流程。
(2)能够独立设计 5 kW 地面、屋顶家用光伏发电系统。
(3)能够独立设计 60 kW、100 kW 地面与平屋顶光伏发电系统。
(4)能够独立设计 1 MW 地面与彩钢瓦屋顶光伏发电系统。
(5)熟悉 10 MW 地面光伏发电系统设计方案。
(6)能够独立绘制 220 V、380 V、10 kV 并网光伏发电系统图纸。
(7)掌握光伏发电量的计算方法。

5.1 5 kW家用屋顶光伏发电系统设计

5.1.1 项目任务

某住户利用自家屋顶建设分布式用户侧并网光伏电站，该项目工程位于湖南省湘潭市内，北纬 27.83°，东经 113.15°，海拔 201.33 m，气象信息数据如表 5-1 所示。

表5-1 湘潭市气象信息数据

月份及年均	水平面上的平均日辐射/(kW·h/m²)	风速/(m/s)	大气压力/kPa	月平均温度/℃
一月	2.01	2.56	99.56	6.36
二月	2	2.72	99.34	8.1
三月	2.35	2.82	98.98	11.38
四月	3.18	2.74	98.48	17.01
五月	3.87	2.54	98.11	21.4
六月	4.3	2.44	97.68	24.67
七月	5.37	2.42	97.57	26.77
八月	4.62	2.39	97.7	25.94
九月	3.86	2.46	98.3	23.02
十月	3.1	2.65	98.96	18.69
十一月	2.85	2.55	99.35	13.63

续表

月份及年均	水平面上的平均日辐射/(kW·h/m²)	风速/(m/s)	大气压力/kPa	月平均温度/℃
十二月	2.49	2.44	99.64	8.5
年均	3.33	2.56	98.64	17.12

建筑坐北朝南，建筑长 17.85 m、宽 8.7 m、高 8.1 m。屋面为双坡屋面，屋面南北向倾斜角度约为 30°，周围无高大树木遮挡，考虑光伏发电效果，只在别墅屋面南向安装光伏组件。该建筑示意图如图 5–1 所示。

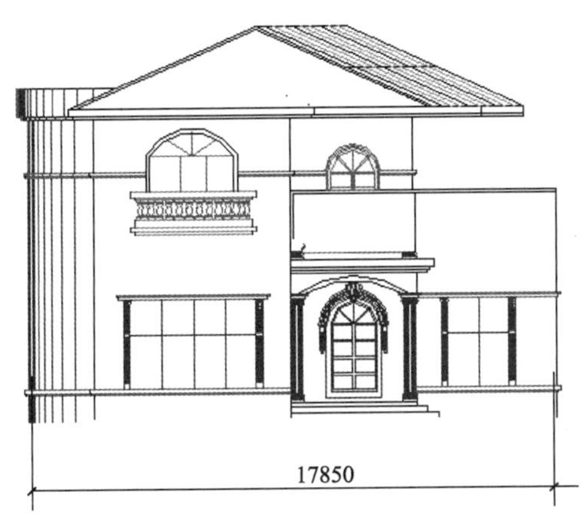

图5–1　建筑示意图

5.1.2　电站设计

1. 阵列倾角设计

考虑到美观性，项目为光伏建筑一体化设计，要求光伏组件紧贴屋面安装，所以项目采用阵列倾角考虑是与建筑屋面的角度一致为 30°，如图 5–2 所示。

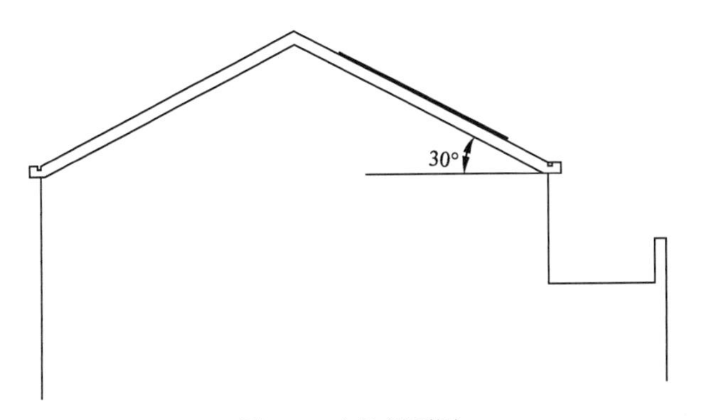

图5–2　建筑剖面图

2. 阵列方位角设计

由于建筑南北朝向，阵列的倾角采用固定式，与屋面坡度一致。根据上述综合考虑，阵

列倾角为 30°，阵列方位角为 0°。

3. 组件选择与方阵布置

（1）组件选择

根据采购合同要求，组件选用某公司生产的 280P−60 型多晶硅组件，具体参数如表 5−2 所示。

表5−2　光伏组件参数表

电池类型	多晶硅	最大功率	280 Wp
组件尺寸	1 650 mm × 992 mm × 40 mm	最佳工作电压	38.0 V
接线盒	IP67	最佳工作电流	8.82 A
输出导线	1 200 mm	开路电压	47.2 V
前置玻璃	3.2 mm	短路电流	9.18 A
组件效率	17.1%	工作温度	−40 ~ +85 ℃
最大系统电压	DC 1 000 V/1 500 V (IEC)	最大额定熔丝电流	20 A
质量	22 kg	电压温度系数	−0.3%/℃

（2）方阵布置

因为建筑屋顶面积有限，根据屋顶面积布置组件的方阵，共用组件 18 块，总装机容量 5.04 kW，组件布置方式示意图如图 5−3 所示，组件布置参数如表 5−3 所示。

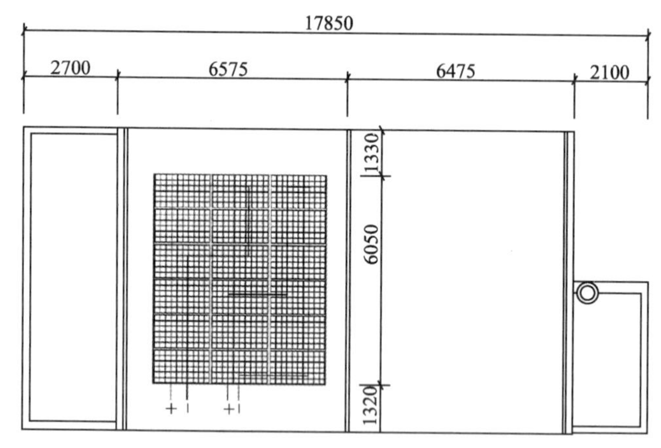

图5-3　组件布置方式示意图

表5−3　组件布置参数表

项　　目	屋 顶 区 域
组件布置方式	竖置
横向 (H_1) 组件布置	6 块
竖向 (H_2) 组件布置	3 块
每排间距 (D_1)	0.02 m
每列间距 (D_2)	0.02 m
组件数	18 块

4. 逆变器设计

(1) 逆变器设计考虑因素

① 组件工作温度：组件的工作温度影响组件的电性能参数，为使设计更加缜密，计算过程中运用组件夏季或冬季工作温度下的电性能参数，根据计算所得，组件夏季工作温度为60 ℃，组件冬季工作温度为 −5 ℃。

② 组件全年最大输出功率：组件的额定峰值功率为实验室环境下得到的，为更合理地选择逆变器，需得到实际应用过程中组件全年最大输出功率 280 W。

③ 用户计划安装容量：根据此区域的面积、选择组件的状况、阵列的跟踪方式可计算区域内最大的安装容量，最终根据实际情况确定计划安装的容量 5 kW。

逆变器设计是根据组件参数和装机容量，并确定组件的串联数与并联数。

(2) 逆变器选配

根据项目计划安装功率，选用华为 SUN2000−8KL 型逆变器，具体参数如表 5−4 所示。它以紧凑的结构设计和较高的功率转换能力，启动电压低，从而给用户带来更多、更快的投资回报。

表5−4 SUN2000−8KL型逆变器参数

最大允许接入组串功率	9.10 kW
最大直流输入电压	1 000 V
MPPT工作电压范围	320～800 V
启动电压	125 V
满载MPPT电压范围	550
最大输入电流	18 A
最大交流功率	8.8 kW
额定输出电压	220 V
输出电压频率	50 Hz
电流总谐波(在额定输出功率下)	<3%
最大效率	98.5%
欧洲效率	98.5%
环境温度范围	−30～+60 ℃
相对湿度	0～100%
质量	40 kg
尺寸（宽×高×厚）	610 mm×520 mm×255 mm

(3) 设计结论

根据逆变器最大输入电流为 18 A，组件串并联计算如表 5−5 所示、共用一台 SUN2000−8KL 型逆变器。

表5−5 组件串并联计算

串联数	并联数	逆变器数量	总安装容量
9	2	1	5.04 kW

如表 5–5 所示，最终确定组件串联数为 9，组件并联数为 2。确定串并联数后，可得到如下结论：

逆变器最大直流输入功率为 5.04 kW，阵列实际最大输出功率为 2×2.52 kW，逆变器最小 MPPT 电压为 320 V；逆变器最大 MPPT 电压为 800 V，阵列最大开路电压为 424.8 V；组件最大承受电压为 1 000 V，满足设计要求。

5. 线缆的设计

线缆设计主要是根据载流量及线缆损耗允许值选择合适的线缆，以下为相关公式及线缆选择原则。

公式：

$$\text{Loss} = (I_{(f)} \times (\rho \times L) / N_s \times U_{mp}) / N_s \times U_{mp}$$

原则 1：

$$I_{(f)} < I$$

原则 2：

$$\text{Loss} < \text{LossT}$$

式中，Loss 为线缆损耗；$I_{(f)}$ 是设计电流；ρ 为线缆电阻率；L 为线缆长度；N_s 为串联数目；U_{mp} 为组件最大功率点电压；I 为线缆载电流；LossT 为允许的线缆损耗。

根据设计要求得到线缆规格如表 5–6 所示。

表5–6　线缆参数表

项　　目	直流、交流侧
阵列输出线缆	YJV 0.6/1 kV 1×4 mm^2
逆变器输出线缆	YJV 0.6/1 kV 2×10 mm^2

6. 交流侧设计

交流配电柜参数如表 5–7 所示。

表5–7　交流配电柜参数

交流配电柜规格	地面区域参数
额定交流输入输出功率	5 kW
最大输入输出总电流	35 A
防护等级	IP20
监控单元	有
电流电压表	有

7. 防雷设计

将组串式逆变器就近布置于建筑物内部，光伏组串直接接入逆变器，省去防雷汇流箱及直流防雷配电单元。此方案适用于小容量的组串式逆变器，满足室内工作，逆变器位置与光伏阵列位置应小于 10 m（大于 10 m 需考虑增加防雷措施）。逆变器的输入侧需有防雷器。

屋顶光伏阵列及支架与屋顶的防雷网连接，接地电阻 $R \leqslant 4\ \Omega$，满足屏蔽接地和工作接地的要求；在中性点直接接地的系统中，要重复接地，$R \leqslant 10\ \Omega$。

水平接地体宜采用扁钢或者圆钢。圆钢的直径不应小于 10 mm，扁钢截面积不应小于

100 mm^2，角钢厚度不应小于 4 mm，钢管厚度不应小于 3 ~ 5 mm。人工接地体在土壤中的埋设深度不小于 0.5 m（见 GB 50057—2010《建筑物防雷设计规范》），需要热镀锌防腐处理，在焊接的地方也要进行防腐、防锈处理。根据实际情况安装电涌保护器。

8. 接入方案设计

系统由 2 个组串方阵组成（每串由 9 块光伏组件串联），并入 1 台 8 kW 的逆变器，经过交流配电箱，接入 220 V 的国家电网，如图 5–4 所示。

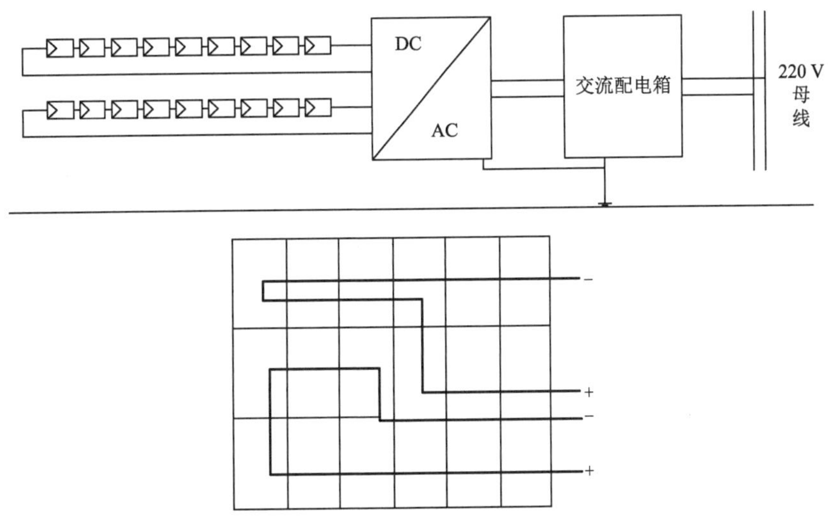

图5–4 组件连线系统图

9. 设备及材料清单列表

光伏电站设备及材料清单如表 5–8 所示。

表5–8 光伏电站设备及材料清单

设备及材料名称		型号	数量	单位
发电设备	光伏组件	多晶硅280P–60	18	块
	组件支架	定制	1	套
	逆变器	SUN2000–8KL	1	台
	交流配电箱	定制	1	台
线缆	线缆（阵列输出）	YJV 0.6/1 kV 1×4	20	m^2
	线缆（逆变器输出）	YJV 0.6/1 kV 2×10	10	m^2

5.2 60 kW扶贫光伏电站系统设计

5.2.1 项目任务

湖南省某扶贫村拟利用村中空置荒地建设一个 60 kW 的分布式光伏并网电站，该项目工

程位于湖南省株洲市内，北纬 27.5°，东经 113.15°，海拔 201.33 m，该地区气象信息数据如表 5–9 所示。

表5–9　株洲市气象信息数据

月份及年均	水平面上的平均日辐射/(kW·h/m²)	风速/(m/s)	大气压力/kPa	月平均温度/℃
一月	2.12	2.56	99.56	6.36
二月	2.24	2.72	99.34	8.1
三月	2.58	2.82	98.98	11.38
四月	3.32	2.74	98.48	17.01
五月	3.95	2.54	98.11	21.4
六月	4.11	2.44	97.68	24.67
七月	4.88	2.42	97.57	26.77
八月	4.46	2.39	97.7	25.94
九月	3.77	2.46	98.3	23.02
十月	3.01	2.65	98.96	18.69
十一月	2.67	2.55	99.35	13.63
十二月	2.35	2.44	99.64	8.5
年均	3.23	2.56	98.64	17.12

基地面积为 500 m^2 左右，呈不规则形状。基地呈南低北高的阶梯状布置。场地的西南角有一个长约 5 m、宽约 3 m、高 3 m 的废弃房。内接 380 V 公共电网。南侧有一条 4 m 宽的小路经过，交通便利。基地平面图如图 5–5 所示。

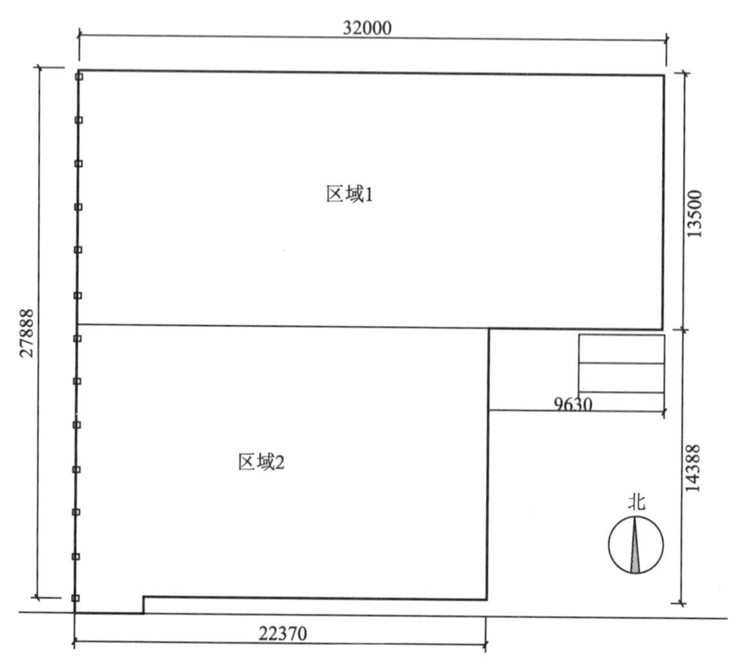

图5–5　某电站基地平面图

5.2.2 电站设计

1. 项目背景分析

（1）区位分析

项目地址位于湖南省株洲市内，其地理位置优越，交通便利，太阳能资源较为丰富，水文条件合适，无特殊地质灾害，具备良好的光伏电站建设条件，项目地址卫星图如图 5-6 所示。

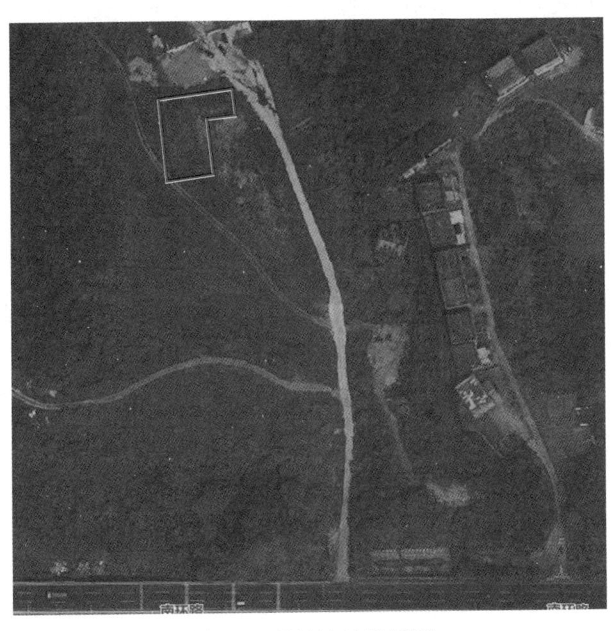

图5-6 项目地址卫星图

本工程项目建设所选地址为湖南省株洲市，具备以下建设条件：

① 项目建设空旷平坦。

② 良好的气候条件，较丰富的光照资源能，能保证较稳定的发电量。

③ 靠近电网，并网方便，利于减少相关输变电基改建工程的综合投资。

④ 主干电网的线径具有足够的承载能力，在基本不改造的情况下有能力输送光伏电站的电力。

⑤ 便利的交通、运输条件和生活条件。

⑥ 良好的示范条件，让公众认识光伏发电技术，具有一定的社会影响力。

（2）气候资源分析

项目所在地位于湖南省株洲市，其地域范围为东经 111°53′～114°15′，北纬 27°51′～28°41′。东邻江西省萍乡市，西接湖南省湘潭市，南接湖南省衡阳市、郴州市，北抵湖南省长沙市。

株洲属亚热带季风性湿润气候。气候特征是：气候温和、降水充沛、雨热同期、四季分明。株洲市区年平均气温 17.1℃，各县 16.8℃～17.3℃，市区年均降水量 1 361.6 mm，各县年均降水量 1 358.6～1 552.5 mm。长沙夏、冬季长，春、秋季短，夏季 118～127 天，冬季

117 ~ 122 天，春季 61 ~ 64 天，秋季 59 ~ 69 天。春季温度变化大，夏初雨水多，伏秋高温久，冬季严寒少。

株洲市全年平均日照小时数为 1 200 h 左右，其中 7、8 月日照小时数为 279 h，各月平均日照小时数为 97 h，年平均日照小时为 3.23 h，具体辐射量如表 5–9 所示。

（3）地址情况分析

根据分析可知，拟建地址较为平坦，地址结构简单，根据《建筑抗震设计规范》(GB 50011—2010)，项目拟建场址建筑场地类型为 I 类；抗震设防震度为 6 度。环境优良，选址周围无较大面积障碍遮挡，无阴影影响，从而使整个光伏发电项目发电量得以保证。拟选场址地理位置优越，东南侧有一个废弃的房子，有利于光伏项目 380 V 侧并网的接入，为本次光伏系统提供了稳定的后备电源，因此该拟建场地非常适合建设光伏并网电站。

2. 系统设计方案

（1）阵列倾角和方位角设计

阵列倾角的最佳选择取决于诸多因素，如地理位置、全年太阳辐射分布、直接辐射与散射辐射比例、负载供电要求和特定的场地条件等。对于某一固定倾角安装的光伏阵列，其倾斜面所接受的太阳总辐射量与倾角有关。最佳阵列倾角共列出了两种计算方法：第一种为全年接受辐射量最大原则，第二种为全年最大发电量原则。也可以通过软件模拟生成，最佳倾斜角的确定采用 PV system 软件进行辅助设计，具体情况如图 5–7 和表 5–10 所示。

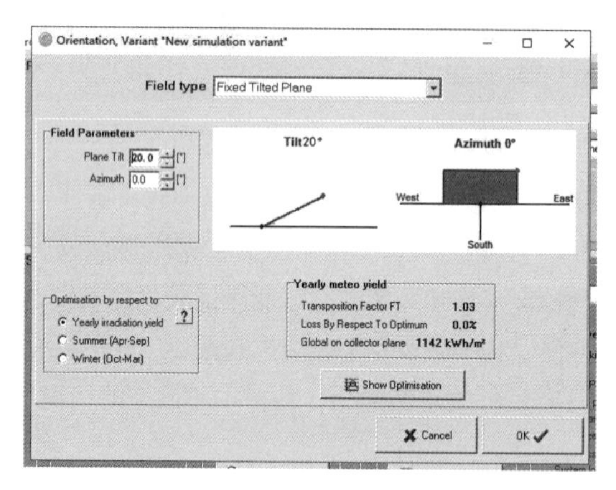

图5–7　PV system设计过程

表5–10　PV system核算表

倾　　角	辐 射 损 失	平面的辐射量
18°	0.0%	1 141 kW·h/m²
19°	0.0%	1 141 kW·h/m²
20°	0.0%	1 142 kW·h/m²
21°	0.0%	1 142 kW·h/m²

由表 5–10 可知，当倾角为 20° 与 21° 时，单位面积的发电量最大，从增加有效面积的考量，以 20° 为最佳倾角设计。

方位角选择：该建设场地为东西方向、坐北朝南，光伏电站方位角为0°。

根据上述计算及综合考虑，地面区域阵列设计最佳倾角为20°，阵列方位为0°，采用倾角固定式。阵列安装区域辐射量如表5-11所示。

表5-11　阵列安装区域辐射量

月　份	阵列倾斜面上的日辐射量/(kW·h/m²)	
	地面区域1	地面区域2
一月	2.294 4	2.284 3
二月	2.180 2	2.175
三月	2.452 3	2.451 4
四月	3.175	3.180 6
五月	3.751 9	3.764 2
六月	4.094 5	4.111 6
七月	5.112 7	5.134 7
八月	4.568 9	4.580 2
九月	4.001 9	4.002 3
十月	3.395 2	3.386 7
十一月	3.393 1	3.372 5
十二月	3.055 8	3.033 4

（2）组件与逆变器选配

① 组件选择。根据采购合同要求，采购市场价格相对便宜、性能良好的多晶硅组件，最终选用某公司生产的280Wp多晶硅组件，具体参数如表5-12所示。

表5-12　光伏组件参数表

电池类型	多晶硅	最大功率	280 Wp
组件尺寸	1 650 mm × 992 mm × 40 mm	最佳工作电压	38.0 V
接线盒	IP67	最佳工作电流	8.82 A
输出导线	1 200 mm	开路电压	47.2 V
前置玻璃	3.2 mm	短路电流	9.18 A
组件效率	17.1%	工作温度	−40 ~ +85℃
最大系统电压	DC 1 000 V/1 500 V(IEC)	最大额定熔丝电流	20 A
质量	22 kg	电压温度系数	−0.3%/℃

② 逆变器设计。逆变器选配设计原则如下：

原则1：逆变器最大直流输入功率 $> P_{ymax} \times N_s \times N_p$。

原则2：逆变器最小MPPT电压 $< U_{mp}(f) \times N_s$。

原则3：逆变器最大直流开路电压 $> U_{oc}(f) \times N_s$。

原则4：组件系统最大电压 $> U_{oc}(f) \times N_s$。

其中，N_s——每台逆变器接入组件串联数；

N_p——每台逆变器接入组件并联数；

f——组件的工作温度；

P_{ymax}——组件全年最大输出功率；

$U_{mp}(f)$——任意温度及辐照度时组件最大功率点的电压，主要应用为夏季组件工作温度；

U_{mp}——标准测试条件下的最大功率时电压；

$U_{oc}(f)$——任意温度及辐照度时组件开路电压，主要应用为冬季组件工作温度；

U_{oc}——标准测试条件下的组件开路电压。

项目选用固德威 GW60K–MT 型逆变器，具体参数如表 5–13 所示。它以紧凑的结构设计和较高的功率转换能力，可持续提供最高 10% 的交流输出过载能力，从而给用户带来更多、更快的投资回报。

表5–13　GW60K–MT型逆变器参数

最大允许接入组串功率	80 kW
最大直流输入电压	1 100 V
MPPT工作电压范围	200～850 V
启动电压	200 V
满载MPPT电压范围	520～850 V
额定输入电压	600 V
最大输入电流	33/33/33/33 A
最大短路电流	37.5/37.5/37.5/37.5 A
MPPT路数	4
额定交流功率	60 kW
最大交流功率	66 kW
额定输出电压	380 V（3L+PE）
输出电压频率	50 Hz
最大交流电流	96 A
功率因数	约为1（0.8超前，0.8滞后可调）
电流总谐波(在额定输出功率下)	<3%
最大效率	99.0%
欧洲效率	98.5%
环境温度范围	−30～+60 ℃
相对湿度	0～100%
工作海拔	≤4 000 m
质量	64 kg
尺寸（宽×高×厚）	586 mm×788 mm×264 mm
防护等级	IP65

（3）方阵设计

用户计划安装容量：根据此区域的面积、选择组件的状况、阵列的方式可计算区域内最大的安装容量，根据实际情况最终确定计划安装的容量为 60 kW。

① 方阵串并联设计。组件串联后，U_{mp} 应在逆变器 MPPT 范围内，需大于最小逆变器 MPPT 工作电压：

$$\frac{U_{\mathrm{mpptmin}}}{U_{\mathrm{pm}} \times [1+(t'-25) \times K_v']} \leqslant N \leqslant \frac{U_{\mathrm{mpptmax}}}{U_{\mathrm{pm}} \times [1+(t-25)K_v']}，同时 N \leqslant \frac{U_{\mathrm{dcmax}}}{U_{\mathrm{oc}} \times [1+(t-25) \times K_v]} \tag{5-1}$$

式中：K_V——光伏组件的开路电压温度系数；

K_V'——光伏组件的工作电压电压温度系数；

N——光伏组件的串联数；

t——光伏组件工作条件下的极端低温；

t'——光伏组件工作条件下的极端高温；

U_{dcmax}——逆变器允许的最大直流输入电压；

U_{mpptmax}——逆变器 MPPT 电压最大值；

U_{mpptmin}——逆变器 MPPT 电压最小值；

U_{oc}——光伏组件的开路电压；

U_{pm}——光伏组件的工作电压。

代入参数，经过计算可知：$200/34.01 \leqslant N \leqslant 850/41.42$

$$6 \leqslant N \leqslant 21$$

根据表 5–14 所示，最终确定组件串联数为 18，组件并联数为 12 为最佳。

表5–14　组件串并联计算列表

串联数/块	并联数/串	逆变器数量/台	总安装容量/kW	计划安装容量/kW
20	11	1	61.6	60
19	11	1	58.52	60
18	12	1	60.48	60
16	13	1	58.24	60

确定串并联数后，可得到如下结论：

a．逆变器最大直流输入功率为 80 kW，阵列实际最大输出功率为 60 kW。

b．阵列输入电压为 684 V，逆变器最小 MPPT 电压为 520 V。

c．逆变器最大直流开路电压为 1 100 V，阵列最大开路电压为 849.6 V。

d．组件系统最大电压为 1 000 V，满足设计要求。

② 方阵间距设计。为了防止间距不适造成前后形成阴影遮挡影响发电效率，合适的光伏组件间距是关键。所以，必须计算方阵的间距，注意南北向前后方阵之间要留出合理的间距，前后间距为：冬至日（一年当中物体在太阳下阴影长度最长的一天）上午 9：00 到下午 3：00，组件之间南北方向无阴影遮挡。计算光伏组件方阵两排之间间距 D，如图 5–8 所示。

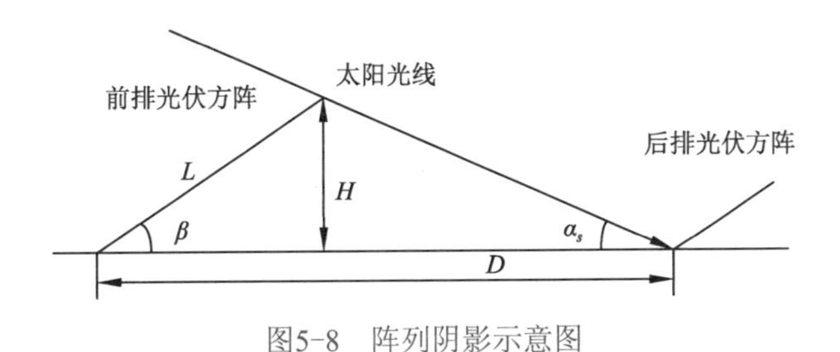

图5–8　阵列阴影示意图

光伏组件方阵两排之间间距 D 计算公式如下：

$$D = L\cos\beta + L\sin\beta\frac{0.707\tan\phi + 0.4338}{0.707 - 0.4338\tan\phi} \tag{5-2}$$

式中：L——阵列倾斜面长度；

D——两阵列之间间距；

β——阵列倾角 20°；

ϕ——当地纬度。

此设计选址纬度为 27.5°，前排方阵组件最高点与后排方阵组件最低点的高度差 H=1.12 m。通过式（5–2）计算可知，光伏方阵前后间距 $D\approx 4.8$ m。

通过软件模拟单模块布置、阴影、间距，可运用上述公式计算，如表 5–15 所示。组件布置方式如图 5–9 所示。

表5–15　组件布置参数表

项　　目	地 面 区 域	项　　目	地 面 区 域
组件布置方式	竖置	每排间距 (D_1)	2 m
横向 (H_1) 组件布置	18 块	每列间距 (D_2)	1.0 m
竖向 (H_2) 组件布置	2 块	阵列数	12

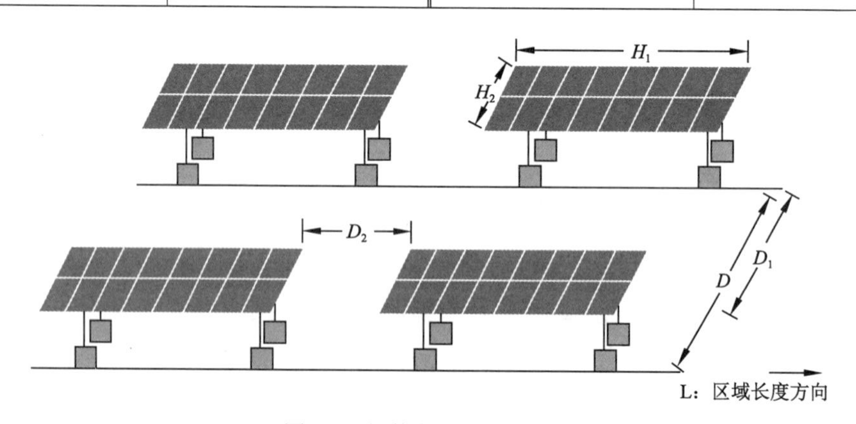

图5–9　组件布置方式示意图

③ 方阵基础、支架设计。支架设计参考标准为：《建筑结构荷载规范》（GB 50009—2012）；《钢结构设计标准》（GB 50017—2017），角钢、槽钢符合《热轧型钢》（GB/T 706—2008）；《钢结构工程施工质量验收规范》（GB 50205—2001），预埋件应符合《紧固件机械性能　螺栓、螺钉和螺柱》（GB/T 3098.1—2010）的要求。

方阵设计要考虑主要有风荷载、雪荷载、其他荷载等。经查《建筑结构荷载规范》（GB 50009—2012），株洲市按照长沙地区的荷载指标取 50 年一遇标准，风压 W_0=0.35 kN/m^2，雪压 S_0=0.45 kN/m^2，设计抗震、防震度为 6 度。

a．风荷载分析

光伏组件的风荷载计算公式：

$$W = C_w \times p \times A_w \tag{5-3}$$

式中：C_w——风力系数；

p——设计用风速压力，N/m^2；

A_w——受力面积。

设计用风速压力 p 用下式计算：

$$p=p_0\times\mu_h\times\mu_e\times\mu_s \tag{5-4}$$

式中：p_0——基准风压，N/m^2；

μ_h——风压高度修正系数；

μ_e——环境修正系数；

μ_s——体型修正系数。

设计用基准风速取地上高度 10 m 处，50 年内出现的最大瞬时风速。

风压高度修正系数 μ_h 可从表 5–16 中查找。

表5–16　风压高度修正系数μ_h

距离地面高度/m	地面粗糙类别			
	A	B	C	D
5	1. 17	1.00	0.74	0.62
10	1.38	1.00	0.74	0.62
15	1.52	1.14	0.74	0.62
20	1.63	1.25	0.84	0.62
30	1.80	1.42	1.00	0.62
40	1.92	1.56	1.13	0.73
50	2.03	1.67	1.25	0.84

环境修正系数 μ_e：对风无遮挡的空旷地带为 1.15；对风有少量遮挡的为 0.9；对风有较大遮挡的为 0.7。

体型修正系数 μ_s。根据《钢结构设计标准》(GB 50017—2017)，中间跨和变跨檩条的计算体型系数为 1.3。

光伏组件的风力系数可参照表 5–17 所示的数据。

表5–17　光伏组件的风力系数

安装形态	风力系数C_w			备　注
	顺　风	逆　风		
地面安装型（单独）	C_w正压	θ/(°)	C_w负压	支架为数个的场合，周围端部的风力系数取左边值，中央部的风力系数取左边值的一半为宜。在左边没有标注的θ角度C_w由如下公式计算： （正压）0.65+0.009θ （负压）0.65+0.009θ 其中，15°≤θ≤45°。
	0.79	15	0.94	
	0.87	30	1.18	
	1.06	45	1.43	

续表

<table>
<tr><td rowspan="2">安装形态</td><td colspan="2">风力系数C_w</td><td colspan="2" rowspan="2">备　注</td></tr>
<tr><td>顺　风</td><td>逆　风</td></tr>
<tr><td rowspan="5">屋顶安装型</td><td colspan="2">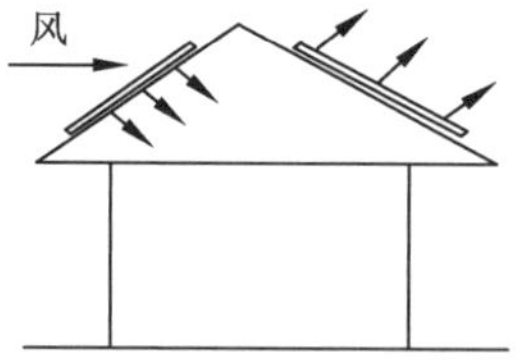</td><td colspan="2">屋顶脊梁处有突出部分的场合，左边负压值的一半也可。在左边没有标注的θ角度C_w由如下公式计算：
（正压）$0.95+0.017\theta$
（负压）$-0.10+0.077\theta-0.0026\theta$
其中，$12^\circ \leqslant \theta \leqslant 27^\circ$。</td></tr>
<tr><td>C_w正压</td><td>θ/(°)</td><td>C_w负压</td><td></td></tr>
<tr><td>0.75</td><td>12</td><td>0.45</td><td></td></tr>
<tr><td>0.61</td><td>20</td><td>0.40</td><td></td></tr>
<tr><td>0.49</td><td>27</td><td>0.08</td><td></td></tr>
</table>

根据上述范围，为了安全可靠，基准风压值一般可选为 0.35 kN/m^2，也可将此值代入风荷载计算公式，进行方阵支撑结构的材料选择。

b．雪荷载分析

光伏组件除了风载荷，有积雪的地区还要考虑雪载荷。雪载荷计算公式如下：

$$S_K=\mu_r S_0 \tag{5-5}$$

式中：S_K——雪载荷标准值；

μ_r——（屋面）积雪分布系数；

S_0——基本雪压。

本项目光伏电站地处株洲，按照长沙地区的荷载指标，取 50 年一遇标准，雪压为 0.45 kN/m^2，考虑项目的安装角度小于 30°，所以项目的雪载荷为

$$S_K=\mu_r S_0=0.9\times 0.45\ \text{kN/m}^2=0.405\ \text{kN/m}^2$$

上述风载荷、雪载荷的计算，考虑组合荷载情况，情况 1：永久荷载与活荷载作用；情况 2：永久荷载与风荷载作用；情况 3：永久荷载与雪荷载作用，计算荷载组合值，公式如下：

标准值：　$S_K=Q_{恒}+0.7\times S_{活}$

设计值：　$S_1=1.2\times Q_{恒}+1.4\times S_{活}$

选取 3 种情况中最不利的荷载组合值，并根据组合值核算压块和支架的结构可靠度。

根据风压和雪压的计算结果，以及光伏方阵布置进行选材；根据材料力学的弯曲变形公式，计算出连接部件的最优截面，确定选择的材料及结构方式；项目选用 41 号角钢和槽钢为支撑结构。

c．基础支架设计

根据当地气候条件，在节点设计中通过预留一定的间隙，消除由各种构件和饰面材料热胀冷缩引起的作用效应。

支架防锈处理，一般采用如下措施：当构件的材料厚度小于 5 mm，镀层厚度不得小于 55 μm；当构件的材料厚度大于等于 5 mm，镀层厚度大于 86 μm，钢结构的防腐年限达到 25 年以上。基础平面和预埋件如图 5-10 所示。支架设计图如图 5-11 所示。

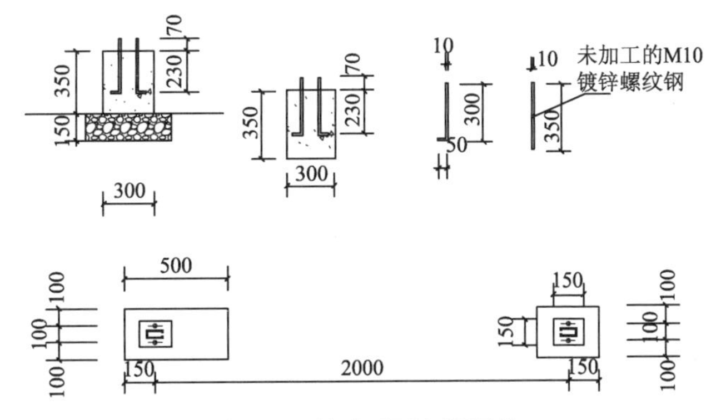

图5-10　基础平面和预埋件

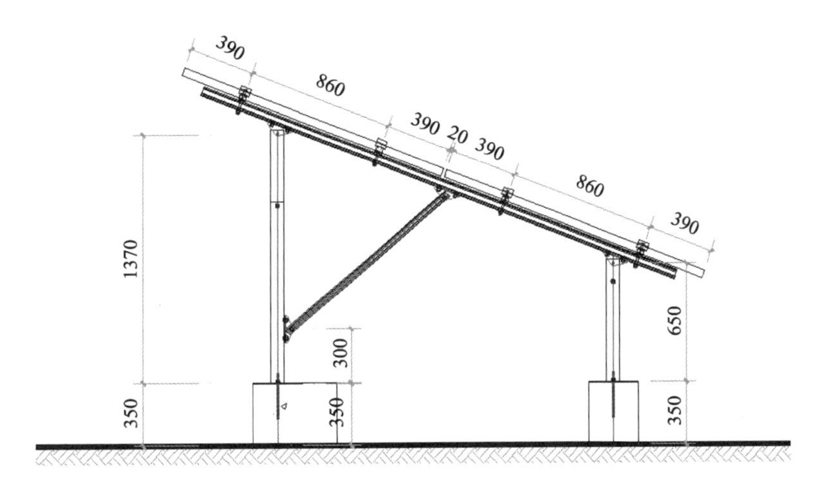

图5-11　支架设计图

d．标准方阵单元设计

标准方阵单元设计如图 5−12、图 5−13、图 5−14、图 5−15 所示，包括基础布置图、横竖龙骨布置图、组件布置图、组件正负极接线图。

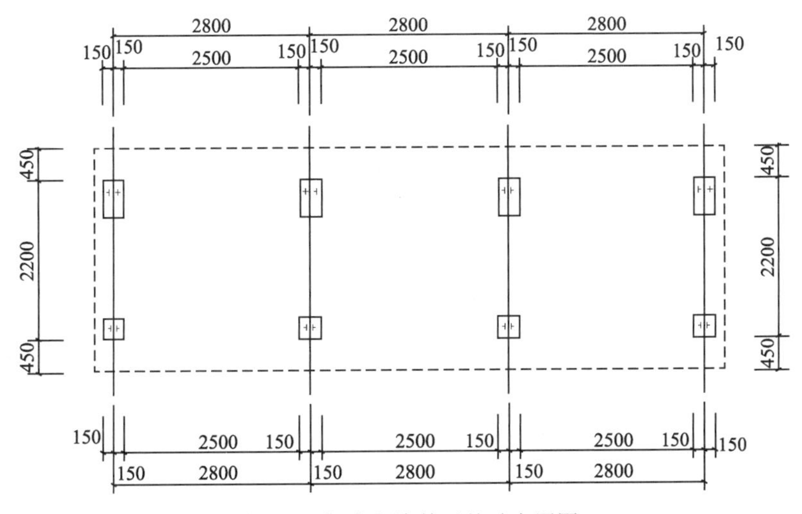

图5-12　标准方阵单元基础布置图

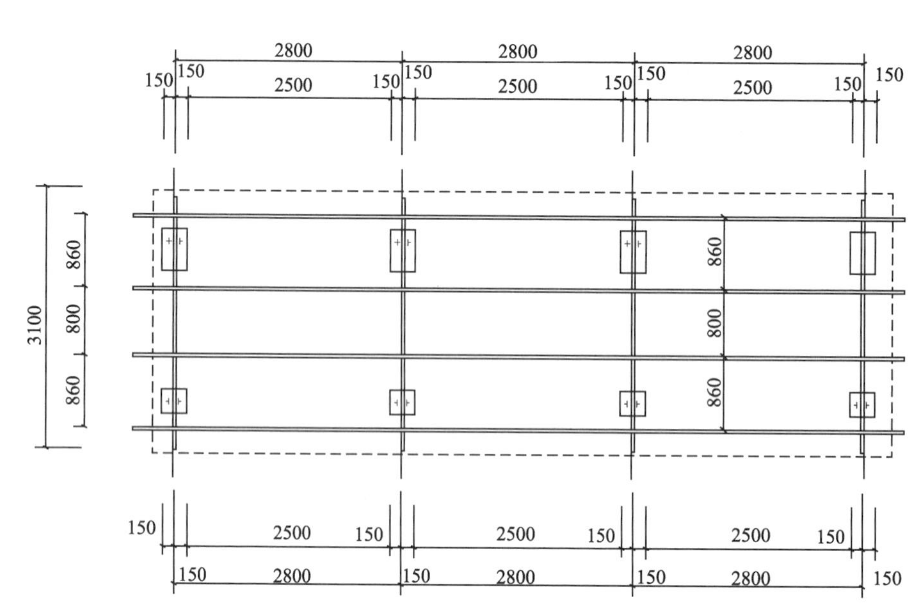

图5-13　标准方阵横竖龙骨布置图

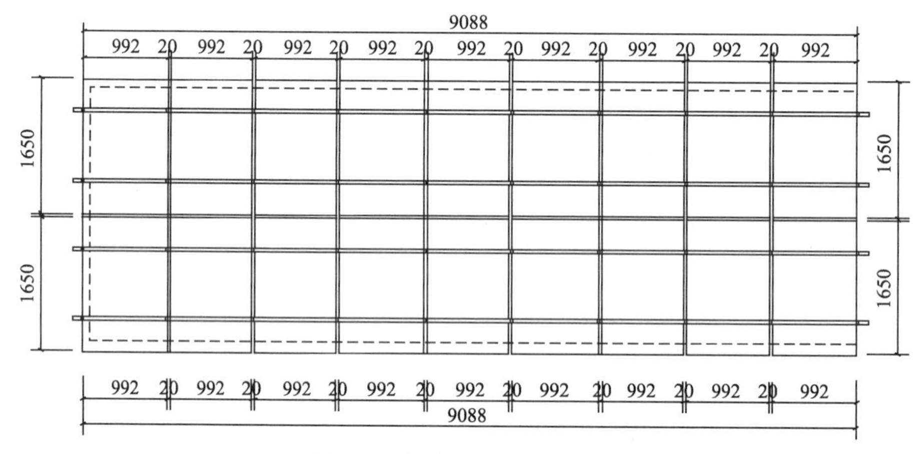

图5-14　标准方阵组件布置图

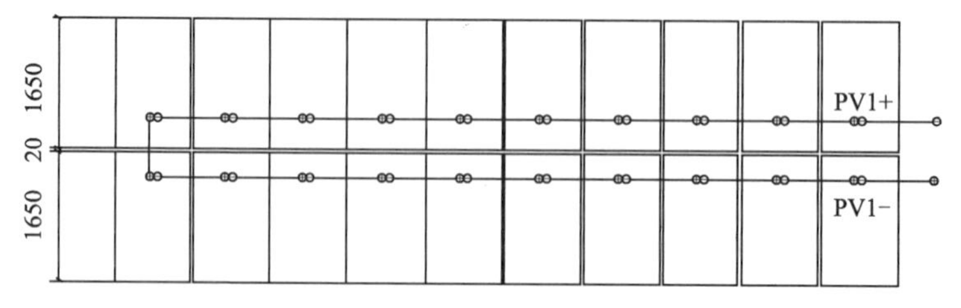

图5-15　标准方阵组件正负极接线图

本项目共用 280 W 光伏组件 216 块，由 12 个标准方阵组成，每个标准方阵由 18 块组件竖排排布，阵列横向间距为 1 m，前后排间距为 2 m，项目总装机容量 60.48 kW，总平面组件布置图如图 5-16 所示。

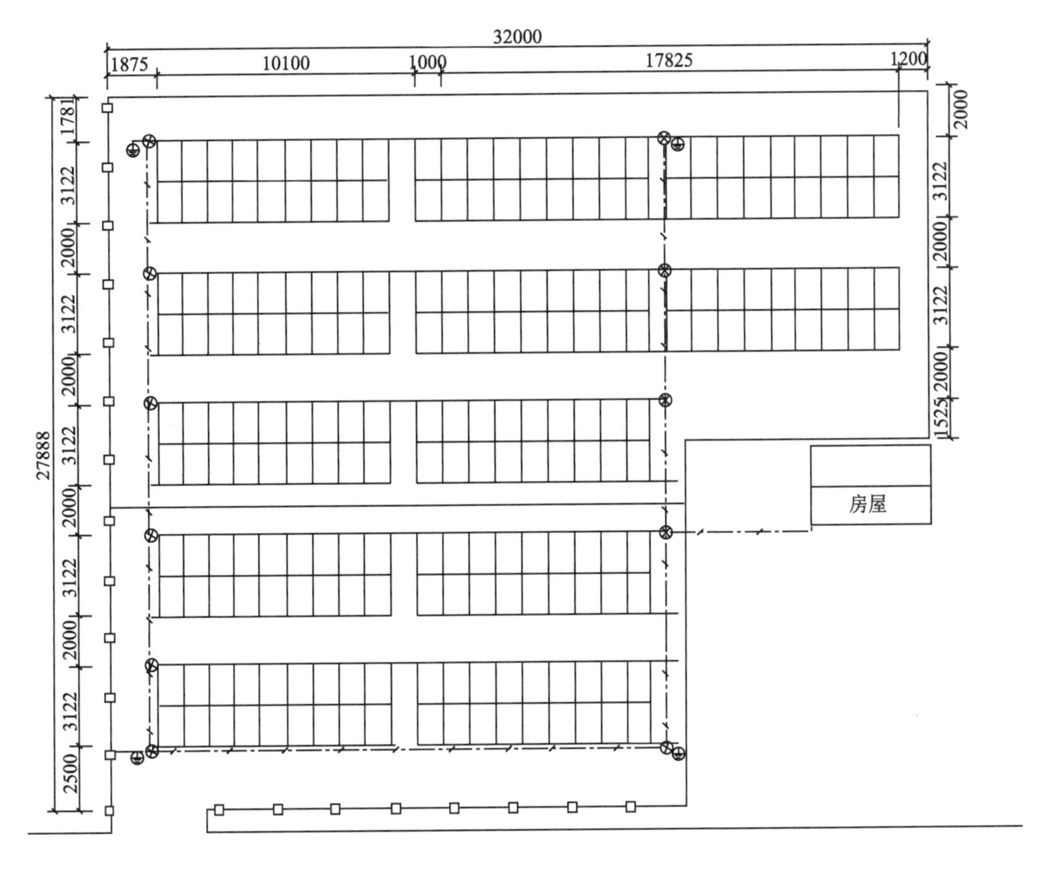

图5-16　总平面组件布置图

（4）线缆设计

系统中线缆需要考虑线缆的绝缘性、热阻燃性、防潮、抗辐射性能。组件串联电路以及串间并联的直流线缆占据一半以上的线缆量，经过逆变器后使用交流线缆。光伏电站经常出现的问题如线缆护套破碎、线缆绝缘层破损，会增大线缆短路风险。

① 直流线缆计算。

按线缆长期允许载流量：

$$I_{pc} \geqslant I_{cal}$$

按回路允许电压降：

$$S_{cac}=P \cdot 2L \cdot I_{ca}/\Delta U_{p}$$

$$I_{cal}=I_{oc} \times [1+(f-25) \times K]$$

式中：I_{pc}——线缆允许载流量，A；

I_{ca}——计算电流，A；

I_{cal}——回路长期工作计算电流，A；

S_{cac}——线缆计算截面，mm²；

P——电阻系数，铜导体 P=0.018 4 Ω · mm²/m，铝导体 P=0.031 5 Ω · mm²/m；

L——线缆长度，m；

ΔU_p——回路允许电压降，V；

f——工作温度；

K——温度对组件输出电流影响系数。

$$I_{cal}=I_{oc}\times[1+（f-25）\times K]=9.73\text{A}+35\times 9.73\text{A}\times 0.0268\%/℃=9.82\text{ A}$$

线缆采用光伏专用线缆 PV1–F4 mm²，其截面电流为 20 A ⩾ I。

② 交流线缆计算。

$$I=P/（U\times\sqrt{3}\times\cos\varphi）$$

式中：P——功率，W；

U——电压，V；

$\cos\varphi$——功率因数；

I——相线电流，A。

其中，P=60 000 W，U=380 V，$\cos\varphi$=0.98，则相线电流 I 为

$$I=P/（U\times\sqrt{3}\times\cos\varphi）$$
$$=60\ 000\ \text{W}/（380\ \text{V}\times 1.732\times 0.98）$$
$$\approx 93\ \text{A}$$

逆变器输出线缆为：YJV 0.6/1 kV 3×16 mm²，该线缆最小电流为 93 A。

经公式计算，直流线缆采用光伏专用线缆 PV1–F4 mm²，交流线缆采用 ZRC–YJV–0.6/1 kV–3×25 mm²，如表 5–18 所示。

表5–18　线缆参数表

线缆名称	线缆型号
阵列输出线缆	PV1–F4 mm²
逆变器输出线缆	ZRC–YJV–0.6/1 kV–3×25 mm²

（5）并网接入系统设计

根据国家电网公司 2013 年 2 月《国家电网公司关于印发分布式电源并网相关意见和规范的通知》，小型光伏电站接入电压等级为 0.4 kV；中型光伏电站接入电压等级为 10 ~ 35 kV；大型光伏电站接入电压等级为 66 kV 及以上电网。小型光伏电站的装机容量一般不超过 200 kWp。根据国家电网公司《光伏电站接入电网技术规定》，该项目属于小型光伏电站，宜采用 380 V 电压等级接入电网。项目接入系统以审查意见为准，最终接入系统方案以电网主管部门的接入系统报告审批意见为准。

交流配电箱设计要求额定交流输入输出功率不小于 60 kW，最大输入输出总电流不小于 100 A，防护等级不小于 IP20，内含监控单元、防雷失效单元和电能表，低压交流配电箱电气原理图如图 5–17 所示。

本系统由 18 块光伏组件串联形成 1 个组串，共 12 个组串并联接入 1 个 60 kW 的并网逆变器，经过低压交流柜后就近并入 380 V 母线，光伏发电系统电气图如图 5–18 所示。

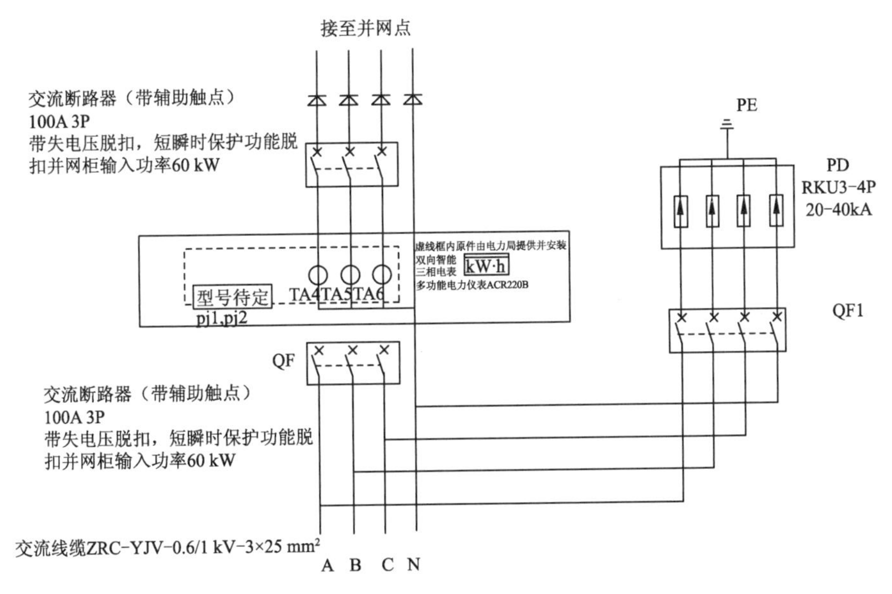

图5-17　低压交流配电电柜电气连接图

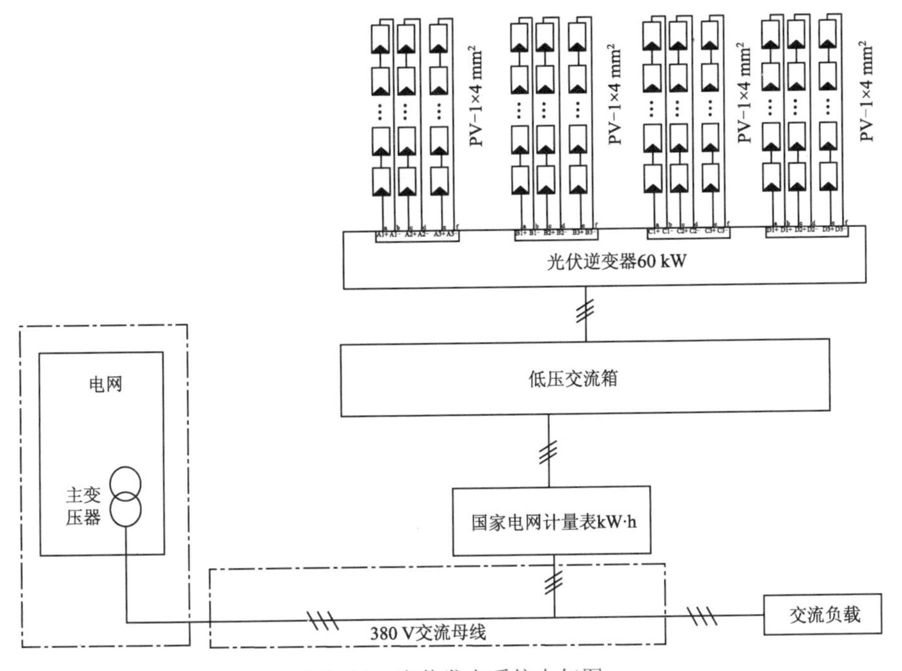

图5-18　光伏发电系统电气图

（6）防雷设计

① 防雷系统要求。

接地系统的要求：所有接地都要连接在一个接地体上，接地电阻满足其中的最小值，不允许设备串联后再接到接地干线上；光伏电站对接地电阻值的要求较严格，因此要实测数据，建议采用复合接地体，接地体的根数以满足实测接地电阻为准。

光伏电站接地接零的要求：电气设备的接地电阻 $R \leqslant 4\ \Omega$，满足屏蔽接地和工作接地的要求；在中性点直接接地的系统中，要重复接地，$R \leqslant 10\ \Omega$；防雷接地应该独立设置，要求

$R \leqslant 30\ \Omega$，且和主接地装置在地下的距离保持在 3 m 以上。

保护接地范围包括光伏组件机架、控制器、逆变器、配电柜外壳、蓄电池支架、线缆、穿线金属管道的外皮。

引下线采用扁钢，扁钢的截面不应小于 100 mm^2，如图 5−19 所示。

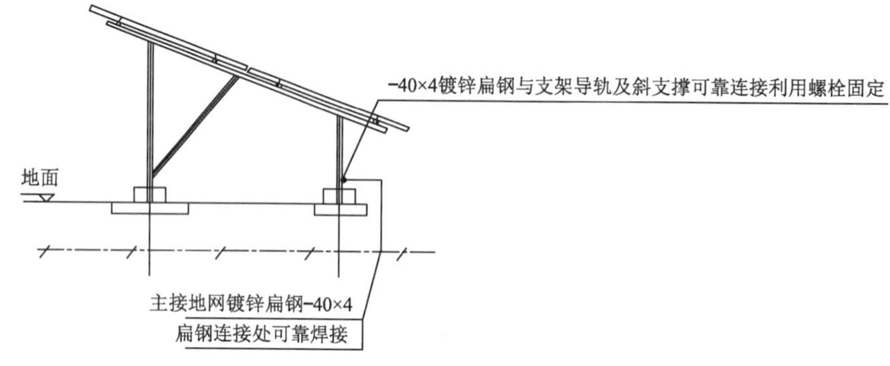

图5−19　支架防雷连接图

接地装置：人工垂直接地体宜采用角钢、钢管或者圆钢。水平接地体宜采用扁钢或者圆钢。人工接地体在土壤中的埋设深度不应小于 0.5 m，需要热镀锌防腐处理，在焊接的地方也要进行防腐、防锈处理。

② 感应雷的防护。

交流侧的防雷：在交流配电柜内部也安装有交流避雷模块，避免因交流侧的过电压损坏系统内的设备。交流侧低压防雷应依据 DIN VDE 010−1：1997−04 标准，项目过电压类别Ⅲ，采用 C 级过电压保护器。总体防雷布局图如图 5−20 所示。

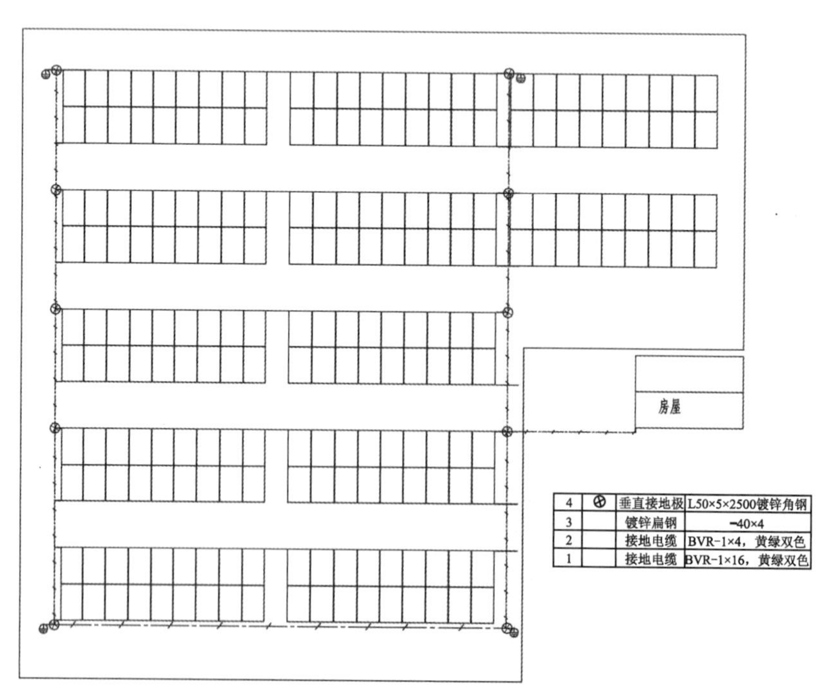

图5−20　总体防雷布局图

（7）设备及材料清单列表

光伏电站设备及材料清单如表 5–19 所示。

表5–19　光伏电站设备及材料清单

设备及材料名称		型号	数量	单位
发电设备	光伏组件	280P–60	216	块
	组件支架(含基础)	定制	12	套
	逆变器	GW60K–MT	1	台
	低压交流控制柜	定制	1	台
	并网柜	定制	1	台
线缆	线缆(阵列输出)	PV1–F4mm²	200	m
	线缆(逆变器输出)	ZRC–YJV–1kV–3 × 25 mm²	50	m

5.3　10 MW光伏电站的设计

5.3.1　项目任务

某公司承建一个规模为 10 MW 大型并网光伏电站，该项目工程位于甘肃省 × × 市内，北纬 39.83°，东经 97.73°，海拔 3 246.28 m。该市气象信息数据如表 5–20 所示，根据相关资料设计一个集中光伏电站。

光伏电站项目所在地位于甘肃省 × × 市，属温带大陆季风性气候。年平均气温 2.18 ℃，大气压力 71.99 kPa，风速年平均 5.56 m/s，年平均水平面峰值日照时数 4.68 h，具体辐射值如表 5–20 所示。

表5–20　× ×市气象信息数据

月份及年均	水平面上的平均日辐射/(kW·h/m²)	风速/(m/s)	大气压力/kPa	月平均温度/℃
一月	2.9	6.16	71.77	–11.2
二月	3.84	5.87	71.68	–8.56
三月	4.81	5.86	71.74	–3.87
四月	5.89	5.62	71.92	2.43
五月	6.33	5.27	72	7.86
六月	6.2	4.97	71.91	12.71
七月	5.92	4.72	71.92	15.17
八月	5.54	4.98	72.07	14
九月	4.95	5.09	72.28	8.77
十月	4.24	5.47	72.36	1.87
十一月	3.06	6.22	72.23	–4.17
十二月	2.48	6.53	72.02	–8.9
年均	4.68	5.56	71.99	2.18

拟建场地较为平坦，地质结构简单，环境优良。3 km 内有 35 kV 变电站备用间隔，周边 1 km 有市电供应，因此拟建场地非常适合建设光伏并网电站的并网要求。

总之，光伏电站项目地址地理位置优越、交通便利、水文条件合适、无特殊地质灾害，具备良好的光伏电站建设条件。

5.3.2 电站设计

1. 阵列倾角和方位角设计

（1）阵列倾角设计

在设计项目阵列倾斜时，首先确定阵列的各月的平均辐射量 H_t，若倾角固定需对其优化，得到最佳的阵列倾角 β_{best}。

各月倾斜面上的平均辐射量 H_t（相关计算与用户侧并网发电系统一致，在此不再重复）。根据当地气象局提供的水平面太阳辐射量数据，按 4.1.2 节太阳辐射量公式计算不同倾斜面的太阳辐射量，具体数据如表 5-21 所示。

表5-21 不同倾斜面各月的水平面太阳辐射量数据（单位：kW·h/m²）

倾角β	30°	34°	36°	38°	40°	42°	44°	46°	50°
一月	136.5	140.5	142.3	144	145.6	147	148.3	149.4	151.4
二月	146.7	149.8	151.1	152.3	153.4	154.3	155.1	155.7	156.5
三月	193.1	194.7	195.3	195.8	196.1	196.2	196.1	196	195.1
四月	180.4	180.2	179.9	179.4	178.9	178.9	178.2	177.4	176.4
五月	247.8	245.6	244.3	242.7	240.9	239	236.9	234.5	229.3
六月	241.6	238.5	236.7	234.7	232.5	230.1	227.5	224.8	218.7
七月	230.7	228.1	226.5	224.7	222.7	220.5	218.1	215.5	209.8
八月	226.2	225.2	224.5	223.5	222.3	220.9	219.3	217.5	213.3
九月	196.3	197.6	198	198.2	198.2	198.1	197.7	197.2	195.5
十月	181.9	185.5	187.1	188.4	189.6	190.6	191.4	192	192.6
十一月	142.3	146.6	148.5	150.3	151.9	153.4	154.7	155.9	157.8
十二月	127.4	131.7	133.7	135.5	137.2	138.8	140.3	141.6	143.8
全年	2251.3	2264.7	2268.4	2270	2270	2268	2263	2257	2239

由表 5-21 可知，当地倾角 38°为最佳，再结合当地其他光伏电站建设经验，有效提高单位面积的容量，项目安装最终确定倾角选用 36°。

（2）方位角设计

一般来说光伏方阵正南向时，可以获得较大辐射值，项目采用倾角固定式，综合考虑阵列最佳倾角为 36°，阵列方位为 0°。阵列安装区域辐射量如表 5-22 所示。

表5-22 阵列安装区域辐射量

月　份	水平面上的日辐射量/（kW·h/m²）	阵列倾斜面上的日辐射量/（kW·h/m²）
一月	2.9	5.832 1
二月	3.84	6.239 7

月　份	水平面上的日辐射量/（kW·h/m²）	阵列倾斜面上的日辐射量/（kW·h/m²）
三月	4.81	6.212 3
四月	5.89	6.085 7
五月	6.33	5.749 9
六月	6.2	5.362 3
七月	5.92	5.235 8
八月	5.54	5.374 7
九月	4.95	5.641 6
十月	4.24	6.063
十一月	3.06	5.714 9
十二月	2.48	5.221 1

2. 组件选择

单晶硅光伏组件转换效率高，其稳定性好，同等容量光伏组件所占面积小，且价格较高。多晶硅光伏组件生产效率高，转换效率略低于单晶硅，在寿命期内有一定的效率衰减，但成本较低。项目考虑造价因素，选用某公司生产的280P−60型号组件，具体参数如表5−23所示。

表5−23　280P−60型号组件参数

电池类型	多晶硅	最大功率	280 Wp
组件尺寸	1 650 mm × 992 mm × 40 mm	最佳工作电压	38.0 V
接线盒	IP67	最佳工作电流	8.82 A
输出导线	1 200 mm	开路电压	47.2U_{oc}
前置玻璃	3.2 mm	短路电流	9.18 A
组件效率	17.1%	工作温度	−40～+85℃
最大系统电压	DC 1 000 V/1 500 V(IEC)	最大额定电流	20 A
质量	22 kg	电压温度系数	−0.3%/ ℃

3. 逆变器设计

逆变器设计主要是根据组件参数确定组件的串联数及并联数（相关计算公式与用户侧并网发电系统一致，在此不再重复）。

（1）逆变器特殊参数要求

① 工作温度，该项目夏季工作温度为60 ℃，冬季工作温度为−20 ℃。

② 根据组件电性能参数，组件透风状况、光伏阵列跟踪模式、大气温度、相对湿度、大气压、云量等参数可计算出全年组件最大输出功率。

③ 功率比允许值：阵列实际最大输出功率接近逆变器最大直流功率可以提高逆变器的利用率，但逆变器满载运行时转化效率会有一定的损失，此处通过设置功率比允许值来平衡逆变器效率与利用率之间的关系。根据实际情况，确定功率比允许值为95%。

④ 用户计划安装容量：根据此区域的面积、选择组件的状况、阵列的跟踪方式可计算区域内最大的安装容量。根据实际情况确定计划安装的容量为10 MW。

（2）逆变器选配

该项目选用某公司生产的SG500KTL型逆变器，该逆变器的主要参数如表5-24所示。

表5-24　SG500KTL型逆变器主要参数

直流侧参数		交流侧参数	
最大直流功率	560 kW	额定功率	500 kW
最大直流电压	900 V	最大交流输出功率	550 kV·A
满载MPPT电压范围	450～820 V	最大交流输出电流	1 176 A
启动电压	470 V	额定电网电压	270 V
最大输入电流	1 200 A	允许电网电压	210～310 V
最大接入路数	16	总电流波形畸变率	<3%
MPPT路数	1	功率因数	≥0.99(额定功率)
		输出频率	50 Hz
其他			
最大效率	0.987	宽度	2 200 mm
欧洲效率	0.985	高度	2 180 mm
防护等级	IP20	深度	850 mm
隔离	—	质量	2 000 kg

（3）设计结论

项目总装机容量10 MW，共用SG500KTL型逆变器20台。根据逆变器的技术参数，组件串并联计算如表5-25所示。

表5-25　组件串并联计算列表

串联数/块	并联数/串	逆变器数量/台	总安装容量/MW	计划安装容量/MW
18	110	19	9.98	10
18	102	19	9.77	10
18	100	20	10.08	10
16	116	20	9.87	10
16	115	20	10.30	10

4. 方阵设计

（1）串并联设计（见60 kW电站设计）

组件串联后，U_{mp}应在逆变器MPPT范围内，需大于最小逆变器MPPT工作电压：

$$\frac{U_{mppt\ min}}{U_{pm}\times\left[1+(t-25)\times K_v'\right]}\leqslant N\leqslant\frac{U_{mppt\ max}}{U_{pm}\times\left[1+(t-25)\times K_v'\right]}$$

$$450/38.01\leqslant N\leqslant 820/41.42$$

$$12\leqslant N\leqslant 20$$

最终确定组件串联数为18，组件并联数为100。

可得到如下结论：①逆变器最大直流输入功率为560 kW，阵列实际最大输出功率为504 kW，满足逆变器选择要求。②阵列输入电压为539.17 V，逆变器最小MPPT电压为 450 V，逆变器最大直流开路电压为 900 V，满足逆变器要求。③组件系统最大电压为 1 000 V，阵列最大开路电压为 835.11 V，满足逆变器要求。

（2）间距计算（见 60 kW 电站设计）

通过公式和模拟计算（见 60 kW 电站设计，与用户侧并网发电系统一致，在此不再重复），组件布置方式示意图如图 5–21 所示。

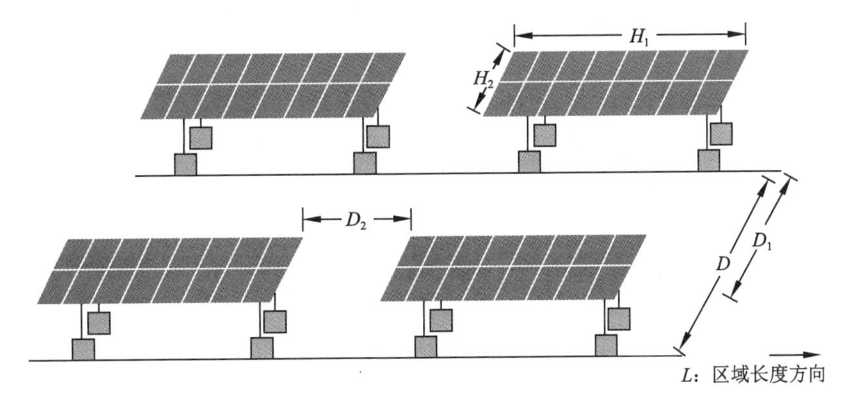

图5–21　组件布置方式示意图

根据公式计算及综合考虑单模块布置及阴影、间距如图 5–21 所示。组件布置方式横置；横向 (H_1) 组件布置 9 块；竖向 (H_2) 组件布置 2 块；每排间距 (D_1) 3.24 m；每列间距 (D_2) 0.6 m。

（3）方阵基础、支架设计

方阵设计的荷载计算见 5.2.2 节，这里不再赘述。设计要考虑当地的极端天气情况对方阵基础和支架设计的影响。项目前支架采用 300 mm × 300 mm × 600 mm 的混凝土基础，后支架采用 500 mm × 500 mm × 600 mm 的混凝土基础，基础埋深度为 500 mm 左右，如图 5–22 所示。

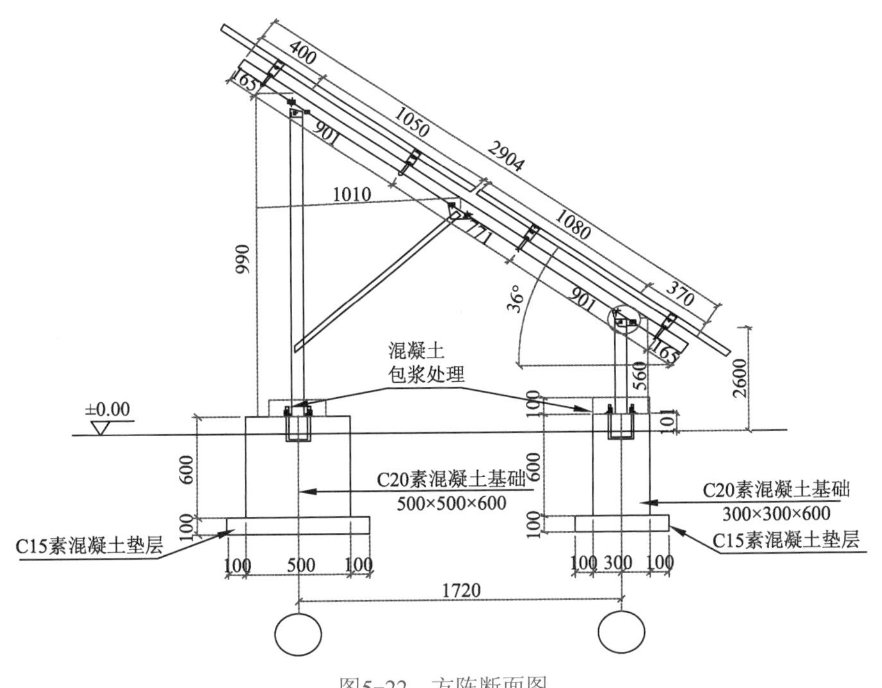

图5–22　方阵断面图

（4）方阵标准单元设计

同 5.2.2 节，此处不再赘述。

（5）1 MW 平面组件布置图

10 MW的电站可以分为10个1.008 MW左右的光伏子电站进行设计，项目以1#地块为例，其组件排布、逆变器、箱变位置如图 5–23 所示。在场地设计时，逆变器和箱变的位置最好在基地中心位置，这样可以较少线缆的长度和输送距离，提高系统整体效率，如图 5–23 所示。

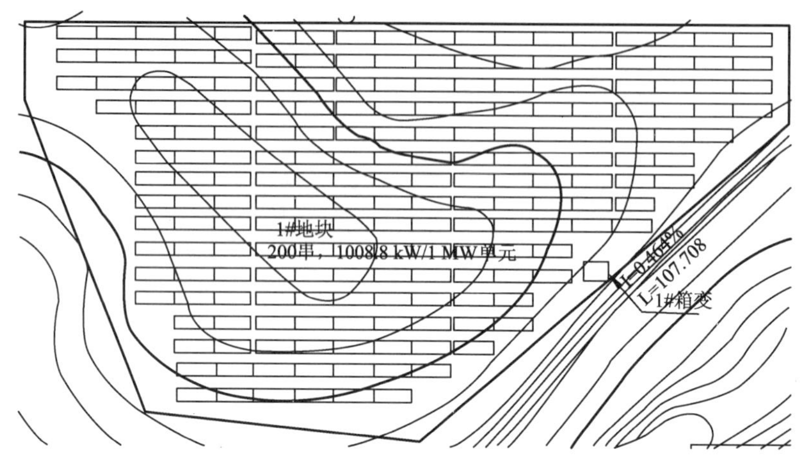

图5–23　1 MW组件、箱变布置平面

5. 直流传输方案

根据工程实际情况确定如下传输方案：阵列——汇流箱——逆变器。组串接入防雷汇流箱作为一次汇流，逆变器内有接入端口二次汇流。

（1）汇流箱设计（一次汇流）

汇流箱设计中主要计算需求汇流箱的数量以及选择汇流箱的原则（相关计算公式与用户侧并网发电系统一致，在此不再重复）。

确定项目总需汇流箱数量 140 台，每台逆变器需要 7 台汇流箱。汇流箱参数如表 5–26 所示。

表5–26　汇流箱参数

光伏阵列输入路数	16路	汇流箱输出路数	1路
每路熔丝额定电流	20 A	防雷器	有
最大输入系统电压	1 100 V	防雷失效检测	无
直流断路器	GM5R–250 PV/4 200 A DC 1 000 V	监控单元	RS–485

每路熔丝额定电流为 20 A，光伏阵列短路电流为 9.18 A，汇流箱最大接入开路电压为 1 100 V，最大光伏阵列电压 539.17 V，满足设计要求，如图 5–24 所示。

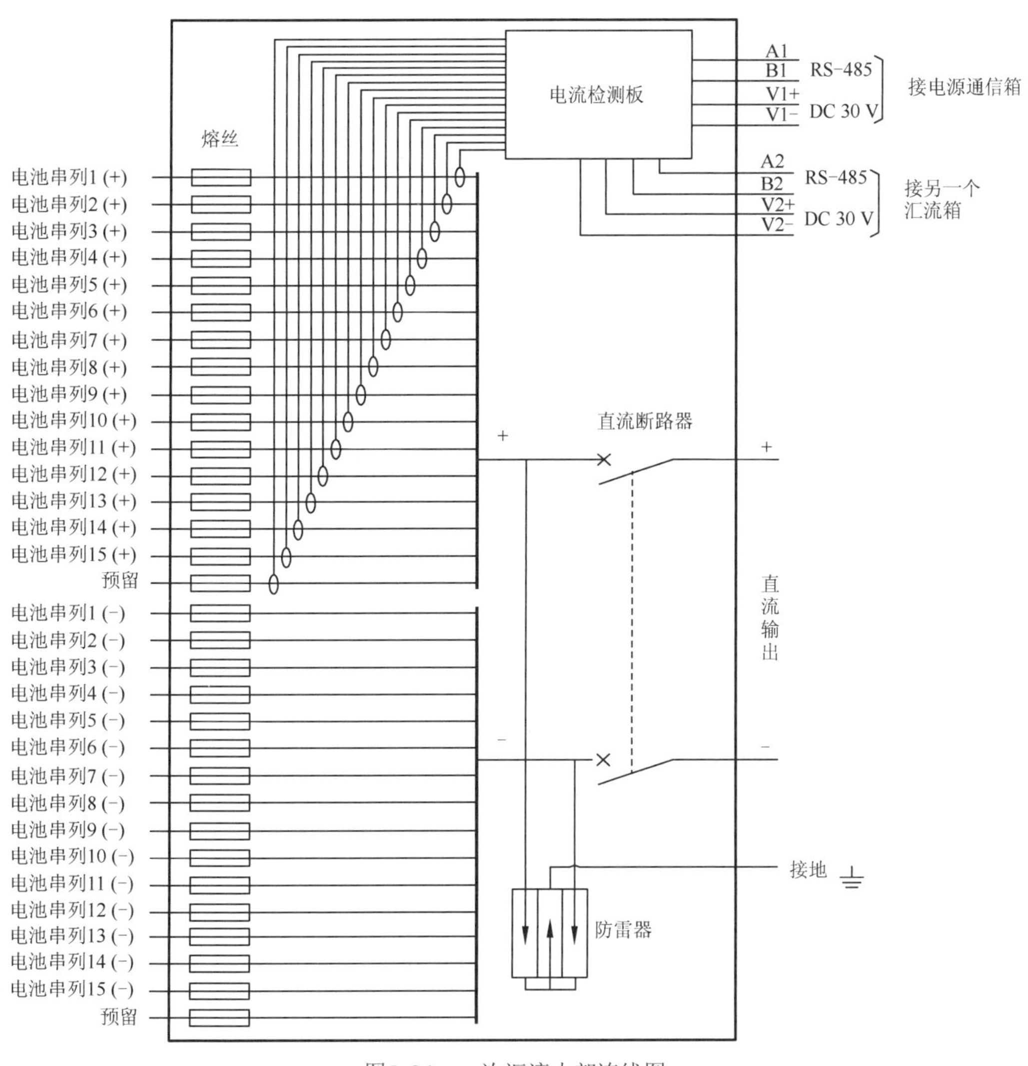

图5-24　一次汇流内部连线图

（2）逆变器二次汇流

逆变器自带16个接入端口，根据逆变器输入端口参数，确定汇流箱数量、选择合适的方案。项目选用7个汇流箱的输出线路接入逆变器7个输入端，如图5-25所示。

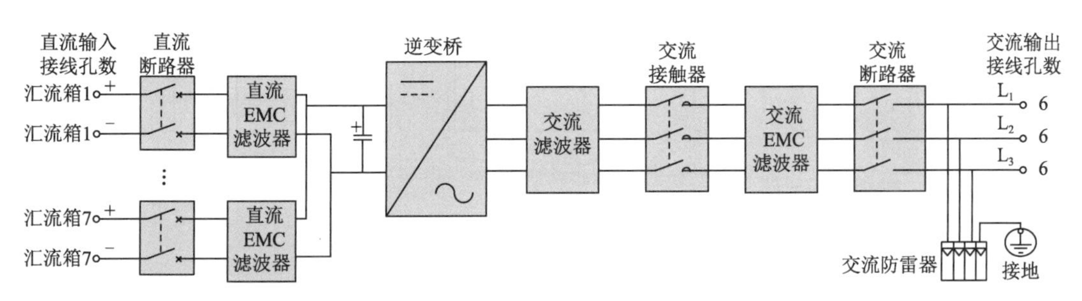

图5-25　逆变器自带二次汇流连线图

逆变器允许最大输入直流功率为560 kW，光伏阵列最大输出直流功率为504 kW，满足要求。直流单元最大输入总电流为1 176 A，光伏阵列最大输出总电流为918 A，满足设计要求，

如表 5-27 所示。直流侧接线图如图 5-26 所示。

表5-27 逆变直流侧参数

接入直流路数	16路	输出直流路数	1路
输入直流功率	560 kW	直流电压表	有
最大输入输出总电流	1 176 A	防雷器	有
绝缘强度	2 500 V	防雷失效检测	有
最大接入开路电压	1 000 V	监控单元	有
直流断路器	GM5R-250 PV/4 200 A DC 1 000 V		

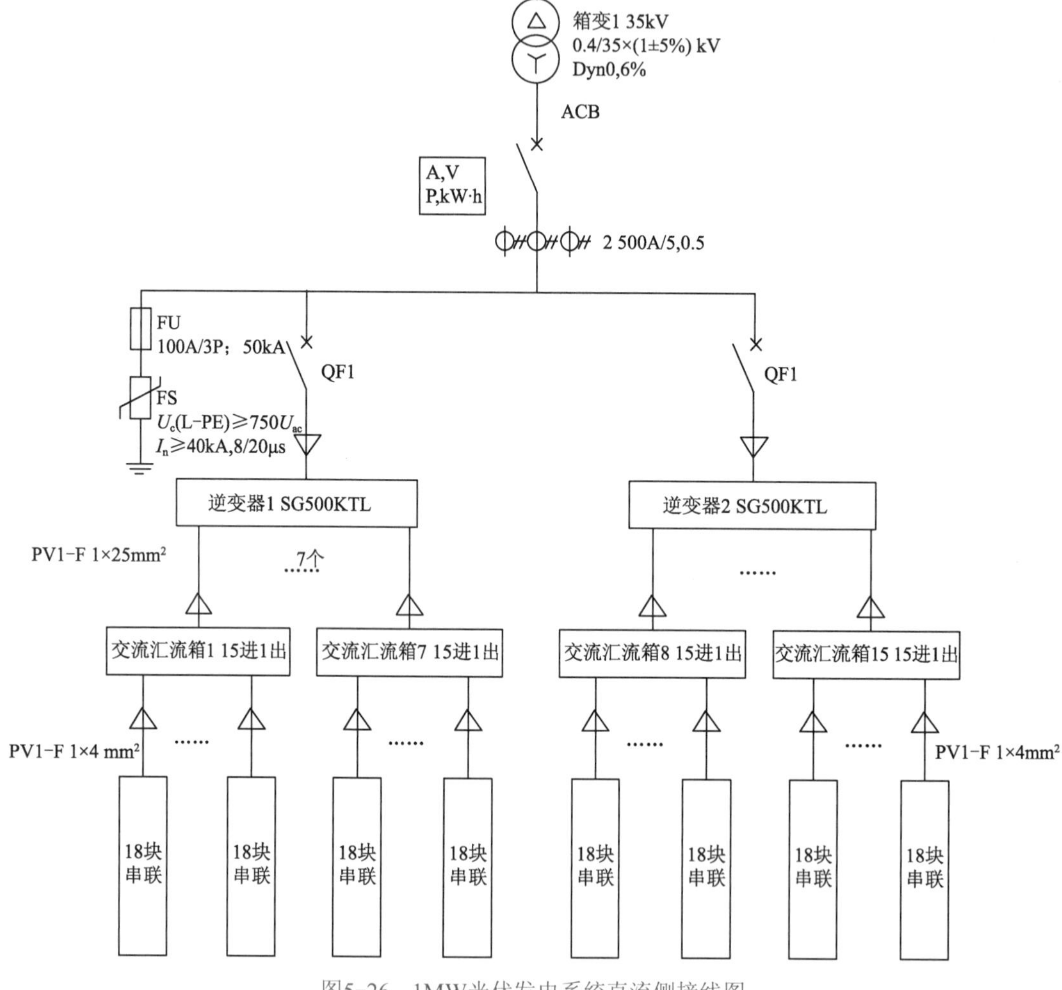

图5-26 1MW光伏发电系统直流侧接线图

6. 线缆设计

线缆设计主要是根据载流量及线缆损耗允许值选择合适的线缆（相关计算在此不再重复，参见线缆估算第 2 章 2.9 节）。

根据设计要求得到如下线缆规格：阵列输出的线缆规格为 YJV 系列 YJV 0.6/1 kV 1×4 mm^2；汇流箱输出的线缆规格为 YJV 系列 ZR-YJV22-0.6/1 kV-2×95 mm^2；直流配电

单元输出用铜排连接。

7. 接入方案

该项目为集中式并网光伏电站，主要由光伏阵列、逆变功率调节控制装置及电网接入系统（升压变压器、交流断路器、计量设备）等组成，除这些设备电站配置还有光伏方阵直流防雷汇流箱，交、直流配电系统，检测、计量、数据采集及传输，交直流线缆等硬件设备。10 MW 集中并网光伏发电系统结构示意图如图 5–27 所示。

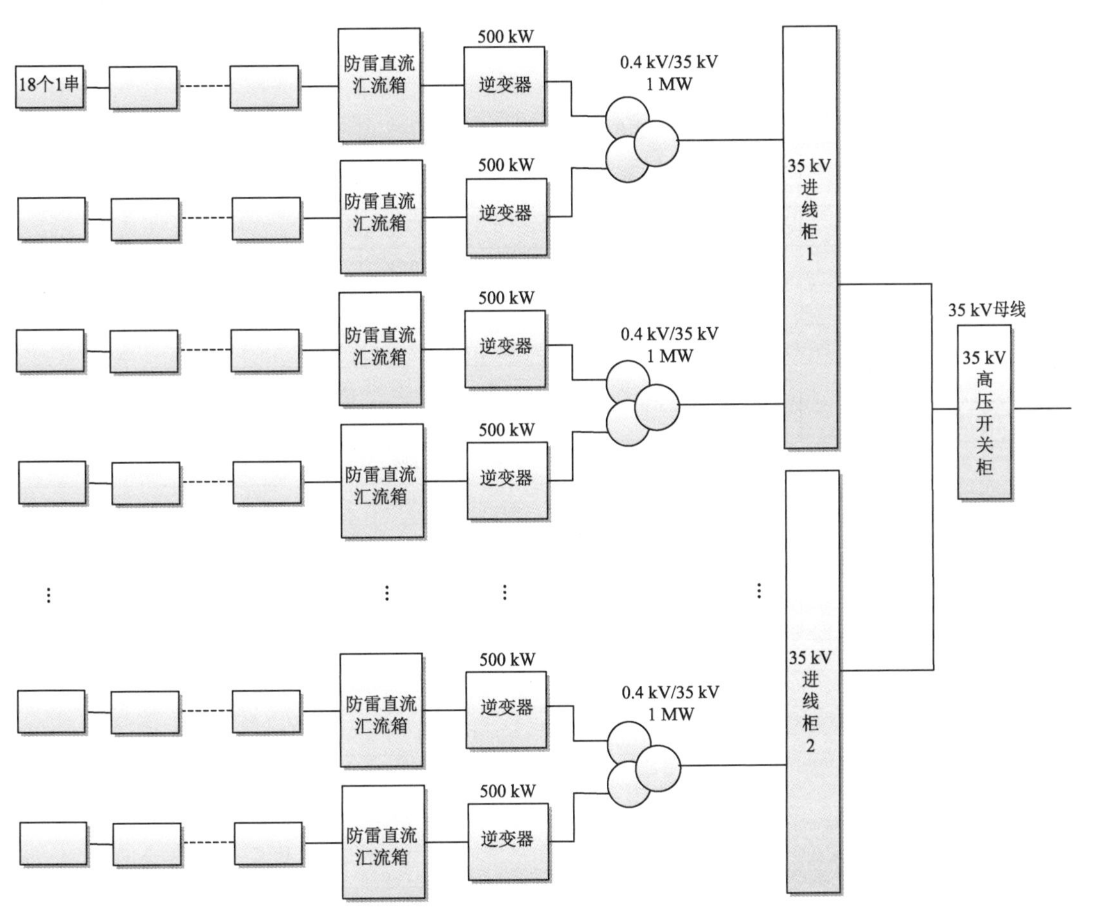

图5–27　10 MW集中并网光伏发电系统结构示意图

本项目采用分块发电，集中并网模式。项目由 10 个光伏子电站组成，系统由 18 块光伏组件串联组成 1 个支架发电单元，15 个组串并联接入 1 台汇流箱，7 台汇流箱接入 1 台 500 kW 逆变器，经过逆变后输出三相 400 V 交流电，2 台逆变器汇入 1 台 1 000 kV·A 的箱变，然后 5 台箱变连接后以 2 条集电线路接入 35 kV 开关站光伏进线柜，再经过汇流后，以架空裸导线接入对侧变电站 35 kV 备用间隔。

8. 高压侧设计

（1）整体方案描述

高压侧整体配置方案可选一次升压到 35 kV 电压等级，然后根据以下配置方案进行选择

设计。

方案采用双分裂变压器，每 2 台 500 kW 集中式逆变器并联接入 1 台 1 000 kV·A 变压器，每 5 台变压器连接后接入 1 台 35 kV 进线柜，整个光伏系统共设置逆变器 20 台，变压器 10 台，35 kV 进线柜 2 台，并网柜 1 台，隔离柜 1 台、PT 柜 1 台，SVG 控制柜 1 台，SVG 出线柜 1 台，站用变柜 1 台、站用变柜出线柜 1 台。接入电网电压等级为 35 kV，并网柜至并网点采用架空裸导线连接，接至对侧 35 kV 变电站间隔。

（2）变压器设计

根据设计要求，共需如表 5–28 所示参数的变压器共 10 台，箱变的基础和接线图如 5–28 所示。

表5–28　变压器参数

类　　型	油浸式变压器
变压器绕组形式	双分裂变压器
额定频率	50 Hz
额定容量	1 MV·A
额定电压	38.5/0.4 kV
一二次额定电流	1 443.1/16.5 A
空载额定变比	38.5×(1±5%) /0.38 kV
阻抗电压	6%
调压方式	无载调压
调压范围	35×(1±5%) V
中性点接地方式	中性点不接地系统
联接组标号	Yyn0

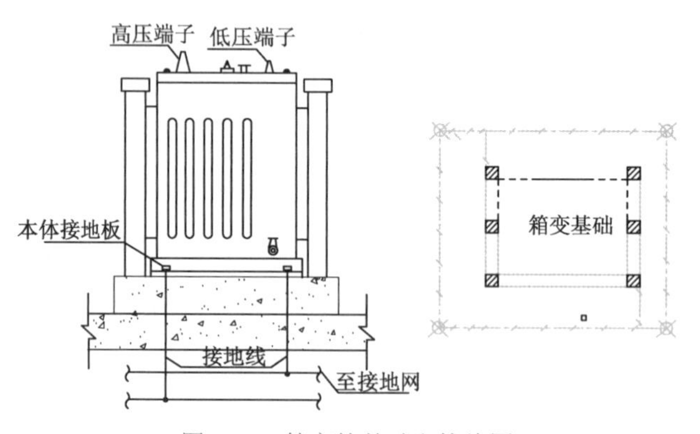

图5–28　箱变的基础和接线图

（3）高压开关柜设计

35 kV 进线柜 2 台，并网柜 1 台，隔离柜 1 台、PT 柜 1 台，SVG 控制柜 1 台、SVG 出线柜 1 台，站用变柜 1 台，站用变柜出线柜 1 台，参数如表 5–29、表 5–30、表 5–31、表 5–32 所示。

表5-29　35 kV光伏进线柜参数

进线柜体参数	
额定电压	40.5 kV
额定电流	630 A
动稳定电流	50 kA（峰值）
额定开断电流	25 kA
外壳及隔室防护等级	IP4X
真空断路器	
参考型号	ZN85-40.5
额定电压	40.5 kV
额定电流	630 A
额定开断电流	25 kA(有效值)
额定关合电流	50 kA（峰值）
额定热稳定电流（4S）	25 kA(有效值)
额定动稳定电流	50 kA（峰值）
电流互感器	
额定电压	40.5 kV
额定电流比	120/1 A(抽头50/5 A)
准确级及二次负荷	0.2/0.2S /5P20 /5P20
接地刀开关	
额定电压	40.5 kV
额定开断电流	25 kA
避雷器 YH5WZ-51/134	
零序互感器50/5 A	
综合保护装置	

表5-30　35 kV并网柜参数

并网柜体参数	
额定电压	40.5 kV
额定电流	1 250 A
动稳定电流	50 kA（峰值）
额定开断电流	25kA
外壳及隔室防护等级	IP4X
真空断路器	
参考型号	ZN85-40.5
额定电压	40.5 kV
额定电流	1 250 A
额定开断电流	25 kA(有效值)
额定关合电流	50 kA（峰值）
额定热稳定电流（4S）	5 kA(有效值)
额定动稳定电流	50 kA（峰值）

续表

电流互感器	
额定电压	40.5 kV
额定电流比	300/1 A (抽头200/5 A)
准确级及二次负荷	0.5S /0.2S /5P20 /5P20
接地刀开关	
额定电压	40.5 kV
额定开断电流	25 kA
避雷器	
零序互感器	
综合保护装置（当有母线保护功能可省去）	

表5–31　PT柜参数

PT柜体参数	
额定电压	40.5 kV
额定电流	1 250 A
动稳定电流	50 kA（峰值）
额定开断电流	25 kA
外壳及隔室防护等级	IP4X
真空断路器	
参考型号	ZN85–40.5
额定电压	40.5 kV
额定电流	1250 A
额定开断电流	20 kA(有效值)
额定关合电流	50 kA（峰值）
额定热稳定电流（4S）	25 kA(有效值)
额定动稳定电流	50 kA（峰值）
电压互感器	
额定电压	40.5 kV
电压比	(35/3^0.5)/(0.1/3^0.5)/(0.1/3^0.5)/ (0.1/3 kV)
准确级	0.2/3P/3P
二次负载（VA）	30/50/50
接地刀开关	
额定电压	40.5 kV
短路电流	25 kA
避雷器	
消谐装置	
熔断器	
零序互感器	

表5–32　无功补偿柜参数

无功补偿柜体参数	
额定电压	40.5 kV
额定电流	1 250 A
动稳定电流	50 kA（峰值）
额定开断电流	25 kA
外壳及隔室防护等级	IP4X
真空断路器	
参考型号	ZN85–40.5
额定电压	40.5 kV
额定电流	1 250 A
额定开断电流	25 kA(有效值)
额定关合电流	50 kA（峰值）
额定热稳定电流（4S）	25 kA(有效值)
额定动稳定电流	50 kA（峰值）
电流互感器	
额定电压	40.5 kV
额定电流比	300/5 A（抽头50/5 A）
准确级及二次负荷	0.5S /5P20 /5P20
接地刀开关	
额定电压	40.5 kV
短路电流	25 kA
避雷器	

其他柜体参数省略。

（4）系统接入电网设计

本系统由 10 个 1.008 MW 左右的光伏单元组成，总装机 10.08 MW，光伏并网发电系统接入 35 kV/50 Hz 的中压交流电网，每套 35 kV 中压交流电网接入方案描述如下：

① 重要单元的选择。

35 kV/0.4 kV 就地升压变压器 / 升压变压器保护：35 kV/0.4 kV 配电变压器的保护配置采用负荷开关加高遮断容量后备式限流熔断器组合的保护配置，既可提供额定负荷电流，可断开一定的故障电流，并具备开合空载变压器的性能，能有效保护配电变压器。

系统中采用的负荷开关，通常为具有接通、隔断和接地功能的三工位负荷开关。变压器馈线间隔还增加高遮断容量后备式限流熔断器来提供保护。这是一种简单、可靠而又经济的配电方式。

② 高遮断容量后备式限流熔断器的选择。

由于光伏并网发电系统的造价昂贵，在发生线路故障时，要求线路切断时间短，以保护设备。

熔断器的特性要求具有精确的时间—电流特性（可提供精确的始熔曲线和熔断曲线）；有良好的抗老化能力；达到熔断值时能够快速熔断；要有良好的切断故障电流的能力，可有效切断故障电流。

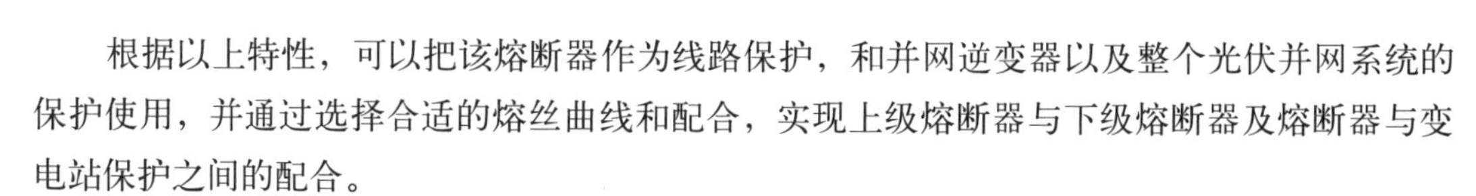

根据以上特性，可以把该熔断器作为线路保护，和并网逆变器以及整个光伏并网系统的保护使用，并通过选择合适的熔丝曲线和配合，实现上级熔断器与下级熔断器及熔断器与变电站保护之间的配合。

对于 35 kV 线路保护，《3 kV ～ 110 kV 电网继电保护装置运行整定规程》（DL/T 584—2017）要求：除极少数有稳定问题的线路外，线路保护动作时间以保护电力设备的安全和满足规程要求的选择性为主要依据，不必要求速动保护快速切除故障。

通过选用性能优良的熔断器，能够大大提高线路在故障时的反应速度，降低事故跳闸率，更好地保护整个光伏并网发电系统。

③ 中压防雷保护单元。

该中压防雷保护单元选用复合式过电压保护器，可有效限制大气过电压及各种真空断路器引起的操作过电压，对相间和相对地的过电压均能起到可靠的限制作用。

该复合式过电压保护器不但能保护截流过电压、多次重燃过电压及三相同时开断过电压，而且能保护雷电过电压。

过电压保护器采用硅橡胶复合外套整体模压一次成形，外形美观，引出线采用硅橡胶高压线缆，除四个线鼻子为裸导体外，其他部分被绝缘体封闭，故用户在安装时，无须考虑它的相间距离和对地距离。该产品可直接安装在高压开关柜的底盘或互感器室内。安装时，只需将标有接地符号单元的线缆接地外，其余分别接 A、B、C 三相即可。

设置自控接入装置对消除谐振过电压也具有一定的作用。当谐振过电压幅值高至危害电气设备时，该防雷模块接入电网，电容器增大主回路电容，有利于破坏谐振条件，电阻阻尼震荡，有利于降低谐振过电压幅值。所以，可以在高次谐波含量较高的电网中工作，适应的电网运行环境更广。

另外，该防雷单元可增设自动控制设备，如放电记录器，清晰掌控工作动作状况。可以配置自动脱离装置，当设备过压或处于故障时，脱离开电网，确保正常运行。

④ 中压电能计量表。

中压电能计量表是真正反应整个光伏并网发电系统发电量的计量装置，其准确度和稳定性十分重要。采用性能优良的高精度电能计量表至关重要。

为保证发电数据的安全，建议在高压计量回路同时安装一块机械式计量表，作为 IC 式电能表的备用或参考。

该电表不仅要有优越的测量技术，还要有非常高的抗干扰能力和可靠性。同时，该电表还可以提供灵活的功能：显示电表数据、显示费率、显示损耗（ZV）、状态信息、警报、参数等。此外，显示的内容、功能和参数可通过光电通信口用维护软件来修改。通过光电通信口，还可以处理报警信号，读取电表数据和参数。

9. 监控装置

系统采用高性能工业控制 PC 作为系统的监控主机，可以每天 24 h 不间断对所有的并网逆变器进行运行数据的监测（监控系统设备见第 2 章 2.10 节内容），视频系统图如图 5-29 所示。

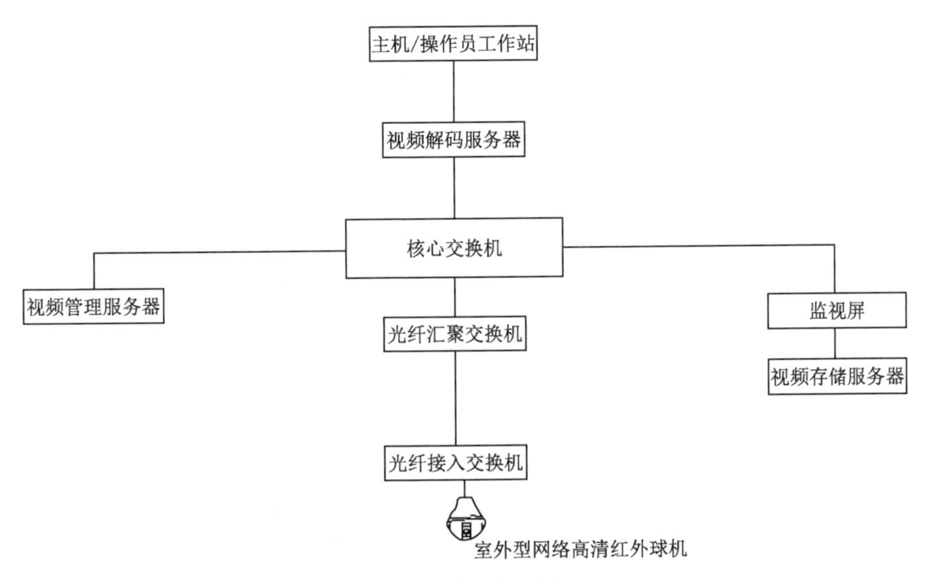

图5-29　视频系统图

光伏并网系统的监测软件为大型光伏并网系统专用网络版监测软件 SPS-PVNET (Ver2.0)。该软件可连续记录运行数据和故障数据：

① 要求提供多机通信软件，采用 RS-485 或 Ethernet（以太网）远程通信方式，实时采集电站设备运行状态及工作参数并上传到监控主机。

② 要求监控主机至少可以显示下列信息：可实时显示电站的当前发电总功率、日总发电量、累计总发电量、累计 CO_2 总减排量以及每天发电功率曲线图。

10. 环境监测装置

在光伏发电站内配置 1 套环境监测仪，实时监测日照强度、风速、风向、温度等参数。该装置由风速传感器、风向传感器、日照辐射表、测温探头、控制盒及支架组成。可测量环境温度、风速、风向和辐射强度等参量，其通信接口可接入并网监控装置的监测系统，实时记录环境数据。

11. 系统防雷接地装置

为了保证本项目工程光伏并网发电系统安全可靠，防止因雷击、浪涌等外在因素导致系统器件的损坏等情况发生，系统的防雷接地装置必不可少。

① 地线是避雷、防雷的关键，在进行配电室基础建设和光伏方阵基础建设的同时，选择电厂附近土层较厚、潮湿的地点，基础埋设深度不小于 1 m，建议采用 -50×5 热镀锌扁钢连接，添加降阻剂并引出地线，引出线采用 35 mm^2 铜芯线缆，接地电阻应小于 4 Ω。

② 直流侧防雷措施：电池支架应保证良好的接地，光伏阵列连接线缆接入光伏阵列防雷汇流箱，汇流箱内含高压防雷器保护装置，电池阵列汇流后再接入直流防雷配电柜，经过多级防雷装置可有效地避免雷击导致设备的损坏。

③ 交流侧防雷措施：每台逆变器的交流输出经交流防雷柜（内含防雷保护装置）接入电网，可有效地避免雷击和电网浪涌导致设备的损坏，所有的机柜要有良好的接地。

12. 设备及材料清单

设备及材料清单如表 5–33 所示。

表5–33 设备及材料清单

设备及材料名称		型号	数量	单位
发电设备	光伏组件	多晶硅280 Wp	36 000	块
	组件支架(含基础)	定制	10 080 000	W
	集中式逆变器	SG500KTL	20	台
	直流汇流箱	16进1出 定制	140	台
	变压器	双分裂油浸式变压器	10	台
	进线柜	定制	2	台
	并网柜	定制	1	台
	隔离柜	定制	1	台
	站用变柜	定制	1	台
	站用变柜出线柜	定制	1	台
	PT柜	定制	1	台
	无功补偿柜	定制	1	台
	监控系统	定制	1	套
	直流、UPS系统	定制	1	套
	通信系统	定制	1	套
	电量计费、调度网接入	定制	1	套
	无功补偿装置	定制	1	套
	线路保护	定制	1	套
	频率电压控制保护	定制	1	套
	故障录波	定制	1	套
线缆	线缆(阵列输出)	YJV 0.6/1 kV 1×4 m^2	—	m
	线缆(汇流箱输出)	YJV 0.6/1 kV 2×25 m^2	—	m
	线缆(逆变器输出)	YJV 0.6/1 kV 3×500 m^2	—	m
	线缆(变压器输出)	ZRC–YJV22–26/35 kV–95或150	—	m

5.3.3 项目发电量核算

光伏电站经济效益随我国每年光伏产业政策与各地政策有所不同，为此，本项目只核算项目发电量，主要从以下方面进行考虑：

1. 光伏发电系统能量损耗

在光伏发电系统中能量损耗主要在光伏阵列、直流线缆、MPPT、逆变器、交流线缆、变压器等部件上，如图 5–30 所示。

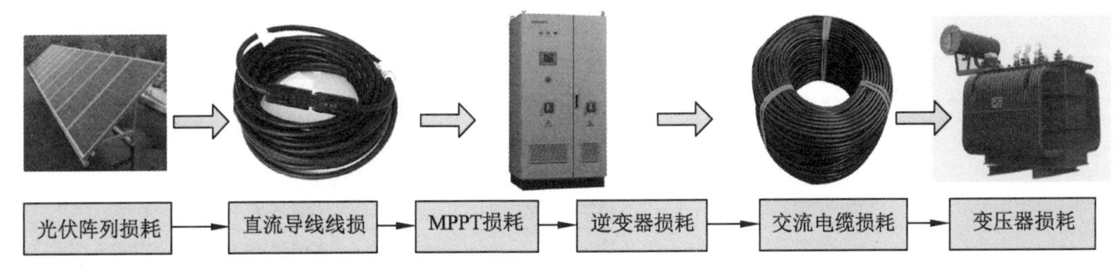

图5-30　光伏系统损耗

（1）光伏阵列损耗

光伏阵列损耗包括失谐损耗、倾角损耗、遮蔽损耗、温度损耗等。

失谐损耗：因为光伏组件电流具有恒流性，组件串联后“就小不就大”，即“木桶效应”，所以必须选择电流一致性的组件串联，选择电压一致性的串组再并联。

倾角损耗：其倾角一般在 10° ～ 90° 的范围计算而得，计算的输入数据不准，或计算方式不精确，均易导致受光效率下降。同时还可能受到积尘、积雪等因素的影响。

遮蔽损耗：大型光伏电站内的光伏阵列因限于地形、建筑等可能导致部分组件被遮挡。在较长的光伏组串中，如果某个电池被完全遮蔽，就没有了电压，但因其在组串内，还必须承载电流，本身有内阻，所以反而变成了负载，产生局部损耗和发热。通常消除遮蔽损耗的方法是将一定长度的电池用旁路二极管分成几部分，跨接在被屏蔽区的二极管将该部分组件旁路导通，这样可使电池串电压和电流按比例损失，不会损失更多的功率。

温度损耗：光伏组件的温度特性是温度越高，电压越低。一般工作温度比参考温度每上升 1 ℃，光伏电池的电压就降低 0.3%。

（2）直流线缆线损

直流侧电流较大，损耗不可避免。减少这种损耗的方法是增大线缆的截面积（减小线缆电阻）和增加组串电池的数量（升高直流电压）。

（3）MPPT 损耗

MPPT 最大功率跟踪，存在一个寻找最大功率的过程，再完美的算法也不可能达到 100% 的最优。

（4）逆变器损耗

目前国内并网逆变器的效率一般为 92% ～ 98% 之间，项目取逆变器的转化效率 98.7%。

（5）交流线缆损耗

与直流线缆损耗一样，解决方式也一样。

（6）变压器损耗

普通变压器的效率一般为 96%。电站规模越大，其效率影响越大。

所以，提升整体电站的效率，是注重每个环节的损耗。除上述损耗外，还有光伏组件的表面清洁度，以及所选用的无功补偿的效率等。一般全站效率范围在 70% ～ 90%。表 5-34 所示为 10 MW 光伏系统综合效率分析。

表5-34 10 MW光伏系统综合效率分析

序 号	损 耗		综 合 效 率
1	光伏阵列效率：	取95%	100%×95%=95%
2	直流线缆效率：	取98%	92.15%×98%=90.31%
3	MPPT效率：	取97%	95%×97%=92.15%
4	逆变器效率：	取98.7%	90.31%×98.7%=89.13%
5	交流线缆效率：	取99%	89.13%×99%=88.23%
6	升压变压器效率：	取97%	84.93%×97%=85.58%
7	其他损失：	取95%	85.58%×95%=81.30%

2. 系统的无故障率

光伏系统实际发电量不仅要考虑系统效率，还要考虑系统的无故障率。

系统无故障率是项目发生故障时对整个项目发电量的影响因子。它是个小于1的值，一般在0.9以上，越接近1，说明系统的可靠性越高。项目选用甘肃省同等规模的电站为参照，无故障率取94%。

3. 系统实际发电量

系统实际发电量 = 理论发电量 × 系统效率 × 系统无故障率

系统发电量的计算通常有辐射量计算、安装容量计算两种方式。

（1）组件面积——辐射量计算方法

光伏电站上网电量 Ep 计算如下：

$$Ep=H_A \times S \times K_1 \times K_2$$

式中：H_A——倾斜面太阳能总辐照量 (kW·h/m²)；

S——组件面积总和 (m²)；

K_1——组件转换效率；

K_2——系统综合效率。

（2）标准日照小时数——安装容量计算方法

光伏电站上网电量 Ep 计算如下：

$$Ep=H_A \times P/E_s \times K$$

式中：P——系统安装容量（kW）；

H_A——当地标准日照小时数（h）；

E_s——标准条件下的辐照度；

K——系统综合效率。

标准日照小时数计算简单方便，可以计算每日平均发电量，非常实用。以此对项目发电量进行预测计算。

$$Ep=5.2 \times 365 \times 10\,080 \text{ kW} \times 82.54\% \times 94\%=1\,478.08 \text{ 万 kW·h}$$

本项目工程按25年运营期考虑，按照行业标准，系统前10年功率输出衰减不超过10%，25年功率输出衰减不超过20%。年发电量按25年的平均年发电量考虑为1 336.75万kW·h，项目总发电量为33 418.71万kW·h。10 MW项目光伏系统发电如表5-35所示。

表5–35　10 MW项目光伏系统发电量

年　份	预测发电量（万kW·h）	年衰减率%	备　注
第1年	1 478.08	2.5	首年衰减按照2.5%
第2年	1 441.13	0.7	衰减按照0.7%
第3年	1 431.04	0.7	
第4年	1 421.02	0.7	
第5年	1 411.08	0.7	
第6年	1 401.20	0.7	
第7年	1 391.39	0.7	
第8年	1 381.65	0.7	
第9年	1 371.98	0.7	
第10年	1 362.37	0.7	
第11年	1 352.84	0.7	
第12年	1 343.37	0.7	
第13年	1 333.96	0.7	
第14年	1 324.63	0.7	
第15年	1 315.35	0.7	
第16年	1 306.15	0.7	
第17年	1 297.00	0.7	
第18年	1 287.92	0.7	
第19年	1 278.91	0.7	
第20年	1 269.96	0.7	
第21年	1 261.07	0.7	
第22年	1 252.24	0.7	
第23年	1 243.47	0.7	
第24年	1 234.77	0.7	
第25年	1 226.13	0.7	
总发电量	33 418.71万kW·h		
年均发电量	1 336.75万kW·h		

4. 节能减排效益

光伏发电既不消耗化石燃料，又不释放污染物、废物，也几乎不产生温室气体破坏大气环境，没有废渣的堆放、废水的处理等问题，有利于保护周围环境。与火力发电等传统能源相比，有建设周期短、运行维护简便、系统模块化结构、容量规模可大可小等优点。

依据国内相关研究所资料：每节约 1 kW·h 电换算成原煤数量就相应节约了 0.4 kg 标准煤，同时减少污染 0.272 kg 碳粉尘排放、0.997 kg 二氧化碳（CO_2）排放、0.03 kg 二氧化硫（SO_2）排放、0.015 kg 氮氧化物（NO_X）排放。

项目装机容量 10.08 MW，预估总发电量约为 33 418.71 万 kW · h，年均发电量为 1 336.75 万 kW · h。与相同发电量的火电厂相比，可相应每年减少 3 635.96 t 粉尘排放，减少二氧化碳 (CO_2) 1 3327.38 t 排放，节约标煤约 5 346.99 t（按火电煤耗 390g/(kW · h) 计）。由此项目具有明显的节能减排效益。光伏电站节能减排量如表 5-36 所示。

表5-36 光伏电站节能减排量

项目装机容量	10.08	MW
系统年均发电量	1 336.75	万kW·h
节约标煤	5 346.99	t
每年减排粉尘	3 635.96	t
每年减少CO_2排放量	13 327.38	t
每年减少SO_2排放量	401.02	t
每年减少氮氧化合物排放量	200.512 3	t

习 题

1. 结合所在教学楼屋顶面积，设计一个完整的屋顶光伏电站，并绘制光伏电站图纸？

2. 根据学校足球场或篮球场，设计一个完整的地面光伏电站，采用 380 V 与 10 kV 两种方式并网，结合两种并网方式绘制不同的光伏电站图纸？

3. 结合上述两题，核算上述两题中光伏电站发电量？

4. 结合上述三题结果，根据当地光伏产业政策，编制其中一方案的可研报告？

参 考 文 献

[1] 李安定 . 太阳能光伏发电系统工程 [M]. 北京：化学工业出版社，2012.

[2] 李现辉，郝斌 . 太阳能光伏建筑一体化工程设计与案例 [M]. 北京：中国建筑工业出版社，2012.

[3] 李英姿 . 光伏建筑一体化技术设计与应用 [M]. 北京：中国电力出版社，2015.

[4] 廖东进，黄建华 . 光伏应用产品电子线路分析与制作 [M]. 北京：化学工业出版社，2015.

[5] 廖东进，黄建华 . 光伏发电系统规划与设计 [M]. 北京：中国铁道出版社，2016.

[6] 黄建华，廖东进 . 新能源系统概论 [M]. 北京：中国铁道出版社，2016.

[7] 葛庆，张清小 . 新能源电源变换技术 [M]. 北京：中国铁道出版社，2016.

[8] 黄建华，向钠，齐锴亮 . 太阳能光伏理化基础 [M]. 北京：化学工业出版社，2017.

[9] 黄建华，段文杰，陈楠 . 光伏组件生产加工技术 [M]. 北京：中国铁道出版社，2019.